Hans-Jürgen Zimmermann (Hrsg.) · Neuro + Fuzzy

Neuro + Fuzzy

Technologien - Anwendungen

Herausgeber:
Prof. Dr. Dr. h. c. Hans-Jürgen Zimmermann

Die Deutsche Bibliothek - CIP-Einheitsaufnahme

Neuro + Fuzzy :Technologien – Anwendungen /
Hrsg.: Hans-Jürgen Zimmermann.
Düsseldorf : VDI- Verl., 1995
(Intelligente Technologien)
ISBN-13: 978-3-540-62121-8   e-ISBN-13: 978-3-642-95754-3
DOI: 10.1007/978-3-642-95754-3
NE: Zimmermann, Hans-Jürgen (Hrsg.); Neuro und Fuzzy

ISBN-13: 978-3-540-62121-8

Vorwort

"Fuzzy Logic" ist seit einigen Jahren vielen ein geläufiges Schlagwort geworden. Gewöhnlich wird es im generischen Sinne benuzt und umfaßt dann alles, was irgendwie mit Fuzzy Set Theorie zu tun hat. Im technischen Sinne ist Fuzzy Logic nur ein sehr kleines Teilgebiet der Fuzzy Set Theorie, ein erster Schritt zur der Verallgemeinerung der klassischen dualen Logik in die Richtung menschlichens Schließens.

In diesem Buch soll weniger über Fuzzy Set Theorie berichtet werden, als über Fuzzy Technologie, also die anwendungsorientierte Weiterentwicklung der Theorie. Man sollte allerdings hierbei nicht vergessen, daß sich auch die Theorie in den letzten Jahren weiterentwickelt hat: Während noch vor ganz wenigen Jahren die Gebiete der Fuzzy Sets, der Künstlichen Neuronalen Netze und der Genetischen und Evolutionären Algorithmen fast ohne Zusammenhang nebeneinander standen, haben sich diese vielversprechenden und zueinander komplementären Gebiete im Rahmen der "Computational Intelligence" sehr stark genähert und gegenseitig befruchtet. Es wird daher in diesem Buch nicht nur über Fuzzy Anwendungen sondern auch über Anwendungen Neuronaler Netze und Fuzzy Neuronaler Netze berichtet.

Eine Weiterentwicklung von einer Theorie zu einer Technologie bedeutet, daß auf der Grundlage der existierenden Theorie Methoden geschaffen werden, um die Theorie effizient in die Praxis umzusetzen, und daß der Nutzen und die Anwendbarkeit der Theorie demonstriert wird. Dies ist genau der Gegenstand dieses Buches. Hierbei werden zwar die verwandten Tools, seien es Fuzzy Control Shells, Neuronale Netz Generatoren, Fuzzy Petri Netz Tools oder Software Werkzeuge zur Fuzzy Datenanalyse, teilweise erwähnt. Im Mittelpunkt stehen jedoch die eigentlichen Anwendungen.

Bei einem Buch über Anwendungen hat man gewöhnlich zwei Probleme: Zum einen stehen veröffentlichungsfähige Anwendungen aus verschiedenen Gründen meist kaum zur Verfügung. Zum anderen ist es recht schwer, Anwendungsbeiträge so zu strukturieren, daß der Leser einen möglichst guten Überblick bekommt. Gliedert man sie nach Methoden, so ist die Gliederung zwar konsistent, aber der Praktiker findet sein Problem nicht sehr leicht. Versucht man, die Anwendungen nach Problemgebieten zu ordnen, so erhält man gewöhnlich eine so große Überlappung der Abschnitte, daß ebenfalls die Übersicht verloren geht. In diesem Buch wird eine Kombination dieser beiden Ordnungsprinzipien versucht: Zum einen wird methodisch unterschieden in Anwendungen Neuronaler Netze und Fuzzy Technologien bzw. Kombinationen dieser beiden Ansätze. Auf der anderen Seite wurden die Probleme aus möglichst verschiedenen Gebieten gewählt, um möglichst viele potentielle Anwender anzuregen, in ihrem Problemkreis nach nützlichen Realisierungen von Fuzzy und Neuronalen Ansätzen zu suchen. Um Praktikern, die sich noch nicht näher mit den Methoden beschäftigt haben, ein besseres Verständnis der beschriebenen Problemlösungen zu ermöglichen, wurden am Anfang des Buches zwei einführende Kapitel eingefügt. Diese beschreiben Grundlagen der jeweiligen Methoden soweit, daß ein Verständnis der Folgekapitel möglich ist. Für tiefergehende methodische Ausführungen sei der Leser auf die zahlreichen, gerade im Deutschen, erschienen Bücher und Aufsätze verwiesen.

Herzlicher Dank sei all denen gesagt, die zu diesem Buch beigetragen haben. Ich hoffe, daß durch ihre und unsere Mühe die erheblichen Potentiale von Fuzzy und Neuronalen Methoden in der Zukunft in der Praxis noch besser erkannt und ausgenutzt werden mögen.

Aachen, im März 1995

Hans-Jürgen Zimmermann

Inhalt

1 Industrielle Einsatzgebiete von Fuzzy Technologien

Prof. Dr. Dr. h.c. Hans-Jürgen Zimmermann, Aachen

1.1 Von der Fuzzy Set Theorie zur Fuzzy Technologie

Die Theorie unscharfer Mengen (Fuzzy Set Theorie) hat sich nach einer "akademischen Periode" von ungefähr 20 Jahren, in der sie überwiegend bei Wissenschaftlern Interesse weckte, innerhalb der letzten fünf Jahre rasant zu einer Technologie entwickelt, die auch in der Wirtschaft großes Interesse geweckt hat. Der Übergang von der Theorie zur Technologie bedeutet, daß neben mathematischen und empirischen Forschungen auf diesem Gebiet Anwendungen sowie Software- und Hardware-Implementierungen von Entwicklungswerkzeugen in den Vordergrund treten. Dazu kommt eine immer engere Verknüpfung der reinen Fuzzy Technologie mit Ansätzen aus den Gebieten der Neuronalen Netze und der Genetischen Algorithmen. Hierauf soll im letzten Abschnitt dieses Beitrags noch besonders eingegangen werden.

Die in die Theorie der Fuzzy Sets einführende Literatur ist auch im deutschen Sprachbereich in der Zwischenzeit ausreichend vorhanden. Allein in den Jahren 1992 und 1993 sind auf diesem Gebiet mindestens 20 Bücher in deutscher Sprache veröffentlicht worden (siehe z.B. [1-1], [1-2], [1-3], [1-4], [1-5], [1-6]). Über Anwendungen der Neuro-Fuzzy-Technologien sind dagegen bisher kaum Bücher erschienen. Diese Lücke soll dieses Buch zu schließen helfen. Um dem Leser, der sich bisher mit diesen Theorien noch nicht beschäftigt hat, zu helfen, die nachfolgenden Anwendungsbeiträge zu verstehen, seien im folgenden in sehr konzentrierter Weise einige der Grundbegriffe aus dem Gebiet der Fuzzy Set Theorie erläutert, die von besonderer Bedeutung für Anwendungen sind. Um Mißverständnisse zu vermeiden, sei folgende Vorbemerkung gemacht:

Neben der Komplexitätsreduktion und der Relaxierung zweiwertiger Modelle auf praxisnähere Modellformen wird als Hauptziel der Fuzzy Set Theorie meist die Modellierung von Unsicherheit genannt. Dies hat oft zu der irrtümlichen Annahme geführt, daß die Fuzzy Set Theorie ein Ersatz für die Wahrscheinlichkeitstheorie sei. Dies ist sicherlich nicht der Fall. Während die (Kolmogorow'sche) Wahrscheinlichkeitstheorie eine bewährte Theorie zur Modellierung

zufälliger Unsicherheit ist, betrachtet die Fuzzy Set Theorie primär die **lingui-stische** Unsicherheit.

Unter lexikaler, sprachlicher oder linguistischer Unsicherheit versteht man die inhaltliche Unsicherheit oder Undefiniertheit von Wörtern und Sätzen unserer Sprache. Betrachtet man z. B. Ausdrücke wie 'große Männer', 'heiße Tage', 'stabile Währungen', 'große Steine' etc., so ist deren Bedeutung sehr vom jeweiligen Kontext abhängig. 'Stabile Währungen' bedeuten etwas ganz anderes, wenn man den Ausdruck in Südamerika verwendet, als wenn man ihn in Europa benutzt. Der Ausdruck 'große Steine' hat eine andere Bedeutung, wenn man sich in einem Juwelierladen befindet, als wenn man in den Alpen ist. Für die menschliche Kommunikation hat das gewöhnlich keine negativen Auswirkungen, da wir Menschen in der Lage sind, aus dem jeweiligen Zusammenhang die Bedeutung von Wörtern oder Sätzen zu erkennen. Wir leiten also aus der Betonung, von der Person, die das Wort sagt, aus dem Zusammenhang, in dem ein Wort gebraucht wird usw., ab, welche Bedeutung es in dem jeweiligen Falle hat. Sollten wir dazu nicht in der Lage sein, erbitten wir weitere Informationen. Werden solche Wörter oder sprachlich formuliertes Wissen (z. B. in der Form von Regeln) jedoch auf einer EDV-Anlage verwandt, um dadurch Algorithmen (Rechenverfahren) zu ersetzen, so ist die EDV-Anlage nicht dazu in der Lage, aus irgendwelchem Kontext die Bedeutung eines Wortes abzuleiten. D.h. mit anderen Worten, menschliches Wissen kann in einer der menschlichen Verwendung analogen Form vom Rechner nur dann benutzt werden, wenn es inhaltlich definiert ist.

Die Theorie unscharfer Mengen (Fuzzy Set Theorie) kann sowohl als eine Verallgemeinerung der klassischen Mengenlehre als auch als eine Verallgemeinerung der zweiwertigen (dualen) Logik angesehen werden. Der Zugang als verallgemeinerte Mengentheorie ist leichter, obwohl in den meisten Anwendungen eigentlich die Theorie unscharfer Mengen als eine verallgemeinerte Logik, d.h. als ein Weg des logischen Schließens betrachtet wird. Hier sei zunächst der mengentheoretische Zugang gewählt, und später wird der Übergang zur logischen Interpretation gezeigt.

Der in der Theorie unscharfer Mengen benutzte Mengenbegriff geht von der zweiwertigen (ja/nein) Mengenzugehörigkeit über zu einem graduellen Zugehörigkeitsbegriff. D.h., daß für jedes Element angegeben werden kann, zu welchem Grade es zu einer unscharfen Menge gehört. Im folgenden sollen klassische (zweiwertige) Mengen jeweils durch große Buchstaben gekennzeichnet werden, während unscharfe Mengen durch große Buchstaben mit einer Tilde (~) darüber bezeichnet werden.

Definition 1-1

Ist X eine Menge (von Objekten, die hinsichtlich einer unscharfen Aussage zu bewerten sind), so heißt

$$\tilde{A}: = \{(x, \mu_{\tilde{A}}(x)); \ x \in X\}$$

eine **unscharfe Menge** auf X.

Hierbei ist $\mu_{\tilde{A}}: X \to \Re$ eine reellwertige Funktion. Sie wird als Zugehörigkeits-funktion bezeichnet. Die Zugehörigkeitsfunktion kann als eine verallgemeinerte charakteristische Funktion angesehen werden. Sind ihre Werte auf das Intervall von 0 bis 1 beschränkt (was immer durch eine einfache Division durch das Maximum oder Supremum erreicht werden kann), so spricht man von einer "normierten unscharfen Menge".

Definition 1-2

Eine **linguistische Variable** ist eine Variable, deren Werte keine Zahlen (wie bei der deterministischen Variable) oder Verteilungen (wie bei der Zufallsvariable), sondern sprachliche Konstrukte (sogenannte Terme) sind. Diese Terme werden inhaltlich durch unscharfe Mengen auf einer sogenannten Basisvariablen definiert.

Beispiel

Als linguistische Variable sei der Begriff "Betriebstemperatur" gewählt. Diese Variable könnte z. B. die Werte (Terme) "zu niedrig", "gut" und "zu hoch" annehmen. Jeder dieser Terme könnte dann z. B. als unscharfe Menge auf der Skala (Basisvariable) der Temperatur in °C inhaltlich definiert werden.

Der Begriff der linguistischen Variable zeigt in besonders deutlicher Form, in welcher Weise unscharfe Mengen die Brücke zwischen linguistischem Ausdruck und numerischer Information sein können. So stellt in obigem Beispiel die Menge der Terme sicherlich das Skalenniveau dar, auf dem ein Anlagenfahrer über die Betriebstemperatur eines Kühlprozesses kommunizieren würde. Demgegenüber stellt die Basisvariable eine physikalische Skala dar, die beliebig genau angegeben werden könnte.

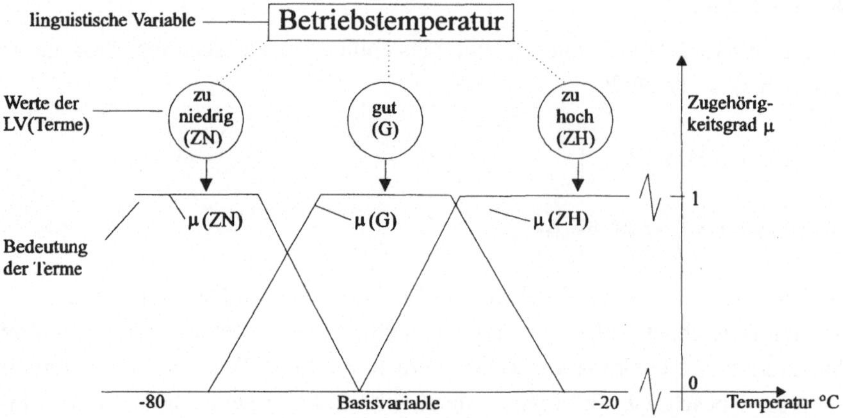

Bild 1-1: Linguistische Variable "Betriebstemperatur"

Um eine Mengentheorie zu beschreiben, sind neben ihren Elementen (den Mengen) auch die Operationen zu definieren, die angewandt werden können, um die Mengen miteinander zu verbinden oder sie modifizieren zu können. In der Theorie unscharfer Mengen werden alle diese Operationen über die jeweiligen Zugehörigkeitsfunktionen, die wichtigsten Komponenten der unscharfen Menge, definiert.

Definition 1-3

Die Zugehörigkeitsfunktion der Schnittmenge (Durchschnitt) zweier unscharfer Mengen $\tilde{A}$ und $\tilde{B}$ mit den Zugehörigkeitsfunktionen $\mu_{\tilde{A}}(x)$ und $\mu_{\tilde{B}}(x)$ ist punktweise definiert durch:

$$\mu_{\tilde{A}\cap\tilde{B}}(x) = t(\mu_{\tilde{A}}(x), \mu_{\tilde{B}}(x)) \ \forall x \in X.$$

Definition 1-4

Die Zugehörigkeitsfunktion der Vereinigung zweier unscharfer Mengen $\tilde{A}$ und $\tilde{B}$ mit den Zugehörigkeitsfunktionen $\mu_{\tilde{A}}(x)$ und $\mu_{\tilde{B}}(x)$ ist definiert als:

$$\mu_{\tilde{A}\cup\tilde{B}}(x) = S(\mu_{\tilde{A}}(x), \mu_{\tilde{B}}(x)) \ \forall x \in X.$$

Definition 1-5

Die Zugehörigkeitsfunktion des Komplements einer normierten unscharfen Menge $\tilde{A}$ wird durch folgende Vorschrift gebildet:

$$\mu_{\tilde{A}^c}(x) = 1 - \mu_{\tilde{A}}(x) \, \forall x \in X.$$

In Definition 1-3 bzw. 1-4 steht t für t-Norm und S für t-Conorm. t-Normen (wie z.B. Minimum, Produkt, etc.), t-Conormen (wie z.B. Maximum, Summe, etc.) und mittelnde oder kompensatorische Operatoren bieten eine Vielzahl von Möglichkeiten, mengentheoretische oder logische Operatoren zu definieren oder das "linguistische und" zu modellieren (siehe hierzu z.B. [1-6], S. 23 ff.).

Vor allem im Zusammenhang mit "Fuzzy Control", also einer mit Fuzzy Sets kombinierten Anwendung wissensbasierter Systeme auf regelungstechnische Probleme, wird meist nicht die mengentheoretische, sondern die logische Interpretation der Fuzzy Set Theorie benutzt. Hierzu kurz folgendes:

Fuzzy Logic, Approximatives Schließen, Plausibles Schließen

In der den meisten klassichen Expertensystemen zugrundeliegenden zweiwertigen (dualen) Logik werden sehr einschränkende Annahmen zugrundegelegt - man geht von einer regelbasierten Wissensrepräsentation der folgenden Art aus

Regel	Wenn A wahr ist, dann ist B wahr
Faktum (Beobachtung)	A ist wahr
	————————————
Schluß	B ist wahr.

Bei diesem Schließen wird eine Anzahl von Annahmen gemacht, von denen einige hier diskutiert werden.

- Sowohl für die Elementar-Aussagen wie auch für die zusammengesetzten Aussagen stehen nur zwei Wahrheitswerte zur Verfügung, nämlich "wahr" und "unwahr" (0 oder 1).
- Die Elementar-Aussagen A und B sowie die Regel müssen scharf definierte und deterministische Aussagen sein.
- Die Beobachtung (in diesem Falle also A) muß identisch zur ersten Komponente in der Regel sein.

6

- Es werden nur der All-Quantor ($\forall$) und der Existenz-Quantor ($\exists$) angewendet.

Diese Annahmen sind wohl der Kern dessen, auf das sich bereits Russell in seinem Zitat bezog, in dem er behauptete, daß die Logik sich nicht auf eine reale irdische Existenz beziehen könne. Bei unserem Wissen oder unserer Kommunikation werden halt meist keine Aussagen gemacht, die nur absolut wahr oder nur absolut falsch sein können, sondern wir unterscheiden zwischen verschiedenen Graden der Wahrheit.

Das was heute mit "fuzzy logic" bezeichnet wird, sind Versuche oder Bestrebungen, die duale Logik in der Richtung menschlichen Schließverhaltens weiter zu entwickeln und wirklichkeitsnäher zu gestalten. Nach dem Grade der Relaxierung der genannten Forderungen kann man die folgenden drei Stufen unterscheiden: Fuzzy Logic (Unscharfe Logik), Approximate Reasoning (Approximatives Schließen) und Plausible Reasoning (Plausibles Schließen). (Näheres hierzu in [1-6], S. 29 ff.)

Die Regel "Wenn A, dann B" wird oft auch als "A $\rightarrow$ B" geschrieben. "$\rightarrow$ " wird dabei als Implikation bezeichnet. Um mit formalen (mathematischen) Methoden Schlüsse zu ziehen, muß "A$\rightarrow$B" bzw. der sprachliche Ausdruck "wenn A, dann B" inhaltlich eindeutig definiert werden. Ähnlich wie bei der inhaltlichen Definition der Operatoren kann dies auf verschiedene Weisen geschehen. Entweder wird versucht, empirisch die Bedeutung des linguistischen Ausdruckes "wenn A, dann B" zu definieren, oder der Inhalt bzw. die Bedeutung der Implikation ("$\rightarrow$") wird auf formale Weise durch Axiome angegeben. Es ist sehr verbreitet, "A$\rightarrow$B" als **materielle Implikation** zu deuten, wobei A als Prämisse und B als Konsequenz bezeichnet wird. Bezeichnet man nun den Wahrheitswert von A mit $v(A)$ und den Wahrheitswert der Implikation mit $v(A\rightarrow B)$, so darf in der dualen Logik dieser Wahrheitswert entweder wahr oder falsch (0 oder 1) sein. In der zweiwertigen Logik gilt gewöhnlich, daß $v(A\rightarrow B)$ falsch ist, wenn $v(A)$ wahr und $v(B)$ falsch ist. Dies entspricht der Vorstellung, daß die Implikation wahr ist, wenn immer die Konsequenz wenigstens so wahr ist, wie die Prämisse.

In folgender Tabelle ist eine Auswahl von möglichen Implikationsoperatoren dargestellt [1-7]. Bei all diesen Definitionen wird lediglich die ursprüngliche Min-Max-Theorie zugrunde gelegt, d. h., "und" wird immer durch den Minimum-Operator, und "oder" wird immer durch den Maximum-Operator inhaltlich definiert. Der Leser kann leicht abschätzen, wieviele mögliche Implikations-Definitionen es gibt, wenn er sich vor Augen führt, daß die Minimums-Definition durch alle möglichen t-Normen ersetzt werden kann und die Maximums-Definition durch entsprechend alle t-Conormen.

Tabelle 1-1: Mögliche Min-Max-Implikationsoperatoren

Referenz	$v(A{\rightarrow}B)$
a) Zadeh	max $(1\text{-}v(A),$ min $(\,v(A),\,v(B))$
b) Lukasiewicz	min $(1,1\text{-}v(A)+v(A))$
c) Mamdani	min $(\,v(A),\,v(B))$
d) Kleene-Dienes	max $(1\text{-}v(A),\,v(B))$
e) Yager	$(v(A))^{v(B)}$

1.2 Anwendungsgebiete der Fuzzy Technologien

Anwendungen der Fuzzy Technologie zu klassifizieren oder zu strukturieren ist deswegen recht schwierig, weil Fuzzy Sets mit verschiedenen Zielen, auf verschiedene Weise und in ganz verschiedenen Branchen inzwischen verwendet werden. Darüber hinaus haben sich einige Problembereiche, wie Fuzzy Control, Expertensysteme und Datenanalyse, herausgebildet, in denen Fuzzy Sets besonders oft Verwendung finden.

Hier soll versucht werden, dem Leser dadurch eine Übersicht zu verschaffen, daß die "vier w" beantwortet werden, d.h., es soll beschrieben werden:

- **warum** Fuzzy Technologie angewandt wird (Zielsetzung),
- **wie** Fuzzy Technologie angewandt wird (Methodische Sicht),
- **was** mit Fuzzy Technologie gelöst werden kann (Problemsicht) und schließlich,
- **wo** Anwendungen von Fuzzy Technologie zu finden sind (Branchen oder Disziplinen).

1.2.1 Warum Fuzzy Technologie?

Praxisorientierte Zielsetzungen sind primär:

Unsicherheitsmodellierung.

Es wurde schon erwähnt, daß Fuzzy Set Theorie die Wahrscheinlichkeitstheorie nicht ersetzen, sondern dort ergänzen will, wo dies angebracht erscheint. Dies ist primär dort der Fall, wo entweder nicht-zufällige Unsicherheiten auftreten (linguistische oder informationale Unsicherheit, Unsicherheiten aufgrund widersprüchlicher oder fehlender Evidenz, etc.), oder wo Informationen für zufällige Unsicherheiten nur in nichtnumerischer Form vorliegen.

Relaxierung klassischer mathematischer Verfahren.

Viele der klassischen mathematischen Optimierungsverfahren sind zweiwertig in dem Sinne, daß sie scharf zwischen z.B. Zulässigkeit und Unzulässigkeit, Optimalität und Nichtoptimalität, etc., unterscheiden. Sind die zu lösenden Probleme auch von dieser Art, entstehen keine Schwierigkeiten. Handelt es sich jedoch um Probleme der Mehr-oder-weniger-Art, so muß eine Anpassung der Modellsprache an die Problemstruktur vorgenommen werden, was mit Hilfe von Fuzzy Sets geschehen kann.

Komplexitätsreduktion.

Oft ist die Menge der Daten, die bei der Beschreibung eines Systems oder Problems dem Menschen angeboten wird, erheblich größer als seine Informationsaufnahmekapazität. In diesen Fällen kann eine komplexitätsreduzierende Überführung der Daten in nützliche Informationen, vor allem unter Verwendung der schon erwähnten linguistischen Variablen, erreicht werden.

Bedeutungserhaltendes Schließen.

Benutzt man zum Schließen Methoden der dualen Logik, so betreibt man Symbolverarbeitung in dem Sinne, daß Worte oder Sätze nur durch ihren Wahrheitswert (wahr oder falsch) charakterisiert werden. Die eigentliche inhaltliche Bedeutung der Worte oder Sätze spielt hierbei keine Rolle. Möchte man inhaltlich bedeutsame Ergebnisse eines Schließprozesses haben, so sind zum einen die inhaltlichen Bedeutungen der eingehenden Worte oder Sätze zu definieren, und so müssen zum anderen diese Bedeutungen vom Inferenzverfahren auch berücksichtigt werden. Beides kann mit linguistischen Variablen und mit Methoden des approximativen oder plausiblen Schließens erreicht werden.

1.2.2 Wie wird Fuzzy Technologie verwandt?

Bei der Anwendung der Fuzzy Set Theorie können grob zwei Klassen unterschieden werden:

- Algorithmische und
- Wissensbasierte

Bei algorithmischen Anwendungen versucht man gewöhnlich wie schon erwähnt, bestehende scharfe Modelle oder Methoden durch "Fuzzyfizierung" realistischer zu gestalten. Diese Art der Anwendung wurde im Prinzip schon bei der Fuzzyfizierung der zweiwertigen Logik beschrieben. Dies setzt gewöhnlich voraus, daß klassische zweiwertige und effiziente (numerische) Verfahren bzw. daß bekannte Modelltypen bestehen, die jedoch in ihrer zweiwertigen Ausprägung den realen Gegebenheiten nicht gerecht werden.

Die Anpassung kann entweder dadurch geschehen, daß die Modellstruktur selbst flexibler gestaltet wird und dann Verfahren der unscharfen Mathematik direkt darauf angewandt werden. Beispiele hierfür sind unscharfes Clustern, unscharfe Petri Netze, unscharfe Netzplantechnik, unscharfe Entscheidungs- oder Multi Criteria Theorie. Die Relaxierung kann auch dadurch erreicht werden, daß Modelle, die die Unschärfen des Problems enthalten, in scharfe Modelltypen transformiert werden, auf die dann bestehende leistungsfähige klassische Verfahren angewandt werden können. Beispiele hierfür sind z.B. das unscharfe (lineare) Programmieren oder bestimmte Verfahren der unscharfen Multi Criteria Analyse. Die Grenzen zwischen diesen beiden Arten der algorithmischen Anwendung sind allerdings nicht scharf.

Bei wissensbasierten Ansätzen benutzt man unscharfe Mengen primär zur inhaltsdefinierten formalen Abbildung menschlichen Wissens. Damit wird es möglich, menschliches Erfahrungswissen auf elektronischen Datenverarbeitungsanlagen zu verarbeiten. Hierzu gehören im wesentlichen folgende Funktionen:

- **Wissensakquisition** (aus Menschen, Büchern oder maschinell)
- **Wissensdokumentation** (dies geschieht gewöhnlich in Regeln in der sogenannten Wissensbasis)

- Inhaltserhaltende **Wissensverarbeitung** (dies geschieht gewöhnlich in einer Inferenzmaschine, die in der Lage sein muß, linguistisches Wissen inhaltserhaltend (und nicht symbolisch) zu verarbeiten)
- **Übersetzung** (dies umfaßt auf der Eingabe-Seite eine mögliche Übersetzung numerischer Information in eine linguistische Information - Fuzzyfizierung genannt. Auf der Output-Seite bedeutet dies, bestimmte Zugehörigkeitsfunktionen entweder in Zahlen (Defuzzyfizierung) oder in linguistische Ausdrücke zu übersetzen, (was gewöhnlich mit **linguistischer Approximation** bezeichnet wird).

1.2.3   Was wird zur Zeit primär durch Fuzzy Technologie gelöst?

Als alternative Gliederung für Fuzzy Set Anwendungen bietet sich die nach bekanntgewordenen Anwendungsgebieten an, wobei primär die Gebiete der Expertensysteme, der Fuzzy Control, der Fuzzy Datenanalyse und der (algorithmischen) Entscheidungsuterstützung zu nennen wären.

1.2.3.1 Expertensysteme

Heutzutage findet man hiervon primär zwei Arten, die im Charakter doch sehr unterschiedlich sind:

1. EDV-Systeme zur Lösung gutstrukturierter und vollkommen definierter Problemstellungen, die aus rein programmiertechnischen Gründen "regelbasiert" strukturiert und programmiert sind. Diese Form, ein EDV-Programm zu erstellen, hat sicherlich einige Vorteile, auf die hier allerdings nicht im Detail eingegangen werden soll.

2. Expertensysteme im eigentlichen Sinne. Diese laufen allerdings heutzutage - im Gegensatz zu der oben genannten anderen Art von Expertensystemen - noch nicht zufriedenstellend. Für Expertensysteme existieren eine große Anzahl verschiedener Definitionen, die hier sicherlich nicht um eine weitere ergänzt werden soll. Stattdessen sei zur Klarstellung nur eine Anzahl von Eigenschaften erwähnt, die für die zweite Art von Expertensystemen gewöhnlich als unbestritten gilt:

- Das jeweilige Anwendungsgebiet ist äußerst eingeschränkt, schlecht strukturiert und unsicher.

- Lösungsansätze basieren auf Expertenwissen, das in geeigneter Weise so formuliert ist, daß es von einer EDV-Anlage verarbeitet werden kann.
- Das System enthält gewisse Schlußfolgerungsfähigkeiten (Inferenzmaschine).
- Gewöhnlich besteht ein direktes Nutzer- bzw. Experteninterface.
- Ein Expertensystem hat keinen optimierenden, sondern heuristischen Charakter. Hieraus wird gewöhnlich die Notwendigkeit einer Erklärungskomponente abgeleitet.

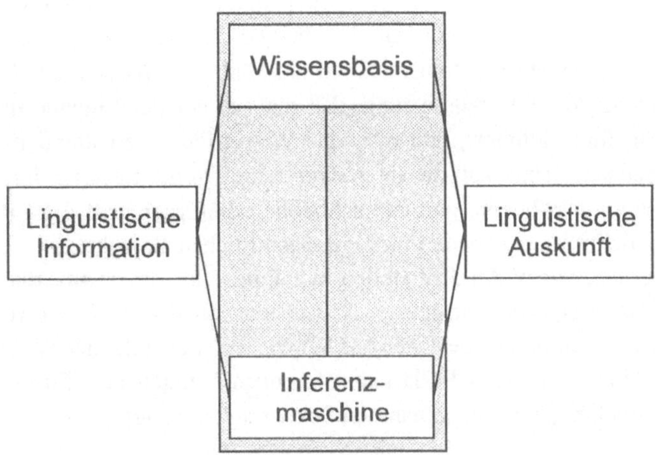

Bild 1-2: Grundstruktur eines Expertensystems

Die oben gezeigte Struktur beruht im wesentlichen auf der Vorstellung, daß menschliches Wissen unter Zugrundelegung von Methoden der dualen Logik verarbeitet werden kann. Unabhängig von der Art der Wissensrepräsentation führt dies gewöhnlich zur "Symbolverarbeitung". Hier wird das Wissen entweder in Form von Regeln, semantischen Netzen oder Frames in deterministischer Form eingegeben. Die gesamte Wissensverarbeitung wird aufgrund gemachter Informationen ebenfalls in deterministischer Weise durchgeführt. Ist man sich darüber im klaren, daß die Problemdomäne auch Unsicherheiten enthält, so benutzt man bei klassischen Expertensystemen gewöhnlich entweder sogenannte "Unsicherheitsfaktoren", die als Zahl zwischen 0 und 1 etwas über die Unsicherheit der erhaltenen Schlüsse aussagen sollen. Diese Unsicherheitsfaktoren sind gewöhnlich weder empirisch noch axiomatisch in irgendeiner Weise gerechtfertigt und daher eher irreführend als aussagekräftig. Eine andere Vorgehensweise ist es, parallel zum deterministischen Schließen, Wahrscheinlichkeits-Netze abzuarbeiten und auf Bayes'sche Art Wahrscheinlichkeiten oder Glaubwürdigkeiten der Schlüsse zu erreichen. Auf die Nachteile dieser Vorgehensweisen soll hier nicht im Detail eingegangen werden. Es sei allerdings an dieser Stelle nochmal auf den Anfang dieses Kapitels verwiesen, in dem bereits auf unrealistische Annahmen hingewiesen wurde, die im Rahmen der dualen Logik gemacht werden.

Nachdem was in den vorherigen Abschnitten über linguistische Unsicherheit gesagt wurde, dürfte offensichtlich sein, daß die oben beschriebene Vorgehensweise für menschliches Wissen nicht ausreichend ist. Will man Wissen **inhaltserhaltend** verarbeiten, so ist Voraussetzung, daß man es vor der Eingabe in ein EDV-System inhaltlich definiert, daß man das Wissen inhaltserhaltend in der Wissensbasis speichern kann, daß die Inferenzmaschine in der Lage ist, inhaltserhaltend Wissen zu verarbeiten, und daß schließlich die Ergebnisse des Expertensystems dem Benutzer wieder in einer quasi-natürlichen Sprache zur Verfügung gestellt werden. Fuzzy Ansätze stellen hier Potentiale zur inhaltserhaltenden Wissensverarbeitung zur Verfügung. Abgesehen von den auch bei klassischen Expertensystemen bereits bestehenden Schwierigkeiten, z.B. der Wissensakquisition und einer sinnvollen Erklärungskomponente, treten bei "Fuzzy-Expertensystemen" die im folgenden genannten Schwierigkeiten auf.

Wissens- und Dateneingabe

Bei der Wissenseingabe sei hier zunächst davon ausgegangen, daß das Wissen in Form von Produktionsregeln erhoben und abgespeichert werden soll. Diese Regeln machen gewöhnlich primär von linguistischen Variablen, wie sie in Abschnitt 1 beschrieben und definiert wurden, und von unscharfen Relationen Gebrauch. Scharfe Begriffe können leicht als spezielle unscharfe Mengen berücksichtigt werden. Bei der Eingabe von Beobachtungen (den sogenannten Prämissen) liegen die Informationen entweder schon in linguistischer Form vor, oder sie müssen auf irgendeine Weise in das System überführt (fuzzyfiziert) werden. Allerdings wird hier nur in den seltensten Fällen garantierbar sein, daß die Beobachtungen in identischer Form bereits in den Regeln enthalten sind. Dies ist offensichtlich bei unscharfen Begriffen sehr viel weniger wahrscheinlich als bei scharfen Ausdrücken. Wir treffen also sofort auf den Fall, der oben im Zusammenhang mit dem plausiblen Schließen bereits beschrieben wurde. Sollen in diesem Fall Schlüsse gezogen werden, so ist der Grad der Ähnlichkeit zwischen Komponenten der Regeln und Beobachtung zu bestimmen. Obwohl mathematisch der Begriff der Ähnlichkeit eindeutig und ohne Schwierigkeiten definiert werden kann, ist die tatsächliche **operationale** Messung und Angabe eines Ähnlichkeitsgrades in der Praxis sehr schwierig. Vorschläge für operationale Definitionen des Begriffes der Ähnlichkeit sind sehr zahlreich und ca. 20 von Ihnen sind bereits im Jahre 1990 von amerikanischen Wissenschaftlern auf ihre Angemessenheit empirisch untersucht worden [1-8].

Bisher wurde nur von der lexikalen (linguistischen) Unsicherheit gesprochen. Es wurde jedoch am Anfang dieses Buches bereits darauf hingewiesen, daß heutzutage eine ganze Anzahl von Unsicherheiten gesehen wird, die alle in der ihnen eigenen Art zu verarbeiten sind. D.h. jedoch, daß bei der Eingabe des Wissens oder auch der Beobachtungen, die mit diesen Größen verbundene Unsicherheit (fehlende oder widersprüchliche Evidenz, Zufälligkeit, fehlende Glaubwürdigkeit des Aussagesenders usw.) gemessen und angegeben werden müssen, damit sie für den Inferenzprozeß zur Verfügung stehen. Auf die Formen der Unsicherheitsrepräsentation soll noch einmal näher eingegangen werden, wenn über den Output eines Expertensystems gesprochen wird.

Inferenz

Wie schon erwähnt, muß die Inferenzmaschine in der Lage sein, wissenserhaltend das zu verarbeiten, was in der Wissensbasis gespeichert ist und was als zusätzliche Beobachtungen eingegeben wird. Die Form der Wissensrepräsentation muß nicht unbedingt regelbasiert sein, sondern je nach Art des Expertensystems bieten sich auch andere Repräsentationsformen, wie z. B. Netze, Hierarchien etc. an. Im Gegensatz zum Forward-Chaining und Backward-Chaining (Vorwärts- und Rückwärtsverkettung), die bei klassischen Inferenzverfahren normalerweise benutzt werden, ist bei der Fuzzy-Inferenz nicht nur ein Pfad durch die Regeln zu bewerten, sondern es sind alle Regeln zu aktivieren. Normalerweise tragen mehrere der Schlußpfade zum Endergebnis bei, und diese müssen am Ende in irgendeiner Weise aggregiert werden.

Output

Will man erreichen, daß ein Expertensystem die Ausgabe in quasi-natürlicher Sprache und unter Angabe der involvierten Unsicherheit zur Verfügung stellt, so ist im wesentlichen folgende Probleme zu lösen:

14

Als Ergebnis der Inferenz in der Inferenzmaschine werden zunächst Zugehörigkeitsfunktionen von Termen linguistischer Variabler zur Verfügung gestellt.
Diese Zugehörigkeitsfunktionen sind natürlich für einen menschlichen Betrachter wenig aussagefähig. Sie müssen in das Vokabular des Benutzers übersetzt
werden. Hierzu werden zunächst die linguistischen Variablen definiert, in denen
das Ergebnis des Expertensystems dem Benutzer zur Verfügung gestellt werden
soll. Wenn irgend möglich, sind die Zugehörigkeitsfunktionen der Terme dieser
linguistischen Variablen empirisch so zu ermitteln, daß sie denen gut entsprechen, die der Benutzer des Expertensystems tatsächlich benutzt.

Unter **linguistischen Approximationen** versteht man die "Übersetzung" der von
der Inferenzmaschine errechneten Zugehörigkeitsfunktion in Terme der linguistischen Variablen, in denen der Output präsentiert werden soll. Dies kann auch als
eine Form von (fuzzy) Klassifikationsproblemen angesehen werden.

1.2.3.2 Fuzzy Control

Bereits Anfang der siebziger Jahre benutzten Regelungstechniker in England die
Idee der Expertensysteme, um technische Prozesse zu regeln, für die man zu dieser Zeit keine anderen EDV-gestützten Regler bauen konnte. Da diese Prozesse
jedoch teilweise gut durch erfahrene menschliche Operatoren gefahren werden
konnten, bemühten sich E. H. Mamdani (Queen Mary College, London) und
seine Gruppe, die Erfahrungen menschlicher Operatoren mit Hilfe der Fuzzy Set
Theorie und im Sinne der Expertensysteme auf den Computer zu übertragen.
Der "Expertensystem-Kern", aus Wissensbasis und Inferenzmaschine bestehend,
hatte die gleiche Aufgabe, wie im letzten Abschnitt beschrieben, nämlich die
Verarbeitung linguistischen Wissens.

Die Eingangsinformationen sollten jedoch beobachtete Meßwerte (Temperaturen, Drucke) des beobachteten Systems sein, und die Ausgangsinformationen
sollten ebenfalls keine linguistischen Ausdrücke, sondern Steuersignale (Ventilstellung, Brennerstellung, etc.), also reelle Zahlen, sein. Mamdani und seine
Kollegen lösten dieses Problem, indem sie die Eingangs- bzw. die Ausgangsinformation entsprechend transformierten. Zwischen Eingangsinformation und Inferenz wurde die "Fuzzyfizierung" geschoben und zwischen Ausgangsinformation und Regelsignal die "Defuzzyfizierung". Damit erhielt ein "Fuzzy Regler" im
Gegensatz zum Expertensystem die in Bild 1-3 gezeigte Grundstruktur.

Beschränkt man den Begriff des "Fuzzy Controllers" auf Systeme, deren Eingangs- und Ausgangsgrößen reelle Zahlen sind, läßt jedoch mehrere Eingangs- und Ausgangsgrößen und mehrstufige Inferenzmaschinen zu, so läßt sich ein Fuzzy Controller durch die folgenden Merkmale (also als 7-Tupel) beschreiben:

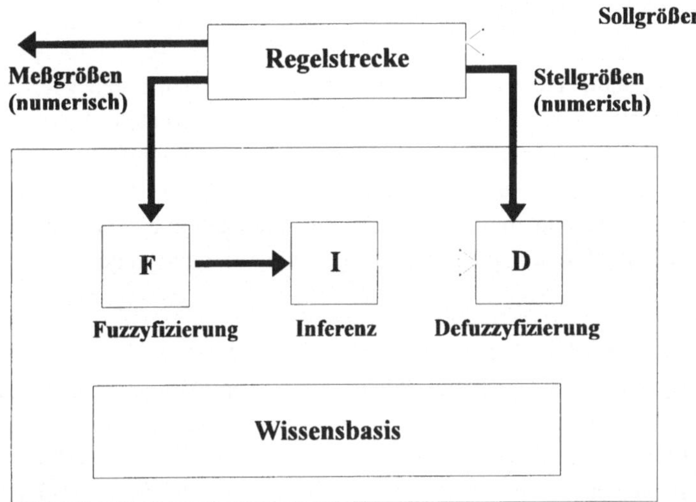

Bild 1-3: Fuzzy Regler (Grundstruktur)

1. Zahl der Eingangssignale:
Diese bestimmen gewöhnlich die maximale Zahl der "Bedienungsgrößen" der ersten Stufe der Regeln.

2. Fuzzyfizierung:
Dies ist die Umsetzung reeller Zahlen in Terme linguistischer Variabler. Als Wahrheitswert der in den Regeln benutzen Terme (im Sinne der weiter oben besprochenen Inferenz) werden gewöhnlich die Zugehörigkeitsgrade gewählt, zu denen die (scharfen) Eingangsgrößen den Termen angehören. Diese hängen offensichtlich sehr von der Form der gewählten Zugehörigkeitsfunktionen und der Lage der Terme auf der Achse der Basisvariablen an. Der Freiheitsgrad der Fuzzyfizierung besteht daher im wesentlichen in der Festlegung der Terme der in den Regeln enthaltenen linguistischen Variablen.

3. Inferenz:

Hier sind zunächst einmal alle möglichen Arten von Inferenz möglich. Interpretiert man die Regeln im Sinne der Implikation "A $\rightarrow$ B", so können alle möglichen inhaltlichen Definitionen dafür verwendet werden. Einige Beispiele hierfür wurden weiter oben gegeben.

4. Aggregation:

Es wurde schon erwähnt, daß - im Gegensastz zum klassischen regelbasierten Schließen - alle Regeln auszuwerten sind. Die Ergebnisse der Regeln, die einen Wahrheitsgrad größer Null haben, sind anschließend zu aggregieren. Bei einer Ausgangsgröße wird zu einer Zugehörigkeitsfunktion aggregiert, bei mehreren Ausgangsgrößen entsprechend zu mehreren. Für die Aggregation bieten sich alle t-Co-Normen und mittelnden Operatoren in gewichteter oder ungewichteter Form an.

5. Ergeben sich die gemachten Steuergrößen nicht direkt durch die Transformation der Eingangsgrößen in einer "Regelschicht", so können für Zwecke der Gesamtinferenz mehrere Regelschichten vorgesehen werden. Die Kopplung dieser Schichten geschieht über definitorische Zustandsgrößen. Die zusätzlichen Schichten entsprechen in gewissem Sinne den "hidden layers" in neuronalen Netzen.

6. Defuzzyfizierung:

Ob ein- oder mehrstufige Inferenz, das Ergebnis ist zunächst die Zugehörigkeitsfunktion der aggregierten Aktions-Terme der letzten Regelschicht. Die Zuordnung einer reellen Zahl zu dieser Funktion ist die Defuzzyfizierung. Klassisch wurden hierfür die "Maximum"-, die "Flächenschwerpunkt"- oder die "Mittel der Maxima"-Methode benutzt. In der Zwischenzeit sind in der Literatur zahlreiche weitere Methoden vorgeschlagen worden, und an weiteren wird gearbeitet.

7. Zahl der Ausgänge:

Sie ergibt sich aus der zu lösenden Problemstellung. Die Ausgangsgrößen können auf verschiedene Weisen im Inferenzprozeß entstehen.

Von den genannten sieben Freiheitsgraden werden zur Zeit relativ wenige ausgenutzt. Bei dem überwiegend benutzten "Mamdani-Controller" findet man gewöhnlich wenige Eingangsgrößen. Für die Inferenz wird die Mamdani-Implikation genommen und für die Aggregation die (ungewichtete) oder (Max-) Verknüpfung. Der Controller ist einstufig, und für die Defuzzyfizierung findet gewöhnlich eins der genannten drei klassischen Verfahren Anwendung. Genutzt wird daher eigentlich nur (und das in engen Grenzen) die Wahl der Terme bei der Fuzzyfizierung und - natürlich - die damit zusammenhängende Wahl der Regeln für die Inferenz.

1.2.3.3 Fuzzy Datenanalyse

Im Gegensatz zu den Expertensystemen und der Fuzzy Control kann das Gebiet der (Fuzzy-) Datenanalyse zum einen nicht durch ein sehr einfaches Schaubild dargestellt werden, und zum anderen umfaßt es sowohl algorithmische wie auch wissensbasierte Ansätze.

Oberstes Ziel der Datenanalyse ist die Komplexitätsreduktion einer Menge von Signalen, Elementen, Spektren, etc. und ihre Darstellung in einer Art, wie sie der Mensch sinnvoll interpretieren kann.

Die Komplexitätsreduktion geschieht in mehreren Stufen. Bereits die Prozeßbeschreibung (Modellierung), bei der die Elemente durch ihre Eigenschaften dargestellt werden, führt zu einer Komplexitätsreduktion gegenüber der Realität. Wählt man nur die wesentlichsten Eigenschaften als Merkmale zur Beschreibung aus (Feature-Analysis), so wird die Mächtigkeit des beschreibenden Raumes weiter reduziert. Ist sie noch immer zu hoch, so definiert man über die Merkmale Klassen, denen dann während des Diagnoseprozesses Elemente zugewiesen werden können (Klassifizierung).

Das Gebiet der Datenanalyse ist nicht neu, und es existieren für dieses Gebiet schon eine große Anzahl klasssischer Verfahren (Diskriminanzanalyse, Regressionsanalyse, Clustererfahren, etc.). Neu ist die "Fuzzyfizierung" dieser Verfahren im schon am Anfang dieses Beitrags beschriebener algorithmischen Sinne und die zusätzliche Verwendung wissensbasierter Verfahren.

Die (Fuzzy-) Datenanalyse oder das Data-Engineering hat einen großen eigenen Stellenwert, und es ist oft relevant in Verbindung sowohl mit der Fuzzy Control, den Expertensystemen und den Entscheidungsunterstützungssystemen. Es ist daher nicht erstaunlich, daß es sicher zu einem der sehr wichtigen Anwendungsgebiete der Fuzzy Set Theorie werden wird. Es ist zur Zeit allerdings noch nicht so sehr im Lichte des öffentlichen Interesses wie z. B. die Fuzzy Control.

18

1.2.3.4 Entscheidungsunterstützung

Dies ist das vierte Gebiet, auf dem Fuzzy Sets ein großes Einsatzpotential haben. Die hierzu einsetzbaren Methoden, wie z.B. das unscharfe lineare Programmieren, sind Mitte der siebziger Jahre entstanden, also etwa zur gleichen Zeit wie die Fuzzy Control. Allerdings ist in der Praxis die Verbreitung dieser Ansätze bei weitem nicht so groß wie die der unscharfen Regler.

In neuerer Zeit, d.h. in den letzten 5-10 Jahren, sind dazugekommen zum einen wissensbasierte Ansätze, wie z.B. für die strategische Planung [1-9], zur Produktionssteuerung [1-10] oder zur Forschungs- und Entwicklungsplanung [1-11].

Darüber hinaus ist die Zahl der Fälle stark steigend, in denen Fuzzy Sets zusammen mit Mehr-Ziel-Entscheidungsverfahren zur Entscheidungsunterstützung in technischen wie auch in kaufmännischen Bereichen Anwendung finden. Diese Ansätze sind auch der Inhalt einiger europäischer Forschungsverbundprojekte im BRITE-EURAM-Programm.

Die Tabelle 1.2 kombiniert in übersichtlicher Form das entsprechende Anwendungsgebiet mit den dort primär eingesetzten Methoden:

1.2.4 Wo wird Fuzzy Technologie überwiegend eingesetzt?

Bei dem "Wo" ist zunächst einmal zu unterscheiden zwischen den Herstellern von Fuzzy Werkzeugen, also Hardware- und Software-Implementierungen von Fuzzy Technologien und Verwendern entweder dieser Werkzeuge oder von anderen Fuzzy Ansätzen, um reale Probleme zu lösen. Die zunächst erwähnten Fuzzy Werkzeuge sind offensichtlich unabhängig von der Branche ihrer Verwendung. Sie reichen bei der Hardware von FASIC (Fuzzy ASIC) bis zur SPS und bei der Software von der einfachen dedizierten Fuzzy Control Shell bis hin zum erheblich aufwendigeren Werkzeug zur Fuzzy Datenanalyse. Dieser Markt ist allerdings relativ transparent und gut beschrieben [1-12], da die Hersteller am Bekanntwerden ihrer Produkte selbst interessiert sind.

Anders sieht es bei der zweiten Art der Anwendungen aus. Aus der Literatur ist oft nicht klar zu erkennen, ob es sich um reale Anwendungen handelt oder nur um vorgestellte modellhafte Anwendungsmöglichkeiten. Gute reale Anwendungen werden oft aus Konkurrenzgründen nicht veröffentlicht und bei quantitativen Wertangaben ist meist die Bezugsbasis nicht eindeutig. (Wird z.B. bei einem durch einen Fuzzy Chip gesteuerten System lediglich der Wert des Fuzzy Chips oder der Gesamtanlage angegeben?) Es sind daher hierfür eher tendenzielle qualitative als exakte quantitative Angaben möglich.

Tabelle 1-2: Anwendungsgebiete und Methoden

Methode / Anwendung	Algorithmisch	Wissensbasiert	Neuronale Netze
Entscheidungs-fällung	Fuzzy lineare Programmierung Fuzzy Multi-Criteria-Analyse	(Fuzzy) Expertensysteme	
Regelungs-technik	Fuzzy Petri Netze	Fuzzy Control	Neuro-Control
Daten-analyse	Fuzzy Cluster-Analyse Fuzzy Regressions-Analyse	wissensbasierte Klassifikatoren	Neuronale Muster-erkennung

Fängt man mit der größten Unterteilung in Konsum- und Investitionsgüter an, so kann mit Sicherheit gesagt werden, daß die ersteren, wie Fuzzy Staubsauger, Waschmaschinen, Mikrowellenherde, ja sogar Kameras, u.ä., in den achtziger Jahren in Japan die größte Rolle spielten. Sie führten auch zum "Fuzzy Boom" in Deutschland und etwas später in den USA. Sie stehen allerdings weder in Europa noch in den USA weiterhin an erster Stelle. Gewachsen sind dagegen die Anstrengungen und Resultate auf dem Gebiet der Investitionsgüter im weitesten Sinne oder vielleicht besser bei den Nicht-Konsumgütern.

An der Spitze stehen hier ohne Zweifel ingenieurmäßige Anwendungen. Diese erstrecken sich von der Automatisierung zur Prozeßleittechnik und zum Simultaneous Engineering, vom Entwurf über die Qualitätskontrolle zur Instandhaltung und von der Sensorik über die Robotik zum Erdbebeningenieurwesen (vor allem in China und den USA). Umwelttechnologie (Kläranlagen, etc.) sowie die Chemische Industrie sind neuere, aber schnell wachsende Anwendungsgebiete. Bezogen auf Branchen sind besonders aktiv die Automobil- und die Elektroindustrie. Darüber hinaus sind Anwendungen in der Glas- und Zellstoffindustrie sowie der Elektrizitätswirtschaft bekannt.

Als nächstgrößter Block sind Anwendungen im Bereich des Managements zu nennen. Die überwiegende Anzahl der Anwendungen liegt hier noch von der Methode her bei den Experten- und Entscheidungsunterstützungsmodellen.

Man findet jedoch auch Anwendungen der Datenanalyse (z.B. Marktsegmentierung) und Fuzzy Control. Von den unternehmerischen Funktionen findet man Fuzzy Lösungen von der strategischen Planung bis zur Lagerhaltung und vom Rechnungswesen bis zum Marketing.

Eine sehr interessante und wahrscheinlich über den deutschsprachigen Bereich hinaus gültige Zusammenstellung gibt Popp [1-13]. Aufgrund einer Literaturstudie kommt er zu dem Schluß, daß ca. 50% aller Anwendungen Fuzzy Control Anwendungen sind und daß sich die übrigen 50% (100 Fälle) aufteilen, wie im Bild 1-4 gezeigt:

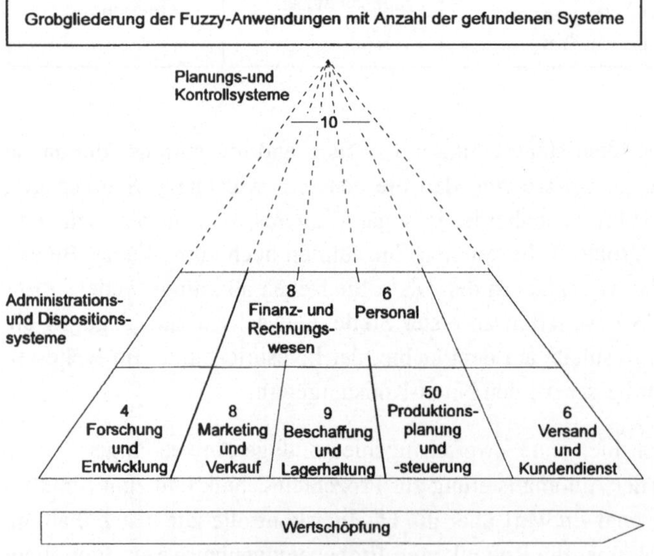

Bild 1-4: Fuzzy Anwendungen im Management

Man ersieht daraus eine nicht überraschende Konzentration im Bereich der Produktionsplanung und -steuerung. Nicht enthalten in dieser Studie ist das vor allem in den USA sehr schnell wachsende Gebiet der versicherungswirtschaftlichen Anwendungen.

Als nächstes Gebiet ist das der Medizin und der Medizintechnik zu nennen. Hier reichen die Anwendungen von Diagnosesystemen bis hin zu Entscheidungsunterstützungssystemen.

Mit einigem Abstand folgen danach die Verhaltenswissenschaften (Psychologie, Ergonomie, u.ä.) und die Volkswirtschaftslehre. Hier sind Vorschläge primär auf den Gebieten der Volkswirtschaftstheorie und der Regionalpolitik zu finden.

1.3   Fuzzy Technologie und "Computational Intelligence"

Fuzzy Set Theorie wurde durch die Beobachtung Lotfi Zadeh's ausgelöst, daß Menschen anscheinend in Kategorien denken und kommunizieren, die sich von den in Mengenlehre und Logik verwandten (dualen) Strukturen unterscheiden. Dies war zwar schon früher erkannt worden, aber Zadeh war der erste, den diese Beobachtung zur Formulierung einer neuen Theorie oder Denkart veranlaßte [1-14]. Ganz grob gesehen zur gleichen Zeit (zum Beginn des Computer-Zeitalters!) begannen verschiedene andere Wissenschaftler, Strukturen oder Verhaltensweisen, die sie in der Biologie beobachten konnten, zu imitieren, um dadurch Ergebnisse zu erzielen, die mit den damals vorhandenen mathematischen Verfahren nicht zu erreichen waren: 1965 und 1966 veröffentlichten Rechenberg und Fogel ihre ersten Beiträge, die zur Evolutionstheorie führten [1-15] [1-16]. 1975 erschien das viel beachtete Buch von Holland über genetische Algorithmen [1-17], und von 1952 bis Ende der sechziger Jahre reichte die erste Phase der Beschäftigung mit Neuronalen Netzen in Form des Perceptrons von Rosenblatt [1-18]. Schließlich begann auch das als "Künstliche Intelligenz" bezeichnete Gebiet mit der Dartmouth Konferenz 1956.

Die ersten drei der genannten Gebiete imitieren jeweils recht spezielle Aspekte biologischen Lebens, und zwischen den Gebieten hat bis vor kurzem kaum eine Fachkommunikation bestanden, die zu Synergien hätte führen können.

Im Gegensatz dazu ist das Gebiet der "Künstlichen Intelligenz" so schlecht definiert, daß bei vielen Gebieten kaum zu entscheiden ist, ob sie dazu gehören oder nicht. Beispielhaft sind einige Versuche, den Begriff "Künstliche Intelligenz" oder "Artificial Intelligence" zu definieren: "This is the part of Computer science devoted to getting computers or other devices to perform tasks requiring intelligence" ([1-19], S. 6). "Artificial Intelligence is the study of how to make computers do things at which, at the moment people are better" (Rieh, 1983, zitiert in [1-20]). "Künstliche Intelligenz verwendet man als Oberbegriff über eine Vielfalt ganz unterschiedlicher Ansätze, denen gemeinsam ist, daß mit Mitteln der Informatik menschliches Denken nachgeahmt werden soll" [1-21].

Gemeinsam ist ferner den genannten Gebieten, daß Systeme oder Algorithmen, die Komponenten aus diesen Bereichen enthalten, sehr häufig die Attribute "intelligent", "adaptiv", etc. für sich zu beanspruchen, ohne allerdings diese Begriffe in dem jeweiligen Zusammenhang ausreichend zu definieren. Bezdek [1-22] nennt dies "seductive semantics", was man wohl am besten mit "semantische Verführung" oder "semantische Irreführung" übersetzen sollte.

In neuester Zeit haben zwei äußerst begrüßenswerte Entwicklungen begonnen:

1. Die Gebiete der Fuzzy Technologie, der Neuronalen Netze, der Evolutionsstrategien und der Genetischen Algorithmen sind unter dem weitgehend bereits akzeptierten Begriff "Computational Intelligence" in eine Phase der Kommunikation und gegenseitigen Befruchtung eingetreten.
2. Man hat begonnen, die Begriffe "Intelligent", "Computational", etc. in diesem Zusammenhang klarer zu definieren und voneinander abzugrenzen.

Zu 1:

Schon seit einigen Jahren sind die teilweise zueinander komplementären Eigenschaften von Fuzzy Systemen und künstlichen Neuronalen Netzen erkannt worden. Das hat dazu geführt, daß bereits jetzt sehr beachtliche Ergebnisse bei der Kombination dieser beiden Gebiete in verschiedener Weise vorliegen. Seit kurzem werden auch Genetische Algorithmen und Evolutionäre Strategien in diese Kooperation einbezogen [1-23] [1-24]. Seit 1993 finden sowohl in Europa wie auch in den USA und Japan große Fachkongresse statt, die die ersteren beiden Gebiete, seit 1993 alle vier Bereiche, miteinander vereinen. Es bleibt zu hoffen, daß diese bemerkenswerte Zusammenarbeit auch in der Zukunft bestehen bleibt und zu weiteren nützlichen Ergebnissen führt.

Zu 2:

Der Begriff "Computational Intelligence" wurde wohl erstmalig von Bezdek 1992 geprägt [1-22] [1-25]. Um der "semantischen Verführung" durch Attribute wie "intelligent", "adaptiv", etc. entgegenzuwirken und eine klarere Zuordnung und Einordnung von Algorithmen zu ermöglichen, bemühte sich Bezdek von Anfang an, den Begriff soweit wie möglich zu definieren und zu operationalisieren. Dies geschah zwar von ihm ausdrücklich in Hinsicht auf das Gebiet der Mustererkennung. Seine Ansätze sind meines Erachtens jedoch sehr gut verallgemeinerbar. Daher sollen seine Vorschläge hier kurz skizziert werden. Hierbei soll der Bezug zur Mustererkennung weggelassen werden, und als Systemtyp sollen - wie bei Bezdek - Neuronale Netze benutzt werden, da eine derartige Klassifizierung für Fuzzy Sets noch nicht besteht.

Es werden bezüglich der Komplexität und bezüglich der Mächtigkeit verschiedene untereinander geordnete Ebenen unterschieden. In den folgenden Abbildungen steigen sowohl Komplexität als auch Mächtigkeit von links unten nach rechts oben.

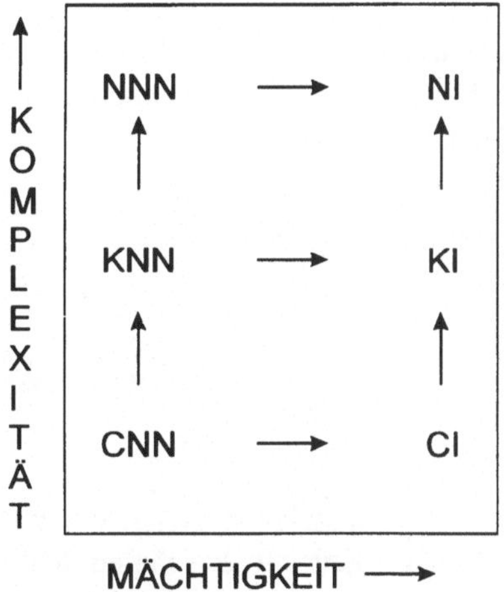

Bild 1-5: Von Computationalen Neuronalen Netzen zur Natürlichen Intelligenz

Es bedeuten: N = Natürlich, K = Künstlich (im Sinne der Künstlichen Intelligenz), C = Computational, d.h. (rein) rechnerisch, numerisch. NN steht für Neuronale Netze und I für Intelligenz.

Rechts oben steht NI, die natürliche (menschliche) Intelligenz, die als Vorbild der hier besprochenen Methoden und Systeme gilt. Der Pfeil von NNN (Natürliche Neuronale Netze) zu NI deutet an, daß NI nicht nur aus NNN besteht, sondern daß noch andere Elemente dazu kommen. In diesem Sinne ist die größere qualitative und quantitative Mächtigkeit von NI über NNN gemeint.

CNN (Computationale Neuronale Netze) im anderen Extrem sind biologisch inspirierte Modelle auf unterster Ebene, die Sensordaten ähnlich wie das Gehirn verarbeiten und zwar ausschließlich numerisch.

Die mittlere Ebene der künstlichen Neuronalen Netze und der Künstlichen Intelligenz unterscheiden sich von der unteren numerischen Ebene dadurch, daß zu den rein numerischen Daten im Input und in der Verarbeitung Wissenselemente treten, die über rein numerische Information hinausgehen. Bezdek spricht in diesem Zusammenhang von "Knowledge Tidbits" oder von Symbolverarbeitung, was sicher nicht im Sinne der klassischen zweiwertigen Symbolverarbeitung zu verstehen ist.Zu erklären bleibt - in horizontaler Richtung - wann ein System, Modell oder Algorithmus als "intelligent" anzusehen ist.

Für Mustererkennung sieht Bezdek vier Eigenschaften menschlichen Erkennungsvermögens, an dem der "Intelligenzgrad" von Methoden der unteren numerischen Ebene (z.B. CNN) gemessen werden könnte und sollte:

1. Adaptivität (ohne Prozeßunterbrechung),

2. Fehlertoleranz,

3. Rechengeschwindigkeit,

4. Güte des Ergebnisses.

Erste Operationalisierungen dieser Kriterien werden angeboten und damit ein Schritt in die Richtung des von Zadeh in letzter Zeit oft erwähnten MIQ (Machine Intelligence Quotient) getan, der es erlauben sollte, Ansätze nicht einfach - vielleicht irreführend - als intelligent zu bezeichnen, sondern Aussagen über den Grad der Intelligenz eines Systems im Vergleich zu anderen zu machen.

Schließt man sich diesen Überlegungen an, so würde man zum Gebiet der "Computational Intelligence" Verfahren der untersten, ausschließlich numerischen Ebene zählen, die keine Wissenselemente im Sinne der Künstlichen Intelligenz benützen und die zu einem gewissen Grade rechnerische Adaptivität,

Fehlertoleranz sowie dem Menschen vergleichbare Rechengeschwindigkeit und Fehlerraten (oder Ergebnisqualitäten) aufweisen.

Diese Definition stimmt sicher nicht mit dem überein, was unter 1. als "Computational Intelligence" bezeichnet worden ist. Vielleicht wäre hierfür der Ausdruck "Biological Computing" besser. Da jedoch beide Interpretationen von CI nützlich sind, sollte man vielleicht in Analogie zur "Fuzzy Logic" von einer CI im engeren Sinne und einer im weiteren Sinne sprechen.

2 Neuronale Netze: Grundlagen und Anwendungen

Dr. Kenneth A. Flaton, Dr.-Ing. Stefan Gehlen,
Dr. Michael Hormel, Dr. Wolfgang Konen,
Dr. Jörg Kopecz, Bochum

2.1 Elemente neuronaler Netze

Vordergründig sind künstliche neuronale Netze den Informationsverarbeitungs- und Speicherungsmechanismen im Gehirn nachgebildet. Relativ einfach aufgebaute Elemente sammeln Daten von einer Vielzahl benachbarter Elemente, mit denen sie über gewichtete Verbindungen gekoppelt sind und verknüpfen diese Daten nach einfachen Regeln. Obwohl die Verarbeitungsgeschwindigkeit und die Komplexität der Informationsverarbeitung des einzelnen Neurons relativ gering ist, erlaubt die massive Parallelverarbeitung Leistungen, die auch mit modernsten Großrechenanlagen zur Zeit nicht erreicht werden können.

Gegenüber den traditionellen Rechnern mit wenigen, komplexen Prozessoren, lokaler Informationsverarbeitung und geringer Konnektivität verfügen neuronale Netze über eine Struktur, in der es kaum möglich ist, Hardware und Software eindeutig voneinander zu unterscheiden. Die Verarbeitung und Speicherung der Information erfolgt verteilt in einem komplexen Netzwerk unterschiedlichster Neurone. Die Art der Datenverarbeitung bedingt einerseits eine hohe Fehlertoleranz sowie die Fähigkeit, einmal gemachte Erfahrungen zu verallgemeinern andererseits. Praktisch bedeutet dies, daß kleine Änderungen im Eingangssignal eines neuronalen Netzes auch nur kleine Änderungen in der Reaktion des Netzes nach sich ziehen, während in der digitalen Datenverarbeitung ein einzelnes falsch gesetztes Bit zu einem vollständig verändertem Gesamtverhalten führen kann.

Bild 2-1 zeigt ein biologisches Neuron und sein künstliches Pendant. Beide verfügen über sogenannte Dendriten, die Erregungen einsammeln und dem Zellkörper zuführen. Übersteigt die Gesamtaktivität in den Dendriten eine Schwelle, sendet das Neuron über das Axon ein Signal aus, das wiederum von anderen Neuronen empfangen wird. Damit ist die prinzipielle Arbeitsweise eines neuronalen Netzes bereits erklärt. Ein Neuron kann mit sehr vielen anderen Neuronen über diese gewichteten Verbindungen verknüpft sein. Die Verarbeitung der Signale geschieht parallel in allen Neuronen. Das Wissen eines Netzes steckt in den Gewichten der Verbindungen, die in einer Trainingsphase eingestellt werden.

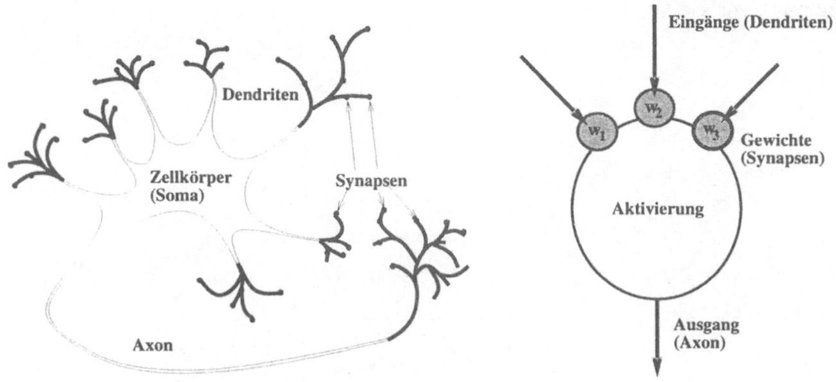

Bild 2-1: Links: Anatomie eines biologischen Neurons, Rechts: künstliches Neuron

In ihrer einfachsten Form lassen sich Neurone durch die Gleichung

$$(2\text{-}1) \qquad y_i = \Phi\left(\sum_{i=1}^{n} w_{ij} x_j - \Theta \right)$$

mit der Schwellwertfunktion

$$\Phi(z) = \begin{cases} 1 & \text{für } z > 0 \\ 0 & \text{sonst} \end{cases}$$

beschreiben.

In der Gleichung sind die Kopplungsgewichte zwischen Neuron i und j mit w_{ij}, der Input von Neuron j mit x_j und der resultierende Ausgang von Neuron i mit y_i bezeichnet.

Die Struktur oder Topologie neuronaler Netze ist in der Regel flach, d.h. sie besteht aus wenigen aufeinanderfolgenden Schichten mit jeweils k_i Elementen. Typisch sind neuronale Netze mit drei Schichten, einer Eingangsschicht, einer Ausgangsschicht und einer versteckten Schicht.

28

Die zur Zeit am häufigsten genutzten Feed-Forward Netzwerke besitzen eine nicht beschränkte Kopplung zwischen den aufeinander folgenden Schichten. Daneben existieren zahlreiche weitere Topologien, deren Eigenschaften bereits Gegenstand wissenschaftlicher Untersuchungen waren. Bild 2-2 zeigt einige schematische Beispiele.

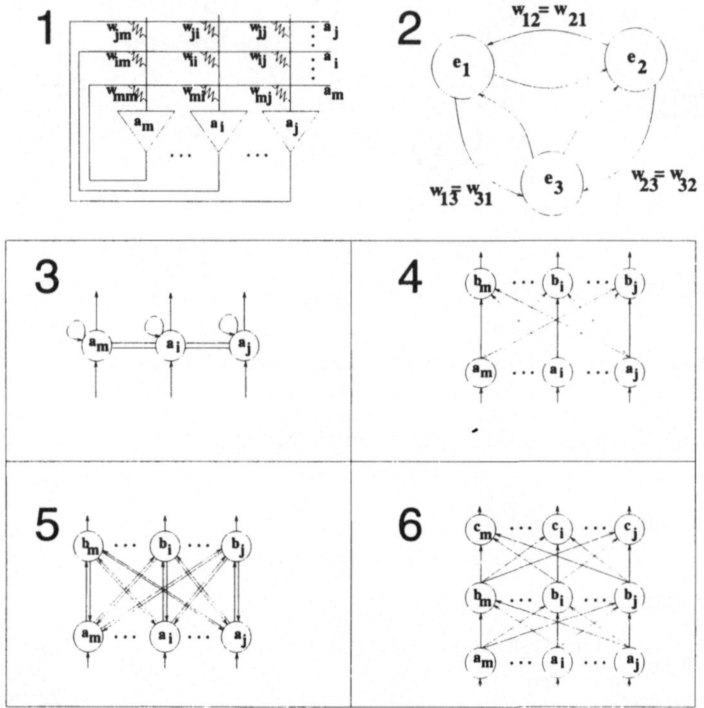

Bild 2-2: Unterschiedliche Feed-forward Netz.-Topologien, 1. vollständig vernetzt. 2. vollständig vernetzt mit symmetrischer Kopplung, 3. lateral gekoppelte Schicht, 4. vorwärtsgekoppelte Schicht, 5. vor- u. rückwärtsgekoppelte Schichten, 6. vorwärtsgekoppelt mit verdeckter Schicht

Die wesentliche Aufgabe neuronaler Netze ist es, bei einer bestimmten vorgegebenen Zielfunktion und vorhandenen Daten ihre Systemstruktur so zu verändern, daß die Zielfunktion erfüllt wird. Die Zielfunktion kann dabei eine Klassifikation oder die Approximation einer beliebigen nichtlinearen Funktion sein. Daraus ergeben sich als Einsatzfelder neuronaler Netze einmal der Entwurf nichtlinearer

Systeme auf der Basis von Meßdaten, d.h. die Netze finden auf systematische Weise eine angepaßte Speziallösung und zum anderen das Lernen am laufenden Prozeß bei Änderung von Randbedingungen oder Zielfunktionen. Typische Beispiele sind hier das Erlernen von Gut-/Schlecht Klassifikationen in der Qualitätssicherung oder das Erlernen von Prozeßmodellen aus Meßdaten in der Regelungstechnik (Neurocontrol).

Die Adaption der Netzwerkstruktur an die gestellte Aufgabe erfolgt durch die Variation der Kopplungsgewichte w_{ij} zwischen den Neuronen. Die richtige Auswahl der Lernregel stellt ein außerordentlich weites Feld zur Systemstrukturierung dar. Verwendet werden einfache, problemunabhängige Algorithmen, die die Gewichte in der Lernphase geeignet anpassen. In der Literatur findet man verschiedene Typen von Lernregeln. Eine kurze Übersicht und Einordnung der wichtigsten Vertreter wird im folgenden Kapitel gegeben.

2.1.1 Typen von Lernregeln

Lernen mit und ohne Lehrer

- *Supervised Learning:* In einer Lernphase wird zu jeder Reizpräsentation ein "Lehrersignal" $\underline{t}$ vorgegeben, das den gewünschten Erregungszustand aller oder einiger Zellen des Netzwerkes wiedergibt. Der Differenzvektor $(\underline{t} - \underline{e}')$ zwischen Lehrersignal und Erregungsvektor $\underline{e}'$ heißt Fehlersignal.
- *Reinforcement Learning:* Der "Lehrer" teilt nur ein skalares Gütemaß der Leistung, nicht den erwünschten Zustand jeder einzelnen Zelle mit.
- *Unsupervised Learning:* Hier gibt es keinen Lehrer und daher auch meist keine Unterscheidung in Lern- und Arbeitsphase. Die Gewichtsänderung folgt z.B. der Korrelation von prä- und postsynaptischer Erregung (Hebb).

Lokale vs. nichtlokale Lernregeln

- *Strenge Lokalität:* Die Veränderung des Gewichtes w_{ij} hängt nur von den prä- und postsynaptischen Erregungen e_i und e'_j ab.
- *Schwache Lokalität:* Die Veränderung des Gewichtes w_{ij} hängt von der postsynaptischen Erregung e'_j und von allen Inputerregungen der Zelle j ab.
- *Bilanzierung:* Die Summe aller Synapsengewichte über einen Teil des Netzes ist konstant. Gewichtsverstärkungen gehen daher mit nicht lokal bedingten Gewichtsabschwächungen anderswo einher (Wettbewerbslernen).

Tabelle 2-1 nimmt eine Einteilung bekannter Lernregeln in überwachtes und unüberwachtes Lernen bzw. lokale und globale Lernregeln vor.

Einige der Hauptprobleme beim Einsatz neuronaler Netze sind die Fragen nach der Stabilität der Systeme und der Konvergenz gegen ein gewünschtes Ziel sowie nach der Konfiguration der Netze und der Zahl der benötigten Trainingsdaten. Während für einige Netztypen bereits Aussagen über Konvergenz und Stabilität gemacht werden können, erfordert die Auswahl problemangepaßter Topologien und Lernverfahren eine umfangreiche Erfahrung im Umgang mit neuronalen Netzen. Die Vielzahl von Modellen mit unterschiedlichsten Eigenschaften erschwert dem Anwender die Auswahl des jeweils günstigsten Ansatzes. Trotzdem ermöglichen neuronale Netze die zeitgünstige Lösbarkeit von Problemen, die mit den gegenwärtigen Verfahren nur schwer oder gar nicht zu bewältigen sind.

Tabelle 2-1: Typen von Lernregeln. λ: Lernrate

<table>
<tr><td></td><td>unüberwacht</td><td>$\Longleftrightarrow$</td><td>überwacht</td></tr>
<tr>
<td rowspan="2">lokal</td>
<td>Hebb-Regel:
$\Delta w_{ij} = \lambda e_i' e_j$
dto. mit "Vergessen"
$\Delta w_{ij} = \lambda e_i' (e_j - w_{ij})$
Kovarianz-Lernen:
$\Delta w_{ij} = \lambda (e_i' - \overline{e'})(e_j - \overline{e})$</td>
<td>Verstärkungslernen:
$\Delta w_{ij} > 0$ falls gilt
1. e_i' war erregt
2. e_j hat beigetragen
3. Ergebnis wird besser</td>
<td>Widrow-Hoff:
$\Delta w_{ij} = \lambda (t_i - e_i') e_j$</td>
</tr>
<tr>
<td>Wettbewerbslernen:
$\Delta w_{ij} = \lambda e_i' e_j / (\sum w_{ij}^2)$</td>
<td></td>
<td>Backpropagation:
$\Delta w_{ij} = \lambda (t_i - e_i') e_j$</td>
</tr>
<tr>
<td>global</td>
<td colspan="3">Vorbesetzung der Gewichte aufgrund analytischer Betrachtungen (z.B. Pseudo-Inverse)</td>
</tr>
</table>

2.2 Beispiele einiger Modelle neuronaler Netze

In diesem Kapitel sollen exemplarisch einige neuronalen Netze und ihre Funktionsweise vorgestellt werden.

2.2.1 Das Perzeptron: Lernen als Fehlerminimierung

Das Perzeptron ist das "klassische" neuronale Netz, das in den 50er Jahren von Rosenblatt entwickelt wurde. Wegen seiner Einfachheit wird es auch heute noch

Trainiert wird das Perzeptron über ein Lehrersignal, wie in der sog. Delta–Regel angegeben:

$$(2\text{-}2) \qquad \Delta w_{ij} = \lambda (t_j - e'_j) e_i$$

Dabei ist t_j das "Lehrersignal" (der gewünschte Wert) und e'_i der berechnete Output des Neurons j.

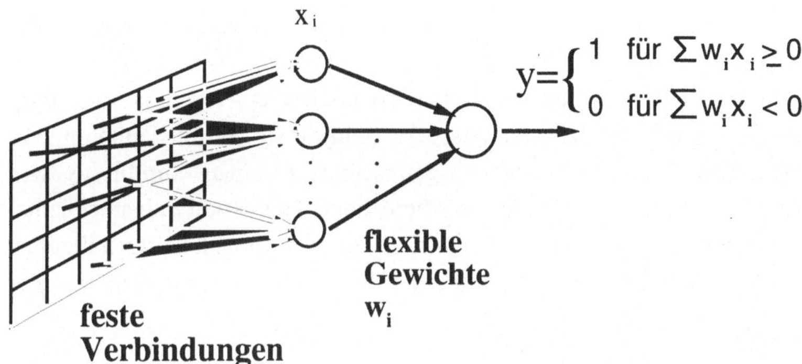

$$y = \begin{cases} 1 & \text{für } \sum w_i x_i \geq 0 \\ 0 & \text{für } \sum w_i x_i < 0 \end{cases}$$

Bild 2-3: Struktur des einfachsten neuronalen Netzes, eines Perzeptrons. Die Neurone haben semilineare Kennlinien oder Sprungfunktionen als Übergangsfunktion. Das Ausgangsneuron liefert ja/nein Entscheidung (0/1) über die Klassenzugehörigkeit eines Merkmales.

Die Konvergenz dieses einfachen Netzes ist damit auf jeden Fall gesichert. Die Neurone haben semilineare Kennlinien und leisten damit eine einfache Klassifikationsaufgabe, die durch eine Trennlinie (Hyperebene)

$$w_0 + (w \cdot s) = 0$$

im Merkmalsraum beschreibbar ist. Allerdings ist damit klar, daß Klassen, deren Trennflächen keine Hyperebenen sind, so nicht gebildet werden können. Will man z. B. das "exklusive oder" (XOR) zweier Eingänge implementieren, so sollten (0,0) und (1,1) in eine und (1,0) und (0,1) in die andere Klasse fallen. Eine solche Klassifikation ist mit *einer* Trennebene nicht durchführbar. Erst die Einführung von zusätzlichen verdeckten Schichten (siehe Multi-Layer-Perceptron) ermöglicht die Bearbeitung dieses Problems.

2.2.2 Der Cerebellar Model Articulation Controller (CMAC)

Dieses neuronale Netz, das aus dem Perzeptron abgeleitet wird und ursprünglich als Modell der Informationsverarbeitung und Motoriksteuerung im menschlichen Kleinhirn (Cerebellum) diente [2-2], ist unverständlicherweise weitgehend unbekannt, obwohl es für eine ganze Reihe von Problemen ein sehr gutes Werkzeug darstellt.

Der Grundaufbau orientiert sich am Perzeptron, wie in Bild 2-4 zu sehen. Im Gegensatz zu diesem wird allerdings beim Anlegen eines Eingangssignals nur ein kleiner Teil ρ der Gesamtzellen r aktiviert. Die Auswahl der Zellen wird von einem speziellen Kodierungsmechanismus (Grobcodierung, engl. coarse-coding) vorgenommen. Die aktiven Assoziationszellen sind direkt mit einstellbaren synaptischen Gewichten gekoppelt. Das Ausgangssignal zu einem Stimulus $\underline{s}$ wird als Mittelwert der aktiven Gewichte w_{ij} berechnet. Der Kodierungsmechanismus, der im folgenden erläutert wird, führt zu einer nachbarschaftserhaltenden Abbildung, d.h. ähnliche Eingangsvektoren belegen eine Anzahl gemeinsamer

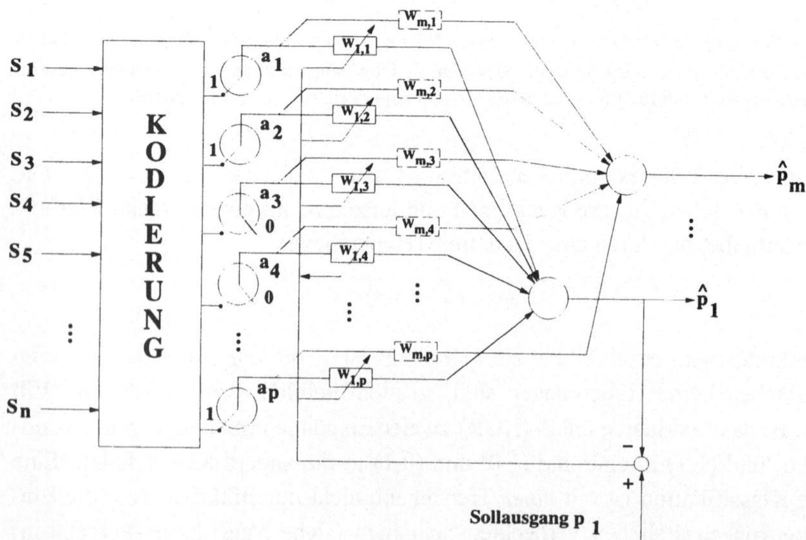

Bild 2-4: Struktur des neuronalen Netzes CMAC: Zusätzlich zum einfachen Perzeptron ist ein Kodierungsblock vorgeschaltet, der für die Aktivierung der Zellen sorgt. Im Gegensatz zum Perzeptron werden nur $p \ll r$ Zellen aktiviert. Die Gewichte w_{ij} werden in einem überwachten Trainingsverfahren eingestellt.

Assoziations– bzw. Gewichtszellen. Diese Gewichtszellen können in dem vom Stimulus aufgespannten Eingangsraum dargestellt werden, wie in Bild 2-5 dargestellt.

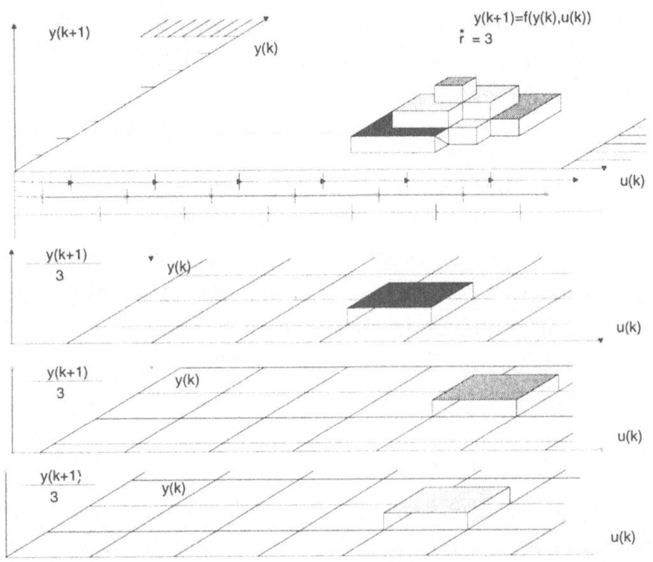

Bild 2-5: Die Neurone, die von einem Stimulus aktiviert werden, sind Elemente des n-dimensionalen Stimulusraumes. Hier ist dieser Raum als Ebene für den Fall Dim(Stimulus)=2 gezeigt. Durch die Kodierung wird dieser Raum in ρ sich überlappende Parzellen aufteilt, die hier übereinander dargestellt sind. Ein einzelner Stimulus aktiviert dann diese ρ Zellen.

Der Kodierungsmechanismus sorgt dafür, daß nur eine kleine Zahl überlappender Gebiete (=Neurone) des Eingangsraumes aktiviert werden. Diese auch "Kacheln" genannten Gebiete entsprechen den rezeptiven Feldern der Neuronen. Da das aktivierte Gesamtgebiet mehrere Kacheln überdeckt, entsteht ein lokales Verallgemeinerungsgebiet, innerhalb dessen der Speicher in der Lage ist, zu interpolieren. Durch diese lokale Verarbeitung ist die Konvergenzgeschwindigkeit des CMAC- Lernalgorithmus wesentlich höher als die des Perzeptrons oder des Standard Backpropagation–Verfahrens, erreicht jedoch eine mindestens ebenso gute Leistung bei der Approximation nichtlinearer n-dimensionaler Funktionen.

Ein sehr wichtiger Vorteil des CMAC-Algorithmus liegt darin, daß während des Trainings ein sog. *Trainingsindikator* mitgeführt werden kann, der bei jedem

Zugriff auf das Netz Informationen über die Zuverlässigkeit der gespeicherten Informationen liefert. Dadurch kann festgestellt werden, ob sich ein ausgelesenes Datum im Inneren oder am Rande des Trainingsgebietes befindet oder ob im fraglichen Bereich noch keine Daten trainiert wurden. Ist der Trainingsindikator Null oder sehr klein, ist das Assoziationsresultat sehr ungenau, da in dem fraglichen Bereich wenig Trainigsdaten zur Verfügung standen. Weiterführende Literatur zum CMAC ist z.B. in [2-2, 2-3, 2-4, 2-5] zu finden.

Das Zentrum für Neuroinformatik, Bochum, setzt **ZNet**, eine Weiterentwicklung des CMAC- Algorithmus im Bereich der Echtzeitregelung ein. Verbesserte Trainingsverfahren ermöglichen es, die Adaption der Netzgewichte lokal von der Anzahl der Trainingszugriffe auf die Gewichte abhängig zu machen. Damit kann eine große Lernrate in schwach trainierten Bereichen und eine zunehmend kleiner werdende Lernrate in sehr gut trainierten Bereichen des Eingangsraumes erreicht werden. Eine Chiprealisierung für Höchstgeschwindigkeitsanwendungen ist derzeit in Kooperation mit der TH Darmstadt in Arbeit.

2.2.3 RBF–Netzwerke und "Neuro-Fuzzy"

In den vergangenen Jahren wurde in der Literatur immer wieder ein neuer Netzwerktyp zur Funktionsapproximation und Interpolation diskutiert, der – im Gegensatz zum Standard Multi-Layer-Perceptron über lokalisiert reagierende Neurone verfügt und um mehrere Größenordnungen schneller im Training ist [2-6, 2-7]. Dieses Netz wird Radial–Basis–Function (RBF) Netz oder Hyper–Basis Netz genannt.

Im Gegensatz zu klassischen Netzen (sigmoide Antwortfunktionen) ist die Antwortfunktion eines RBF-Netzes symmetrisch um einen Mittelpunkt. Aus praktischen Gründen werden in der Regel Gaußfunktionen verwendet. Die Gesamtantwortfunktion des Netzes kann damit so formuliert werden:

$$f(x) = \sum_{n=1}^{N} A_n g_n(x)$$

mit

$$g_n(x) = g\left(\frac{\|x - x_n\|^2}{\sigma_n^2}\right)$$

(2-3) stellt nichts anderes als eine Entwicklung nach dem Funktionensystem g_n dar, womit auch die Funktionsweise des RBF Netzes motiviert ist. Wird für g_n ein vollständiges Funktionensystem gewählt (z. B. die Gaußfunktionen) ist auch jede (stückweise stetige) Funktion durch das Netz darstellbar, soweit es genug Knoten enthält. Um eine Interpolation zwischen den Stützstellen A_n zu ermöglichen, müssen die g_n normiert sein:

$$(2\text{-}3) \qquad f(x) = \sum_n A_n g_n(x) / \sum_n g_n(x).$$

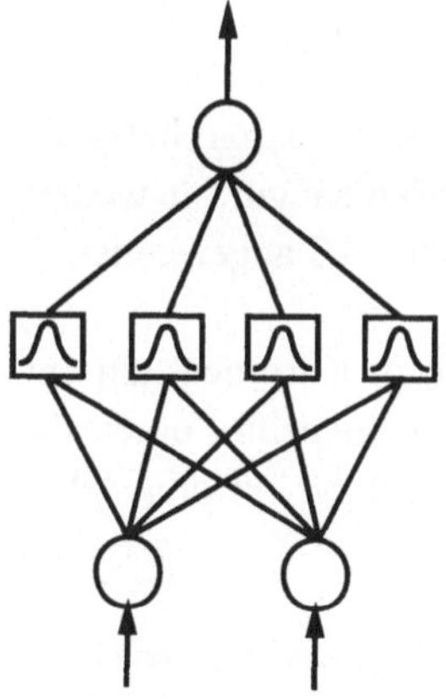

Bild 2-6: Struktur eines RBF Netzwerkes

2.2.3.1 Training von RBF Netzen

Um nun ein RBF Netz lernfähig zu machen, werden i.d.R. zwei verschiedene Verfahren eingesetzt.

Die erste Methode verwendet ein vollständig überwachtes Lernen, wie z.B. beim Backpropagation-Verfahren über die Definition eines Fehlermaßes:

$$(2\text{-}4) \qquad E = \frac{1}{2} \sum_{l=1}^{L} (f_l^*(x) - f_l(x))^2$$

wobei l der l-te Trainingssatz ist, und f^* den gewünschten Output des Netzes darstellt.

Die zweite Methode besteht aus einer Phase der Selbstorganisation mit anschließender überwachter Lernphase. Die Selbstorganisation bewegt zunächst die

36

Zentren der Gaußfunktionen x so, daß der Trainingsdatensatz durch einen Satz von k Neuronen optimal approximiert wird. Verschiedene Algorithmen sind denkbar. Im vorliegenden Fall wird die euklidische Distanz D zwischen den Trainingsvektoren und den Zentren der g_n definiert als [2-8, 2-9]:

$$(2\text{-}5) \qquad D = \sum_{n=1}^{k} \sum_{l=1}^{L} M_{n,l} (x_n - x_l)^2$$

$M_{n,l}$ ist hier eine Matrix, die die Neurone identifiziert, die gerade in die Rechnung eingehen. Im zweiten Schritt werden die *Formen* der Gaußfunktionen so verändert, daß eine möglichst glatte Interpolation möglich wird.

Dieses Lernverfahren kann auch durch andere Optimierungsverfahren, beispielsweise Genetische Algorithmen, realisiert werden, die besonders gut für weitreichende Optimierungen geeignet sind. Dies wird im Kapitel 2.3.3 angewendet.

Zusätzlich dazu kann die Amplitude der Funktionen angepaßt werden, um entweder beim Off–line Lernen den Gesamtfehler oder beim Echtzeit-Lernen den Erwartungswert des Fehlers zu minimieren. Tabelle 2-2 zeigt die Leistungsfähigkeit und Geschwindigkeit dieses Verfahrens.

Tabelle 2-2: Vergleich RBF Netzwerk mit anderen neuronalen Netzen. (Aus [2-6], verändert)

Klassifikationsmethode	Fehler	Zahl der Trainingsschritte
RBF Netz	18,0%	338
Backpropagation	19,8%	50.000
Feature Map	22,8%	10.000

Durch die spezielle Wahl von Topologie und Aktivierungsfunktion des RBF-Netzwerks läßt sich das RBF-Netzwerk in ein Fuzzy-System mit gaußförmigen Zugehörigkeitsfunktionen übersetzen. Die Vorteile eines solchen Systems sind offensichtlich: durch die direkte Übersetzbarkeit ist Wissen direkt in einer Netzwerktopologie mit einer sinnvollen Anfangsinitialisierung der Gewichte kodierbar, kann aber später durch Lernen anhand neuer Daten erweitert und modifiziert werden. RBF Netzwerke stellen somit echte "Neuro–Fuzzy" Systeme dar!

2.3 Anwendungen neuronaler Netze

In den folgenden Abschnitten soll ein grober Uberblick über die vielfältigen Einsatzmöglichkeiten neuronaler Netze gegeben werden. Die ausgewählten Beispiele stammen aus den Bereichen Automatisierungstechnik, Bildauswertung und Zeitreihenprädiktion.

2.3.1 Neuronale Netze in der Prozeßführung

Die Steuerung und Regelung technischer Prozesse erfordert eine genaue Kenntnis ihres inneren Aufbaus und der internen physikalischen und chemischen Abläufe. Eine große Zahl dieser Prozesse zeichnet sich durch fehlende oder ungenaue Modelle, extreme Nichtlinearitäten sowie starke, zum Teil a priori ebenfalls unbekannte Verkopplungen aus. Ein weiteres Problem ergibt sich durch die Interaktion der Prozesse mit einer sich verändernden Umwelt und des sich daraus ergebenden variierenden Prozeßverhaltens, das eine kontinuierliche Nachführung der Steuerungs- und Regelungsparameter erforderlich macht.

Bei einer verbesserten Prozeßführung sind erhebliche wirtschaftliche Vorteile durch

- schnellere Einregelvorgänge,

- reduzierte Anfahrzeiten,

- niedrigeren Verbrauch der Resourcen Rohstoff und Energie,

- optimaler Resourceneinsatz,

- geringere Qualitätstoleranzen und

- bessere Umweltverträglichkeit

zu erwarten. Neuronale Netze stellen ein zusätzliches Hilfsmittel dar, um intelligente Automatisierungssysteme höherer Leistungsfähigkeit zu realisieren. In der Praxis sind dabei im wesentlichen zwei Ansatzpunkte von Interesse:

- das Erstellen eines Modells des zu automatisierenden Prozesses, oder
- das Erlernen der Strategie eines erfahrenen Bedieners.

Die Ansätze sind schematisch in den Bildern 2-7 und 2-8 dargestellt. In beiden Fällen wird durch die Beobachtung verschiedener Meßsignale und das Training eines speziellen neuronalen Netzes ein Modell erzeugt.

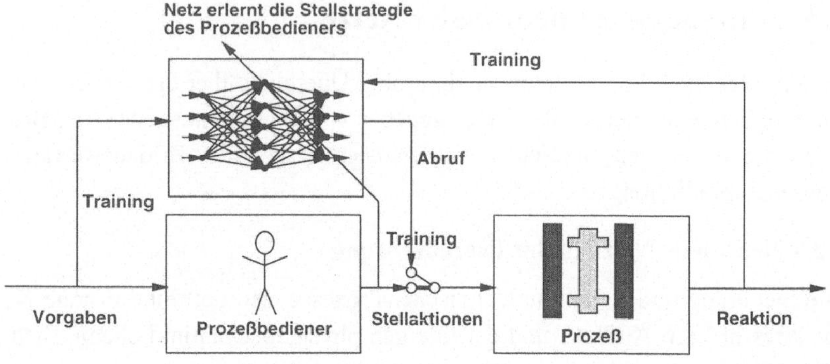

Bild 2-7: Schematische Darstellung eines Systems, das mit Hilfe eines neuronalen Netzes die Bedienstrategie z.B. eines Anlagenfahrers erlernt. Das Netz erhält zum Training die Sollwerte und Istwerte, die der Bediener einstellt, sowie ein Feedback über den Erfolg/ Mißerfolg des Stellvorgangs. Das resultierende Modell kann wiederum Gegenstand von Optimierungen sein.

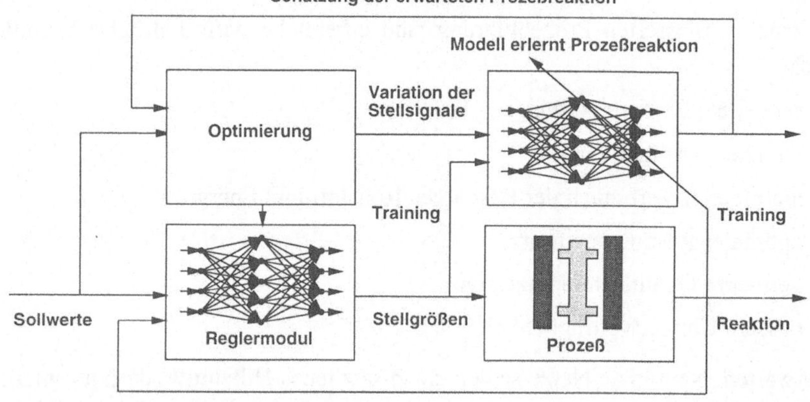

Bild 2-8: Schematische Darstellung eines Systems, in dem das neuronale Netz ein Prozeßmodell erlernt anhand dessen optimale Stelleingriffe geplant und optimiert werden Die optimalen Stelleingriffe werden anschließend im ebenfalls lernfähigen Reglerbaustein abgelegt.

Die im folgenden dargestellten Beispiele wurden aus der Praxis des Zentrums für Neuroinformatik entnommen.

2.3.1.1 Wirkungsgradoptimierung von Dampfturbinenanlagen

In der chemischen und verfahrenstechnischen Industrie werden große Mengen an Heißdampf für allgemeine Heizzwecke und für den Prozeßbetrieb benötigt. Der in betriebseigenen Kraftwerken erzeugte Frischdampf wird ausgehend von einem relativ hohen Frischdampfdruck auf die verschiedenen in den Anlagen benötigten Betriebsdrücke entspannt. Diese Entspannung erfolgt in mehrstufigen Dampfturbinen, die als Nebenprodukt des Vorgangs elektrische Energie erzeugen.

Um flexibel auf variierende Randbedingungen (z.B. Wetter, Witterung, prozeßabhängiger Bedarf) reagieren zu können, werden mehrere Turbinen parallel betrieben und je nach Auslastung zu- und abgeschaltet.

Da der Wirkungsgrad der Turbinen unter anderem vom Dampfmassenstrom abhängig ist, stellt dieses Verfahren sicher, daß die Turbinen zumindest annähernd in einem günstigen Arbeitsbereich betrieben werden. Alle Turbinen liefern, unabhängig vom Entnahmedruck des Heißdampfes, am Ausgang der Niederdruckstufe Dampf von ca. 5 bar Druck. Die Dampfdrücke am Ausgang der Turbinenstufen werden individuell durch die Variation des Dampfmassenstroms am Eingang der Turbine geregelt. Bild 2-9 zeigt die Gesamtkonfiguration des Turbinensatzes.

Um die Effektivität der Stromerzeugung zu steigern ist es sinnvoll, den Dampfmassenstrom durch die Turbinen so zu steuern, daß ein Maximum an elektrischer Energie erzeugt wird. Als Randbedingung müssen die benötigten Heißdampfmengen für die Anlagen zur Verfügung gestellt werden.

Da ein hoher Wirkungsgrad im Hochdruckteil durch die stärkere Abkühlung des Dampfes einen niedrigeren Wirkungsgrad im nachfolgenden Niederdruckteil bewirkt, ergeben sich zusätzliche Anforderungen an die Optimierung. Der reale Zusammenhang zwischen Dampfmassenstrom und Wirkungsgrad ist nichtlinear und in der Regel für die realen Betriebsbedingungen nicht oder nur ungenau bekannt. Im betrachteten Fall wurden zunächst zwei zweistufige Dampfturbinen verwendet, die den Betrieb mit Niederdruckdampf von etwa 5 bar bzw. mit Heißdampf von 21 bar und 42 bar versorgen. Die Bedarfsmengen an Heißdampf sind abhängig vom täglich wechselnden Betriebsverlauf.

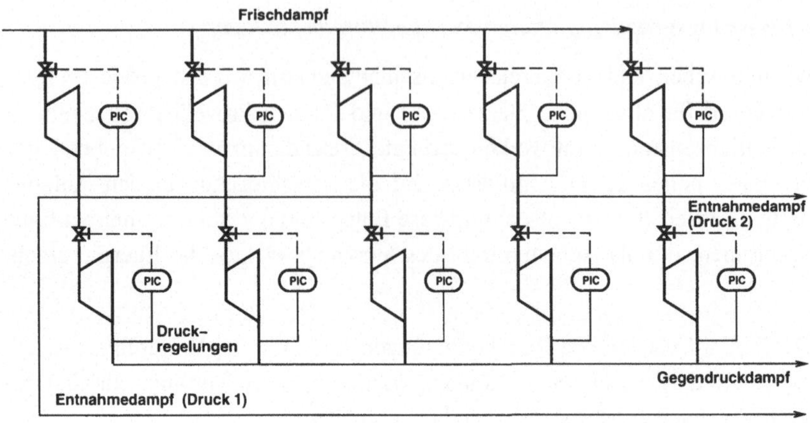

Bild 2-9: Gesamtkonfiguration des Turbinensatzes aus 5 zweistufigen Dampfturbinen. Die Hochdruckstufen liefern Prozeßdampf mit zwei unterschiedlichen Drücken. Alle Niederdruckstufen liefern Heizdampf mit festem Gegendruck.

Um den tatsächlichen Zusammenhang zwischen Dampfmassenstrom, Dampftemperaturen und Wirkungsgrad zu ermitteln, wurde ein neuronales Netz mit den realen Betriebsdaten aus zwei Monaten und den ermittelten Wirkungsgraden trainiert. Als Eingangsgrößen für das neuronale Netz wurden die Dampfmassenströme und die Entnahmedampftemperaturen verwendet. Dadurch ergibt sich im vorliegenden Fall die Aufgabe, einen 6-dimensionalen Eingangsraum (Ausgangsmassenstrom Turbine A, Ausgangsmassenstrom Turbine B, Entnahmemenge Turbine A, Entnahmemenge Turbine B, Entnahmetemperatur Turbine A, Entnahmetemperatur Turbine B) auf den skalaren Gesamtwirkungsgrad abzubilden. Der Vergleich, der aus den Meßdaten berechneten Wirkungsgrade mit den vom Netz geschätzten Wirkungsgraden zeigt eine sehr gute Übereinstimmung über den gesamten Zeitverlauf (Bild 2-10 und 2-11). Rein optisch sind realer und geschätzter Verlauf identisch.

Der auf der Basis der vorliegenden Meßdaten ermittelte mittlere Wirkungsgrad liegt real bei 78.3187%, der Mittelwert der vorhergesagten Wirkungsgrade liegt bei 78.3189 %, was die Qualität der Vorhersage weiter verdeutlicht.

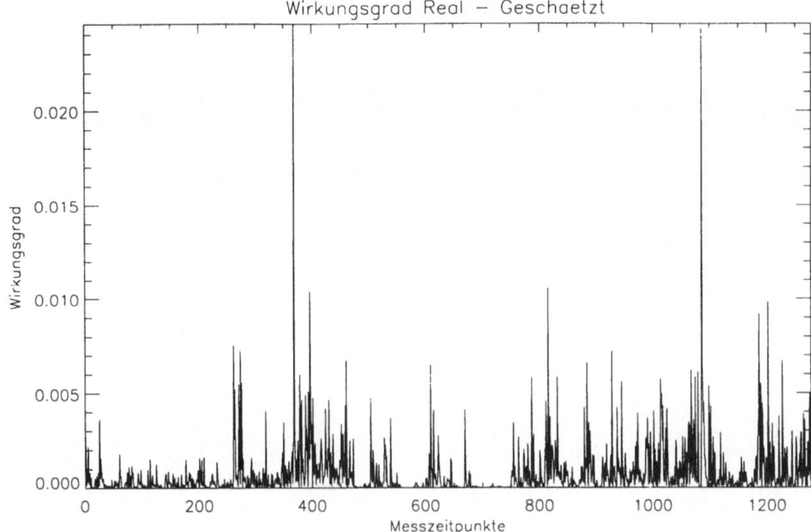

Bild 2-10: Realer und geschätzter Wirkungsgrad, Abtastzeit 15 Minuten

Der absolute maximale Fehler der Vorhersage beträgt etwa 3% (3.33%), liegt im Mittel aber unter 0.1% (0.081%). Dabei ist zu bemerken, daß das neuronale Netz in keiner Weise für die Aufgabe optimiert werden mußte. Die Netztopologie und die Netzparameter wurden lediglich sinnvoll gewählt.

Ebenso wie der Wirkungsgrad kann auch die gemessene Generatorleistung zum Erlernen eines Prozeßmodells und zur Optimierung des Gesamtsystems verwendet werden. Die damit erzielten Ergebnisse sind direkt vergleichbar.

Ausgehend von den erlernten mehrdimensionalen Kennfeldern kann nun eine Bestimmung der optimalen Betriebspunkte erfolgen. Dazu werden für die gemessenen Betriebspunkte andere Zustände gesucht, die bei identischen Entnahmedampfmengen einen höheren Wirkungsgrad oder eine höhere Generatorleistung ergeben. Dies geschieht durch einen Suchprozeß, bei dem durch systematische Variation der Gegendruckdampfmengen und Vorhersage des Wirkungsgrades der Generatorleistung der optimale Betriebspunkt ermittelt wird. Als Randbedingung der Optimierung muß der Gesamtmassenstrom auf der Gegendruckseite der Turbinen konstant bleiben.

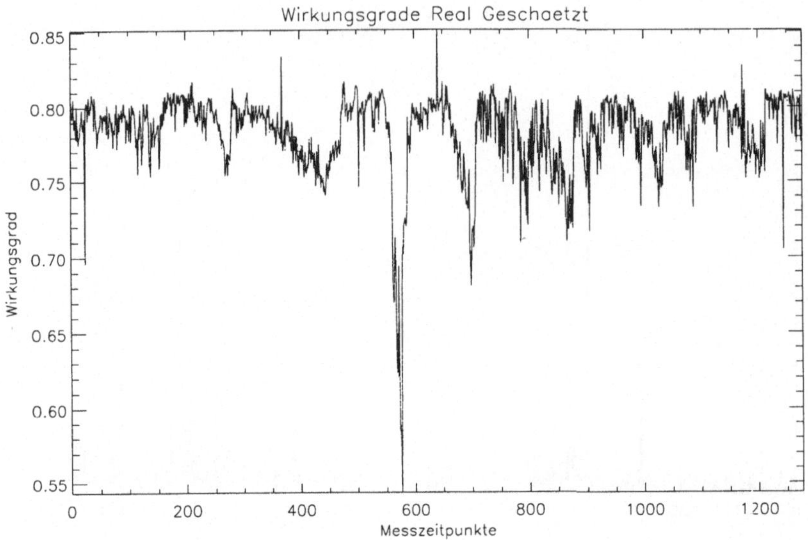

Bild 2-11: Differenzbetrag zwischen realem und geschätztem Wirkungsgrad

Die Entnahmemengen von Prozeßdampf mit 21 bar und 42 bar Druck variieren unabhängig voneinander und ergeben sich aufgrund der realen Betriebsbedingungen. Die Entnahmedampfmenge auf der Gegendruckseite ergibt sich aus der Summation der beiden verbleibenden Ausgangsmassenströme, wobei durch eine geschickte Verteilung der Last auf die Turbinen eine größere Effektivität erzielt werden kann.

Im vorliegenden Fall wurden für alle Meßzeitpunkte die jeweiligen Entnahmemassenströme und Entnahmedampftemperaturen dem neuronalen Netz aufgeprägt. Durch die Variation der Gegendruckmassenströme sollte der optimale Gesamtwirkungsgrad gefunden werden. Da beide Kurven eng beieinander liegen und vergleichsweise große Schwankungen aufweisen, erfolgt eine Beurteilung des Optimierungsergebnisses auf der Basis des Verlaufs des mittleren Wirkungsgrades, der jeweils als Mittelwert eines Fensters von 24 Messungen berechnet wurde (Bild 2-12).

Die Ergebnisse zeigen, daß eine Verbesserung der Generatorleistung durch die Wahl eines optimalen Betriebspunktes anhand eines erlernten Prozeßmodells ohne weiteres erzielt werden kann. Das neuronale Netz generiert nach ausreichendem Training verläßliche Aussagen über den zu erwartenden Wirkungsgrad und die Generatorgesamtleistung bei verschiedenen Betriebszuständen. Das erlernte n-dimensionale Prozeßmodell kann zur Optimierung des Betriebspunktes herangezogen werden.

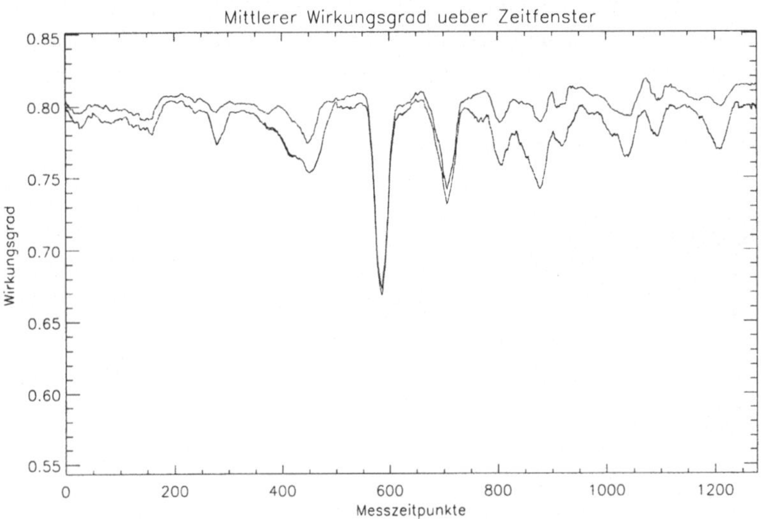

Bild 2-12: Verlauf der mittleren Wirkungsgrade (real, optimiert) bei Mittelwertbildung über ein 24 Stunden Zeitfenster

2.3.1.2 Temperaturregelung von Härtungsöfen

Beim Härten von Kaltwalzen verweilen die Werkstücke über einen Zeitraum von mehreren Stunden in speziellen, elektrisch geheizten Härtungsöfen (Bild 2-13). Um definierte Materialeigenschaften zu erzielen ist es notwendig, die Ofenheizungen so zu regeln, daß bis zum Erreichen der Sollhärtungstemperatur eine gleichmäßige Erwärmung der Walze gewährleistet und nach Erreichen der Sollhärtungstemperatur die Temperaturen entlang der Walzenoberfläche in möglichst engen Grenzen gehalten werden. Eine kontinuierliche Erfassung der Walzentemperaturen ist bei der beschriebenen Anlage nicht möglich.

Größere Temperaturabweichungen führen zu Mängeln, die von zu geringer Standzeit der Walze bis zu ihrer Zerstörung bei der Härtung reichen können. Die Protokollierung der Ofentemperaturen, der eingestellten Reglersolltemperaturen

44

und der Temperaturen der Walzenoberfläche erfolgt in allen Heizzonen im Stundenraster.

Bei der Modellierung des Mehrgrößenprozesses ist es notwendig, die Materialeigenschaften der Walze sowie die Verkopplungen (Wärmestrahlung und -leitung) zu berücksichtigen. Diese Kopplungen sind u.a. von der Walzengeometrie abhängig und führen zu stark unterschiedlichen Kamineffekten im Ofen. Da die Anwendung geeigneter Regelungsverfahren beim betrachteten Prozeß bisher nicht möglich war, wurden in Praxis die Temperaturregler von erfahrenen Prozeßbedienern auf definierte, zeitlich veränderliche Sollwerte eingestellt.

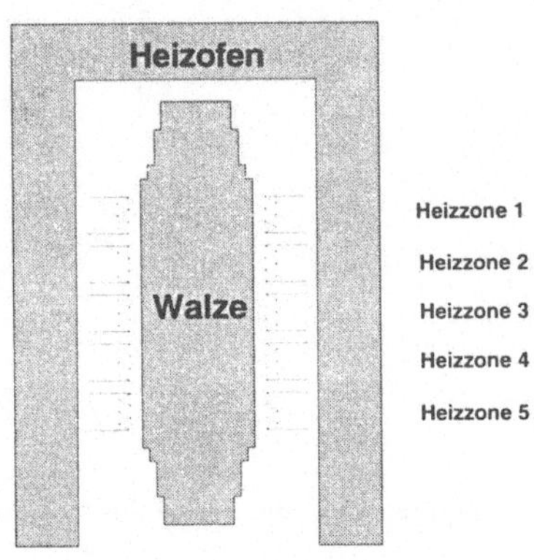

Bild 2-13: Prinzipieller Aufbau des Härtungsofens mit Walze.

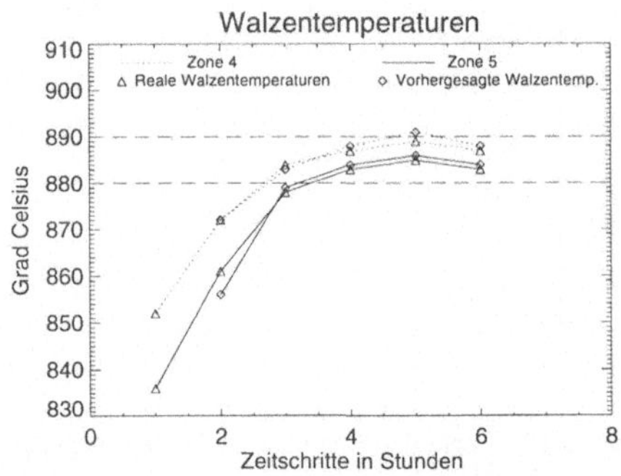

Bild 2-14: Vergleich zwischen Vorhersage des neuronalen Netzes und tatsächlichem Verlauf der Walzentemperatur in den untersten Zonen 4 und 5.

Zur Lösung des Regelungsproblems mit neuronalen Netzen wurden zunächst zwei Prozeßführungsstrategien untersucht: Das direkte Erlernen der Bedienerstrategie mit einem neuronalen Netz und der Aufbau einer modellprädiktiven Regelung, wobei das neuronale Netz das Verhalten des Prozesses erlernt. Nach einer detaillierten Analyse wurde dem Aufbau einer modellprädiktiven Regelung der Vorzug gegeben, weil mit diesem Ansatz eine weitere Optimierung der Regelstrategie möglich ist.

Für das Erlernen der Dynamik des Aufheizvorgangs wurde ein neuronaler Kennfeldspeicher (**ZNet**) eingesetzt. Für das Training des Netzes standen die Daten von ca. 50 Härtungsabläufen mit jeweils unterschiedlichen Walzentypen und Materialeigenschaften zur Verfügung. Das Netz wurde so konfiguriert, daß auf der Basis der aktuellen und vergangenen Meßwerte (Ofen- und Walzentemperatur, Sollwerte der Heizungsregler) die Walzentemperatur an allen Meßpunkten mit einem Zeithorizont von einer Stunde prädiziert wird.

Nach Training und Optimierung der Interpolations- und Trainingsparameter des neuronalen Netzes konnte eine hohe Vorhersagegenauigkeit (Bild 2-14) erzielt werden. Anhand von Referenzdaten wurden im ungünstigsten Fall Prädiktionsfehler von maximal 9.7 Grad Celsius festgestellt. Die Varianz der Maximalfehler liegt bei ca. 4 Grad C, so daß bei einer angenommenen Gaußverteilung der Fehler in 95% aller Fälle ein Prädiktionsfehler von kleiner 8 Grad C garantiert werden kann. Die Modellgüte kann – bei der Vorlage weiterer Daten – systematisch weiter verbessert werden.

Das so erlernte Prozeßmodell wurde nun in eine Optimierungsschleife eingebunden. Als günstiges Optimierungsverfahren wurde eine mehrstufige Evolutionsstrategie implementiert, die sich gerade beim Einsatz in lernenden Regelungen bewährt hat [2-10]. Die Optimierung sucht dabei nach den Reglereinstellungen $T_{Regler}(k)$, welche die quadratischen Abweichungen der erwarteten Walzentemperaturen $T_{Walze}(k+1)$ von der Soll-Härtetemperatur T_H minimieren.

Als erlaubte Stelleingriffe werden nur solche Temperaturen zugelassen, bei denen die prädizierten Walzentemperaturen über eine Mindestzuverlässigkeit verfügen (Trainingsindikator). Bild 2-15a zeigt die von der Optimierung am neuronalen Netz gefundenen Einstellungen der Temperaturregler im Vergleich zu den Einstellungen des menschlichen Bedieners. Die zu diesen Einstellungen gehörigen bzw. vom Netz prädizierten Walzentemperaturen sind in Bild 2-15b dargestellt. Man erkennt, daß bei der menschlichen Temperatureinstellung die Walzentemperaturen aus dem Toleranzband herauslaufen. Die automatische Optimierung kann mit Hilfe des prädiktiven Prozeßmodells den Aufheizvorgang dagegen präziser planen und erkennt das mögliche Überschwingen der Walzentemperatur frühzeitig. Folglich wird die Ofentemperatur in Zone 4 zeitgerecht abgesenkt und in Zone 5 wird mit insgesamt niedrigeren Temperaturen als bei der vom Menschen vorgegebenen Strategie gefahren.

Die skizzierten Ergebnisse der Temperaturregelung zeigen, daß mit dem gewählten Lösungsansatz optimale Regelungen für industrielle Anlagen aufgebaut werden können. Als besonderen Vorteil der gewählten Entwurfsmethodik ist herauszuheben, daß wesentliche Entwicklungsschritte allein mit den Daten bereits durchgeführter Prozesse vollzogen werden können und somit die Anpassungsarbeit vor Ort nur noch minimal ist.

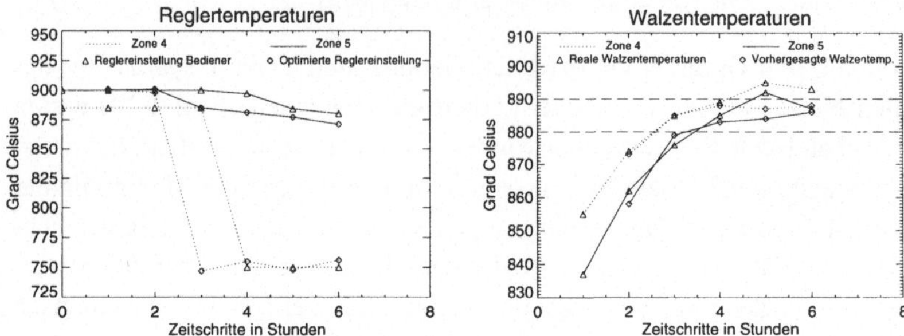

Bild 2-15: a) (links) Vergleich zwischen der vom menschlichen Bediener vorgenommenen und durch die Optimierung am neuronalen Netz ermittelten Temperatureinstellungen in zwei Ofenzonen, b) (rechts) Vergleich zwischen tatsächlichen und nach Optimierung erwarteten Temperaturen der Walze in zwei Zonen

2.3.2 Bildauswertung mit neuronalen Netzen

Die in den folgenden Kapiteln dargestellten Anwendungen sollen exemplarisch die Möglichkeiten neuronaler Netze in der Bildverarbeitung verdeutlichen.

2.3.2.1 FaceRec: Ein System zur automatischen Gesichtserkennung

Die Gesichtserkennung ist ein bemerkenswertes Beispiel für die Leistungsfähigkeit und Robustheit menschlicher visueller Objekterkennung. Wir können Tausende von Gesichtern, die wir im Laufe unseres Lebens erlernen, praktisch "auf einen Blick" wiedererkennen. Dabei ist diese visuelle Leistung sehr robust gegen Störungen und Variationen, wie beispielsweise Mimik, Blickwinkel, Beleuchtung, wechselnden Hintergrund, Größe, Alterung und teilweise Verdeckungen. Es gehört zu den Herausforderungen künstlicher Informationsverarbeitung, diese Erkennungsleistung zumindest in Ansätzen nachzubilden. Dabei zeigt uns die Perfektion, mit der dieses Problem vom menschlichen Gehirn, also einem biologischen neuronalen System, gelöst wird, daß offensichtlich neuronale Verarbeitungsprinzipien sehr wichtig zur Lösung dieser Aufgabe sind.

Daneben ist eine automatisierte Lösung des Problems von sehr großer praktischer Bedeutung: Beispiele für mögliche Anwendungen sind Zugangskontroll- und Identifikationssysteme, die durch eine zusätzliche Gesichtserkennung wesentlich höhere Sicherheit erlangen, da ein sehr personenspezifisches Merkmal abgefragt wird. Eine andere denkbare Anwendungen ist das automatisierte Datenbanken-Retrieval von Gesichtern und anderen, als Bilder gespeicherten Objekten.

Bis heute ist es nicht möglich, ein rechnergestütztes System zur Gesichtserkennung zu konstruieren, das der menschlichen Gesichtserkennung in Bezug auf Leistungsfähigkeit und Schnelligkeit ebenbürtig ist. Dennoch wird auf diesem Feld intensive Forschung und Entwicklung betrieben, und besonders durch den Einsatz von Methoden der neuronalen Netze und der massiv-parallelen Informationsverarbeitung, wie sie ja auch im menschlichen visuellen System stattfindet, sind in diesem Gebiet in den letzten Jahren erhebliche Fortschritte erzielt worden. Frühe Ansätze untersuchten das Lernen und Wiedererkennen von Gesichtern in neuronalen assoziativen Speichern (siehe z.B. [2-11, 2-12]). Assoziativspeicher sind zwar in der Lage, auch stark gestörte oder verrauschte Vorlagen noch korrekt wiederzuerkennen, versagen jedoch meist bei Änderungen im Blickwinkel oder in der Objektgröße. Andere Verfahren [2-13, 2-14] versuchen, bestimmte Schlüsselmerkmale wie Auge oder Nase im Gesicht zu lokalisieren und zu vermessen. Diese Verfahren sind jedoch nicht fehlertolerant, da ein einziges nicht korrekt lokalisiertes Schlüsselmerkmal meist zum vollständigen Versagen des Algorithmus führt. Neuere Ansätze zerlegen Gesichter in ihre Hauptkomponenten (*"eigenfaces"*) [2-15] und erreichen so eine sehr kompakte Speicherung der Informationen, die zum Wiedererkennen eines Gesichtes wesentlich sind. Auch hier besteht allerdings eine Schwierigkeit darin, Gesichter bei unterschiedlicher Größe korrekt wiederzuerkennen.

Das hier beschriebene Gesichtserkennungs-System **FaceRec** zeichnet sich dadurch aus, daß verschiedene für die Gesichtserkennung typischen Teilprobleme, nämlich die Lokalisation des Gesichtes in einer Szene, die Trennung von Vordergrunds- (Gesichts-) und Hintergrundmerkmalen und eine mögliche Änderung in der Größe des Gesichtes durch *ein* kohärentes Verfahren behandelt werden können. Das Verfahren ist eine Weiterentwicklung des in [2-16] beschriebenen Elastic- Graph- Matching-Verfahrens. Hier werden Gesichter durch flexible Graphen oder Gitter (s. Bild 2-16) gespeichert, indem charakteristische visuelle Merkmale an den Knoten des Graphen angeheftet sind, während der Graph selber in seiner Struktur den geometrischen Zusammenhang dieser Merkmale speichert. Die visuellen Merkmale an einem Knoten[1] charakterisieren die betreffende Stelle des Bildes inklusive ihrer näheren Umgebung (die etwa bis zu den benachbarten Knoten reicht). Eine solche "Arbeitsteilung", die das Bild in sich überlappende räumliche Regionen aufteilt, ist typisch für neuronale Verarbeitungsmechanismen (in biologischen visuellen Systemen spricht man von *rezeptiven Feldern*; ein ganz ähnliches Grundprinzip liegt auch dem CMAC-Speicher zugrunde (s. Kap. 2.2.2).

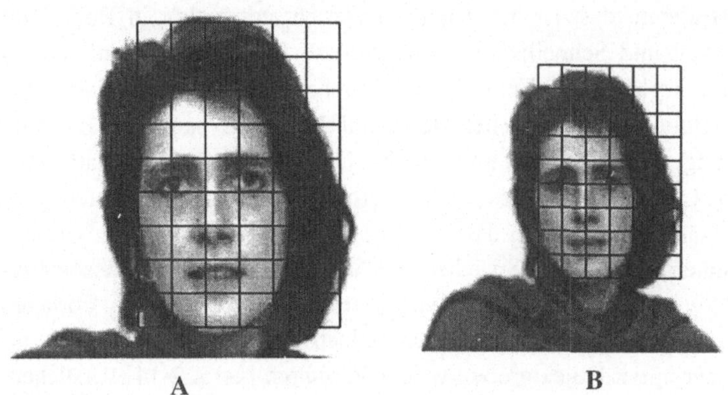

A   B

Bildung 2-16: Die Datenrepräsentation in **FaceRec**: Gesichter werden als flexibler Graph mit (hier) 7 x 10 Knotenpunkten gespeichert (A). Solche Graphen lassen sich effizient im Bildbereich verschieben oder skalieren (B)

Die Vorteile einer solchen Datenrepräsentation liegen auf der Hand:

- Durch die Beschränkung auf wenige (hier: 70) Graphknoten anstelle der wesentlich zahlreicheren Bildpixel wird eine enorme Datenkompression erzielt. Ein Beispiel: Wenn an jedem Graphknoten 20 verschiedene Merkmale mit je 1 Byte Auflösung gespeichert sind, so bedeutet dies 1.4 kB zur

---

[1] Bei diesen Merkmalen handelt es sich genauer um eine mathematische Faltung des Bildes an der Stelle des Graph-Knotens mit verschiedenen Filtermasken, den sog. Gabor-Wavelet-Filtern. Solche Gabor-Filter, beschrieben durch

$$G_{k,\sigma}(\underline{x}) = \exp\!\left(\frac{k^2 x^2}{2\sigma^2}\right)\exp(i\underline{k}\underline{x})$$

zeichnen sich dadurch aus, daß sie räumlich lokalisiert und gleichzeitig auf eine bestimmte Orientierung und Ortsfrequenz besonders sensitiv sind. Die Wahl dieser Filter ist durch neurobiologische Forschungsergebnisse motiviert, die besagen, daß im visuellen Cortex von Säugetieren Neuronen mit genau dieser Fibercharakteristik anzutreffen sind.

zur Speicherung eines Graphen gegenüber 16 kB zur Speicherung eines Grauwertbildes mit 128 x 128 Pixeln.

- Ein spärlicher Graph kann mit sehr geringem Rechenaufwand an eine veränderte Geometrie (Größe, Perspektive) angepaßt[2] werden, während dies bei einem Grauwertbild eine umfangreiche Transformation erfordert.

- Der Graph charakterisiert die im Gesicht enthaltene Information ganzheitlich und besitzt eine gewisse Redundanz. Das weiter unten beschriebene Matching-Verfahren zwischen Graphen ist nicht auf die Lokalisation bestimmter Schlüsselmerkmale angewiesen und rbeitet in der Regel auch noch dann, wenn einzelne Teilbereiche des Gesichtes verdeckt sind.

Die Datenrepräsentation beschreibt die Speicherung der zu erkennenden Gesichter. Es bleibt das Problem zu lösen, wie ein aktuelles Bild mit der gespeicherten Information abgeglichen wird (Matching). Die Grundidee des Matching-Verfahrens ist wie folgt: Soll ein Gesicht wiedererkannt werden, so wird der betreffende Graph[3] aus dem Speicher geholt und an einer zunächst beliebigen Stelle im Bild plaziert. Die gespeicherten Merkmale jedes Knotens werden mit den aktuellen Merkmalen im Bild verglichen und so ein Maß für die Güte des Matchs berechnet. Ein Optimierungsverfahren gestattet es nun, durch schrittweise Veränderungen von Lage, Größe und Form des Graphen, die Match-Güte zu verbessern, bis eine optimale Positionierung gefunden wird. Damit ist das Gesicht im Bild lokalisiert, vom Hintergrund abgetrennt und in seiner Größe bestimmt. Der so gefundene Graph G im Bild kann dann in einem zweiten Schritt mit allen gespeicherten Graphen G_i verglichen werden. Lokalisation und Erkennung eines Gesichtes basieren auf der gleichen Gütefunktion. Anschließend wird eine Signifikanzbewertung durchgeführt, die weiter unten genauer erläutert ist.

Die Weiterentwicklungen des Systems **FaceRec**, das am Zentrum für Neuroinformatik als flexibles Identifikationssystem entwickelt wurde, bestehen gegenüber früheren Arbeiten [2-16] unter anderem aus folgenden Aspekten:

- Drastische Beschleunigung des Verfahrens: Während frühere Implementierungen 20 sec Rechenzeit auf einem Parallelrechner mit 20 T800-Transpu-

---

[2] In erster Näherung können die an den Knoten gespeicherten charakteristischen Merkmale bei der Graphanpassung unverändert beibehalten werden.

[3] Falls Vorwissen über das zu erkennende Gesicht vorliegt (Verifikation); ansonsten können an dieser Stelle ein oder mehrere typische Graphen verwendet werden.

50

tern erforderten, benötigt die jetzige Implementierung auf einem Standard-PC (486/66 MHz) nur 5–8 sec. Damit ist eine wichtige Voraussetzung für die wirtschaftliche Anwendbarkeit des Verfahrens erfüllt.

- Automatische Anpassung an unterschiedliche Objektgrößen: Selbst wenn Gesichter mit bis zu etwa 30% abweichender Größe gegenüber der gespeicherten Vorlage präsentiert werden, ist eine verläßliche Erkennung möglich.

- Verbesserte Erkennungsleistung durch Einsatz eines neuronalen Netzes bei der Signifikanzbewertung.

Exemplarisch sei hier der letzte Punkt genauer erläutert: Der Vergleich des Graphen G mit allen gespeicherten Graphen G_i führt zu Ahnlichkeitswerten (Gütefunktion) $M_i = f(G, G_i)$.

Falls der ähnlichste Graph G_{1st} gewisse Signifikanzkriterien erfüllt, so wird das zu erkennende Bild mit der dem Graphen zugeordneten Person identifiziert, andernfalls erfolgt eine Zurückweisung. Die Signifikanzkriterien sind dabei eine Kombination aus Absolutwert M_{1st} der Ahnlichkeit (liegt überhaupt ein Gesicht im Bild vor?), Abstand zur mittleren Ahnlichkeit, $M_{1st} - \langle M_i \rangle$, und weiteren Kriterien. Die optimale Kombination zur bestmöglichen Entscheidung über Akzeptanz und Zurückweisung kann für einen gegebenen Datensatz gespeicherter Graphen und zu erkennender Bilder durch ein neuronales Netz Perzeptron) erlernt werden.[4] Die optimale Trennfläche ist dabei dadurch definiert, daß die Summe aus fälschlichen Zurückweisungen (*false rejection rate, FRR*) und fälschlichen Akzeptanzen (*false acceptance rate, FAR*) minimal wird. Verschiedene Anwendungen können jedoch eine unterschiedliche Ausbalancierung beider Effekte erforderlich machen; dies kann in der Konfiguration von **FaceRec** durch eine einstellbare Akzeptanzschwelle berücksichtigt werden. Zwischen beiden Raten FAR und FRR, besteht offensichtlich ein Trade-Off, denn durch Veränderung der Akzeptanzschwelle kann beispielsweise die FAR reduziert werden, in der Regel jedoch auf Kosten einer erhöhten FRR (s. Bild 2-17).

---

[4] Es zeigt sich in empirischen Untersuchungen, daß die ermittelte optimale Trennfläche nicht sehr kritisch vom gewählten Datensatz abhängt, so daß ein neuer Datensatz bestenfalls ein geringfügiges Nachtrainieren erfordert.

Bild 2-17 zeigt die Ergebnisse der neuronal trainierten Signifikanzbewertung bei Anwendung auf das Datenmaterial aus [2-16], das von 87 Personen unterschiedliche Bilder enthält. Ein Vorteil des Elastic-Graph-Matching-Verfahrens ist, daß es mit wenigen gespeicherten Graphen pro Person – im Extremfall einem einzigen – auskommt (Bild 2-17). In diesem Fall erzielt das durch das neuronale Netz erlernte Signifikanzkriterium bei FAR=0% eine FRR von etwa 9%, eine leichte Verbesserung gegenüber FRR=12% in . FAR und FRR lassen sich jedoch noch erheblich verbessern – bei der hier untersuchten Datenbasis sogar auf jeweils 0% – wenn pro Person je ein weiterer Graph, der von einem leicht anderen Bild der Person erzeugt wurde, gespeichert wird (Bild 2-17b). Damit wird offensichtlich die Streubreite zwischen verschiedenen Bildern einer Person wesentlich besser repräsentiert.

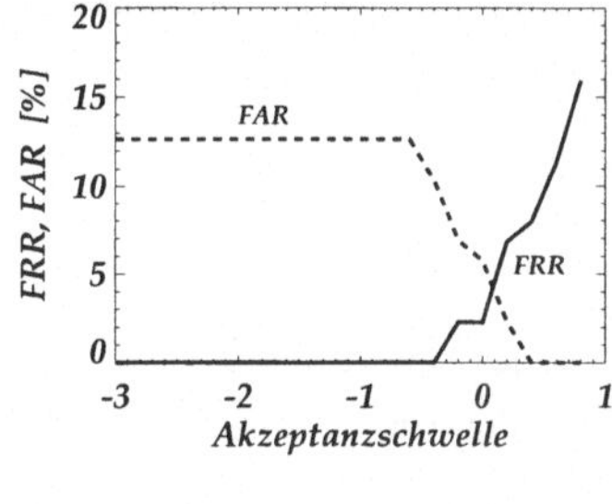

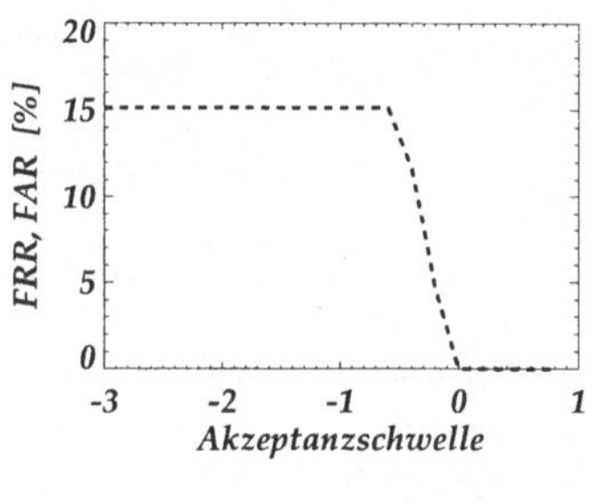

Bild 2-17: Rate der fälschlichen Zurückweisungen (*false rejection rate, FRR*) und fälschlichen Akzeptanzen (*false acceptance rate, FAR*) bei einer Erkennung aus einer Datenbank von 87 Personen, aufgetragen als Funktion der einstellbaren Akzeptanzschwelle. Die Akzeptanzschwelle 0 entspricht dem durch das neuronale Netz erlernten Signifikanzkriterium. **(A)** Zu jeder Person ist genau ein Graph abgespeichert: Die Crossover-Rate von FAR und FRR beträgt etwa 3.5% (d. h. der Prozentsatz der korrekt erkannten berechtigten Personen und der korrekt zurückgewiesenen unberechtigten Personen beträgt jeweils 96.5%). **(B)** Zu jeder Person sind die Graphen zweier leicht unterschiedlicher Bilder abgespeichert. Damit wird die Crossover-Rate in diesem Lauf auf 0% gesenkt. (Aufgrund der durch den Algorithmus und das empirische Datenmaterial bedingten leichten Streuungen muß eine konservative Abschätzung allerdings von einer mittleren Crossover-Rate bis zu 1% ausgehen.)

Abschließend bleibt festzuhalten, daß es mit den Methoden der neuronalen Netze erstmals möglich wird, ein Identifikationssystem zur visuellen Gesichtserkennung herzustellen, das diese Erkennungsaufgabe mit der für die Anwendung erforderlichen hohen Genauigkeit lösen kann.

2.3.2.2 Medizinische Bildverarbeitung

Auf die gleiche Art, in der neuronale Netze eine Alternative zu den Standardver-
fahren der Bildverarbeitung in anderen Bereichen darstellen, erweitern sie auch
die Möglichkeiten auf dem Gebiet der medizinischen Bildauswertung. Die neuen
Möglichkeiten beruhen auf der adaptiven Natur neuronaler Netze und ihrer daraus resultierenden Flexibilität. Die Vorteile, die der Einsatz neuronaler Netze in
der medizinischen Bildauswertung bringen kann sind weitreichender als in anderen Anwendungsgebieten, da der Standard der medizinischen Bildverarbeitung
zur Zeit deutlich unter dem state-of-the-art in anderen Bereichen liegt. Generell
betrachtet können die Aufgaben der medizinischen Bildverarbeitung in Radio-
logie-basierte Verfahren (inklusive Nuklear-Medizin) und andere visuelle Aufgaben aufgeteilt werden (Bild 2-18), wobei der größte Teil der Anstrengungen

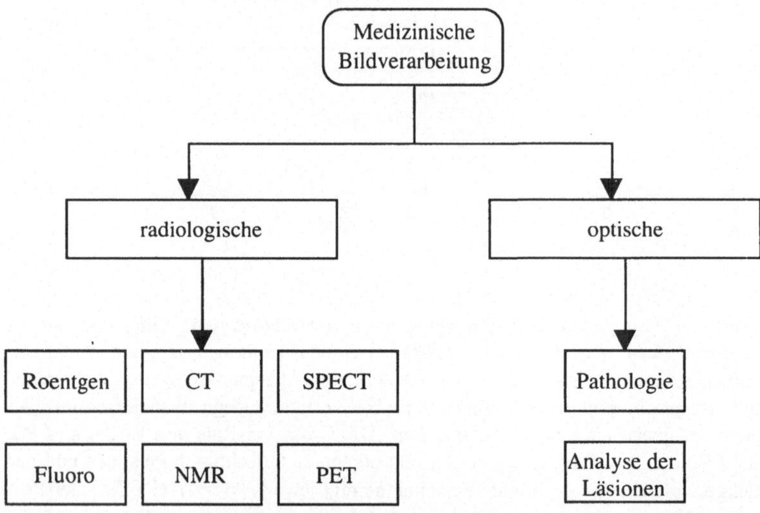

Bild 2-18: Bereiche der medizinischen Bildverarbeitung. Radiologie beinhaltet Röntgenstrah-
len, Fluoroskopie, Computertomographie (CT), Nuklear-Magentresonanz (NMR), Single
Photon Emission Computer Tomographie (SPECT) und Photon-Emission Tomographie
(PET). Der optische Bereich beinhaltet Anwendungen in der Pathologie wie z. B. Zell- und
Zellkulturanalysen sowie visuelle Inspektion von Hautläsionen und Charakterisierungen von
Wundtiefen.

das Gebiet der radiologie-basierten Verfahren trifft, da dieser Bereich die meisten Bilddaten liefert. Wie auch bei nicht-medizinischen Bildverarbeitungspro-
blemen können neuronale Netze auf verschiedenen Verarbeitungsstufen

(Vorverarbeitung, Merkmalsextraktion und Klassifikation) eingesetzt werden. Die Auswahl und Implementierung des jeweiligen neuronalen Netzes ist stark von der gewählten Problemstellung abhängig.

Eine charakteristische Anwendung neuronaler Netze für die Bildauswertung in der Medizin ist die Bestimmung der Blutdurchströmung im Gehirn aus SPECT–Bildern. Unterschreitet der Blutstrom in einem Bereich des Gehirns ein bestimmtes Niveau, tritt ein Schlaganfall ein. In den schweren Fällen führt der Schlaganfall zu Bewußtlosigkeit, Paralyse, abgestorbenem Gehirngewebe und oft zum Tod. Eine leichte Form des Schlaganfalls, eine sogenannte Ischämie, die ebenfalls von reduziertem Blutfluß im Gehirn herrührt, führt nicht zu abgestorbenem Gewebe, und somit zu leichteren Symptomen wie z.B.: Schwierigkeiten beim Sprechen oder bei der Motorik, Benommenheit, geändertes Seh- und Hörverhalten.

Zur Einleitung einer geeigneten Therapie muß der Arzt Schwere und Ort der Blockade im Gehirn möglichst genau bestimmen. Dazu werden im allgemeinen radioaktive Markersubstanzen intravenös verabreicht, die von lebendem Zellgewebe aufgenommen werden. Die Verteilung der Substanzen im Gehirn kann dann durch die Aufnahme von volumetrischen Daten nach dem SPECT-Verfahren gemessen werden. Die Daten werden zur Auswertung in Schichtbilder zerlegt, wie sie in Bild 2-19 zu sehen sind.

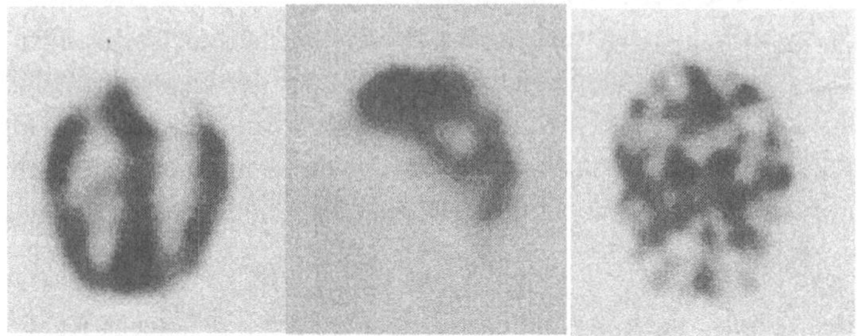

Bild 2-19: SPECT-Schichtbilder, Links: ein gesundes Gehirn mit normaler Markeraufnahme, Mitte und Rechts: erkrankte Gehirne mit reduzierter Markeraufnahme

Die Aufgabe des Arztes ist es, die Regionen in jeder Schicht zu markieren, in denen die Aufnahme der Markersubstanz gemessen werden soll. Da auch in gesundem Gewebe Unterschiede in der Aufnahmefähigkeit für die Markersubstanz bestehen, kann keine direkte Messung durchgeführt werden. Vielmehr muß ein

Vergleich der Aufnahme zwischen verschiedenen Arealen vorgenommen und das jeweilige Verhältnis berechnet werden.

Das Gesamtsystem erhält SPECT-Schichtbilder als Input und liefert die Markeraufnahmeverhältnisse zusammen mit einer Diagnose als Output. Dazu wird ein definiertes Gehirnmuster mit den Schichtbildern zur Deckung gebracht, die Aufnahmefähigkeit in verschiedenen vordefinierten Regionen gemessen und die Verhältnisse berechnet.

Die Schwierigkeiten bei der Durchführung dieser Aufgabe liegen in

- der niedrigen Auflösung (64x64 Pixel) und dem hohen Rauschanteil der Bilder

- der normalen Variation der Gehirngrößen und -mustern zwischen Individuen,

- den großen Unterschieden zwischen gesunden und erkrankten Gehirnen, die eine gute Überlagerung von Referenzbild und Schichtbild erschweren und

- der richtigen Bewertung und Klassifikation der berechneten Aufnahmeverhältnisse insbesondere bei geringen Variationen.

Zur Lösung dieser Probleme existieren neuronale Verfahren auf verschiedenen Verarbeitungsstufen. Die erste Stufe zur Überlagerung des Referenzbildes mit dem Schichtbild basiert auf einer Bestimmung von Merkmalsvektoren für das Bild, wie sie in [2-16] beschrieben ist (siehe auch Kap. 2.3.2.1). Die Merkmalsvektoren aus den signifikanten Bereichen des Bildes werden zu Graphen zusammengefaßt. Der Prozeß des Graph-Matching basiert auf der Dynamical-Link Architektur (DyLink), die in [2-17] als Lösung für das Bindungsproblem im Gehirn vorgeschlagen wurde. Die verwendete DyLink Implementierung erlaubt Variationen in Form und Größe der zu vergleichenden Objekte während des Matching-Prozesses.

Nach Abschluß des Graph-Matching sind das Referenzbild mit den sechs Regionen in denen die Markeraufnahme gemessen werden soll und das Schichtbild optimal überlagert. Die Bestimmung der Markeraufnahme erfolgt durch eine einfache Zählung der Pixel und Summierung ihrer Werte in der jeweiligen Region. Der Gesamtprozeß von Merkmalsextraktion, Graph-Matching und Markerbestimmung muß für alle Schichten (typischerweise ca. 16) durchgeführt werden. Die letzte Verarbeitungsstufe klassifiziert die Daten und ordnet sie einer bestimmten Diagnose zu. Verwendet werden dazu Multi-Layer-Perzeptrons (MLP) oder ein lernender Vektorquantisierer (LVQ). In beiden Fällen erhalten die Verfahren als Eingangssignale die normalisierten Markeraufnahmewerte für jede Region und ihre Verhältnisse. Das Training der Algorithmen erfolgt auf der Basis eines statistisch signifikanten Datensatzes.

Neben der Auswertung von SPECT Daten gibt es noch eine Reihe weiterer Anwendungen im Bereich der medizinischen Bildverarbeitung, bei denen der Einsatz neuronaler Methoden zu einer objektivierten, vereinfachten und schnelleren Auswertung beitragen kann. Allerdings erfordern nicht alle Aufgabenstellungen einen neuronalen Ansatz zur Bearbeitung. Als ein weiterer Bestandteil eines Werkzeugkastens in der Bildverarbeitung tragen sie aber zur Entwicklung von optimalen Lösungen bei.

2.3.3 Prädiktion von Zeitreihen

Die Vorhersage von Zeitverläufen auf der Grundlage von vergangenen Erfahrungen ist für verschiedene Bereiche der Wirtschaft von Bedeutung. Typische Anwendungen sind z. B. die Schätzung des Energiebedarfs (Strom, Gas) für die privaten Haushalte zur frühzeitigen Planung der Bereitstellung aber auch die Prädiktion von Wirtschaftsdaten wie Aktienkurse und -indices.

Radial-Basis-Function Netzwerke eignen sich gut zur Approximation und Interpolation nichtlinearer Funktionen, sollen hier aber zur Prädiktion von Zeitreihen eingesetzt werden; eine Anwendung, in der bisher oft Multi-Layer-Perceptrons mit Backpropagation oder verwandte Netze eingesetzt wurden. Die dargestellte Anwendung wurde zusammen mit dem Institut für Neuroinformatik an der Ruhr-Universität-Bochum entworfen.

Die Regeln zur Prädiktion einer Zeitreihe können auf verschiedene Arten generiert werden. Sie können als Fuzzy-Regeln von einem Experten definiert werden, sie können durch eine Clusteranalyse der Meßdaten bestimmt werden oder automatisch, wie im vorliegenden Fall, aus den Meßwerten generiert werden.

Ausgangspunkt ist der Trainingssatz, der aus einer Zeitreihe besteht und der zunächst durch ein System aus "Fuzzy-Regeln" approximiert werden soll. Das Fuzzy-System wird anschließend in ein RBF Netz transformiert und trainiert. Die Eingangsdaten des Netzwerkes sind aktuelle und vergangene Werte der Zeitreihe. Ausgangsdaten sind die Funktionswerte zu einem späteren Zeitpunkt.

56

Bei der automatischen Generierung von Regeln werden zunächst Fuzzy-Regionen und Zugehörigkeitsfunktionen für diese Regionen definiert. Für die Trainingsdaten werden jeweils die Werte der Zugehörigkeitsfunktionen ermittelt und Regeln erzeugt, die der Region mit dem maximalen Zugehörigkeitswert den entsprechenden fuzzyfizierten Ausgangswert zuordnen. Bild 2-20 stellt die Anfangskonfiguration der Zugehörigkeitsfunktionen für Eingangs- und Ausgangsdaten dar.

Für jedes Ein-/Ausgangspaar wird eine Regel erzeugt. In einem weiteren Schritt werden inkonsistente Regeln (gleiche Prämissen, unterschiedliche Konklusion) eliminiert. Dieses Verfahren reduziert den initial generierten Regelsatz um 80% bis 90%.

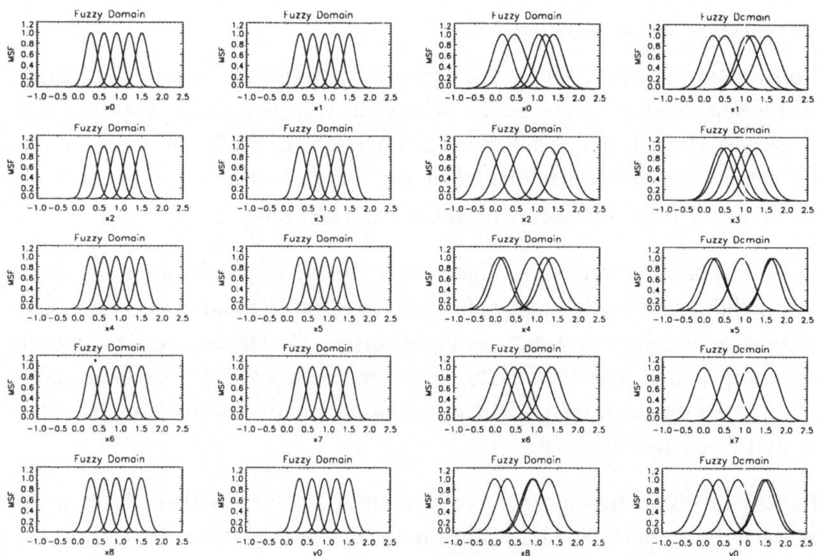

Bild 2-20: Beispiel für den Regelsatz zur Approximation einer Zeitreihe: Links: Initiale Verteilung, Rechts: Endgültige Verteilung nach Training

Zur Optimierung der Prognoseergebnisse wird eine Evolutionsstrategie verwendet die die Parameter, der im vorangegangenen Schritt erzeugten Regeln modifiziert und die Fitness des neuen Systems anhand seiner Fähigkeit zur Prädiktion der Zeitreihe testet. Die Variation von Parametern betrifft in erster Linie den Zentralwert und die Breite der Zugehörigkeitsfunktionen (Bild 2-20).

Die reduzierte Regelbasis bildet die Grundlage für die Vorstrukturierung eines neuronalen Netzes. Die Anzahl der Regeln entspricht der Zahl der zu verwendenden Verarbeitungselemente in der verdeckten Schicht. Die Regeln selbst repräsentieren Wissen über den zugrunde liegenden Prozeß, das in das neuronale Netz eingebracht wird. Das neuronale Netz muß also nicht, wie bisher üblich, von Grund auf neu trainiert werden, sondern kann auf vorhandenem Wissen aufsetzen.

Der Algorithmus wurde unter anderem am Beispiel der Prädiktion des Deutschen-Aktien-Index (DAX) getestet. Das Datenmaterial bestand aus verschiedenen täglichen Notierungen, wie z. B. Wechselkurs US-Dollar/Deutsche Mark, Dreimonats-Zins, DAX-Future und DAX im Zeitraum von etwa zwei Jahren. Trainiert wurde die Eintages-Voraussage des DAX basierend auf den oben genannten Notierungen.

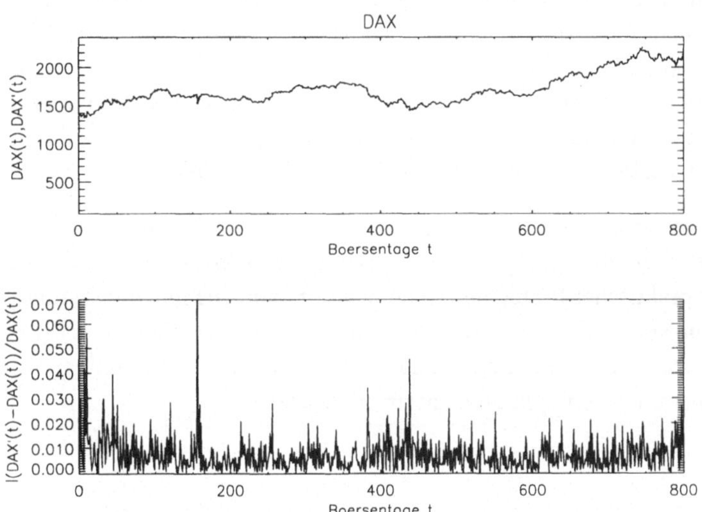

Bild 2-21: Prognoseleistung neuronaler Netzwerke. Die obere Grafik zeigt den wahren DAX-Wert (gepunktete Linie) während die durchgezogene Linie die Prognose darstellt. Die Werte liegen so eng beieinander, daß sie kaum unterscheidbar sind. In der unteren Grafik ist der Betrag des relativen Abweichung zwischen Soll- und Ist-Wert dargestellt.

Das Bild 2-21 zeigt oben den Verlauf des DAX über den betrachteten Zeitraum. Der vorhergesagte DAX wird durch die durchgezogene Linie repräsentiert, der reale DAX ist als punktierte Linie aufgetragen. Der untere Teil der Abbildung zeigt den Betrag des relativen Fehlers.

Die Vorstrukturierung eines neuronalen Netzes auf der Grundlage von Fuzzy-Regeln ermöglicht eine erhebliche Reduzierung der Lernzeiten, was von erheblichem praktischen Interesse ist. Das Nachtrainieren der Gewichte entspricht einer neuen Gewichtung des Basiswissens, was als Einstellung auf Veränderungen in den Umweltbedingungen interpretiert werden kann.

2.4 Zusammenfassung

Neuronale Netze sind nicht mehr nur Gegenstand einer reinen akademischen Forschung, sondern ein wertvolles Werkzeug im Bereich der rechnergestützten Datenverarbeitung und -analyse. Verschiedene reale Anwendungen zeigen das Potential, das in dieser neuen Technologie steckt. Insbesondere im Bereich Automatisierungstechnik lassen sich durch verbesserte nichtlineare Prozeßführungsstrategien erhebliche Einsparungen an Ressourcen und damit ein echter wirtschaftlicher Vorteil erzielen. In anderen Bereichen (Zugangskontrolle, Gesichtserkennung) ermöglichen es neuronale Netze Aufgaben anzugehen, die mit herkömmlichen Verfahren so nicht ohne weiteres zu lösen sind.

Neuronale Netze werden die klassischen Verfahren der Automatisierungstechnik nicht ersetzen sondern lediglich sinnvoll ergänzen können. Angesichts der Struktur vieler praktischer Probleme erscheint es sinnvoll, sie mit anderen intelligenten Technologien (Fuzzy-Systemen, Genetischen Algorithmen, Evolutionsstrategien, etc.) zu kombinieren und sie je nach Aufgabenstellung mit unterschiedlichem Schwerpunkt gemeinsam einzusetzen.

3 Neuronale Netze und Fuzzy Logic in der Automatisierungstechnik

Dipl.-Inform. Dagmar Schoder, Dipl.-Inform. Hans Nücke, Unterschleißheim

3.1 Einleitung

3.1.1 Standortbestimmung

Fuzzy Logic und neuronale Netze: zwei Schlagworte, um Aufsehen zu erregen - oder steckt mehr dahinter?

Inzwischen sind wohl die meisten über diese Begriffe in unterschiedlichen Veröffentlichungen gestolpert. Was aber bringen die Techniken im praktischen Einsatz?

Über die Grundlagen der beiden Technologien gibt es inzwischen mehrere Dutzend guter Fachbücher. Woran es aber immer noch mangelt, sind die im industriellen Alltag bewährten Applikationen! Dies gilt besonders für den Einsatz neuronaler Netze.

Woran liegt das? Vielleicht an der geringen Anzahl an Visionären, die sich trauen, auch einmal einen Schritt "ins Ungewisse" zu wagen? Oder daran, daß diese sicher existierenden Pioniere und Innovatoren schwer zu finden sind? Oder ist es die Angst vor der Diskontinuität, d.h. einmal eingeschlagene, bekannte Wege zu verlassen?

Bei der Fuzzy Logic scheinen die ersten Hürden überwunden zu sein. Schließlich nimmt die Anzahl der Produkte mit integrierter Fuzzy Logic ständig zu. Dies vor allem bei Regelungsaufgaben, wo mit Hilfe inzwischen verfügbarer leistungsfähiger und preiswerter Hardware auch ganz neue Produkte machbar werden, wie z.B. Blutdruckmesser, die mit Hilfe von Fuzzy Logic das gesamte Druckspektrum auswerten können, anstatt nur die Druckmaxima zu bestimmen oder die Heizungsregelung, welche auf externe Temperaturfühler verzichten kann. Bei der weniger transparenten Technik der neuronalen Netze hingegen sind die markttechnischen Erfolge eher bescheiden.

Vielleicht gelingt es, die existente Hemmschwelle bei dem einen oder anderen zu beseitigen!?

Zur Beruhigung: an mangelndem Flankenschutz bei der Grundlagenforschung an Universitäten und Instituten fehlt es jedenfalls nicht mehr; dort haben die neuronalen Netze auf breiter Front Einlaß gefunden.

Inzwischen haben sich auch die ersten industriellen Lösungen bewährt, von denen wir drei im Kapitel *Applikationen* vorstellen.

3.1.2 Anwendungsbereiche

Wir beschränken uns hier auf Beispiele aus der Automatisierungstechnik, was nicht heißen soll, daß ein sinnvoller Einsatz der Techniken Fuzzy Logic und neuronale Netze nur hierauf beschränkt ist. So gibt es durchaus erfolgreiche Einsätze im kommerziellen Umfeld, z.B. bei Trendvorhersagen oder der Bewertung der Kreditwürdigkeit.

Die Hauptanwendungsfälle in der Automatisierungstechnik liegen heute bei

- Regelungsaufgaben
- Optimierungsprozessen
- Daten- und Signalanalyse
- Bildverarbeitung
- Sprachverstehen

Welches Innovationspotential durch die Nutzung der neuen Möglichkeit hier schlummert, läßt sich teilweise nur erahnen.

Regelungsaufgaben: Durch Verzicht auf höchste (häufig unnötige) Genauigkeit der Eingangsgrößen und komplizierte, formale Algorithmen werden viele Produkte erst möglich (Bestimmung der Gelenkbelastung durch "Fuzzy Sensor" im Schuh; preiswerte, aber dennoch intelligente Ladegeräte etc.).

Optimierungsprozesse: Dort wo Expertenwissen nicht einfach abgreifbar ist, weil es z.B. nur intuitiv und unbewußt vorliegt, kann dieses von einem lernfähigen System durch Beobachten und Mithören erfaßt werden.

Daten-/Signalanalyse: Hochdimensionale Abhängigkeiten werden für den Menschen transparent gemacht; versteckte Informationen werden extrahiert. Die

Auswertung leicht meßbarer Größen läßt indirekt Rückschlüsse auf schwer meßbare Größen zu.

Bildverarbeitung: Ähnliche Objekte können identifiziert werden, ohne daß diese durch künstliche Merkmale beschrieben werden müssen. Auch natürliche Objekte werden handhabbar (z.B. in der Medizin, Biologie, Nahrungsmittelindustrie).

Sprachverstehen: Durch die Kombination linguistischen Wissens mit der Fehlertoleranz neuronaler Netze kann fließend gesprochene Sprache sprecherunabhängig erkannt werden. Dadurch wird eine Kommunikation zwischen Mensch und Maschine durch Einsatz der Sprache möglich.

3.2 Neuronale Netze, Fuzzy Logic und deren Kombination

Sind die Ziele der beiden Technologien auch gleich, so gibt es doch wesentliche Unterschiede in der Art der Informationsverarbeitung und damit auch in der Methodik der Problemlösung.

Mit der Kombination der Technologien in einem System erhofft man sich, von den Vorteilen jeder Technik zu profitieren und die Nachteile zu kompensieren.

Prinzipiell lassen sich die Techniken auf 3 Arten kombinieren:

- neuronale Netze werden durch ein Fuzzy System beeinflußt
- ein Fuzzy System wird durch ein neuronales Netzwerk beeinflußt
- lose Kopplung beider Techniken

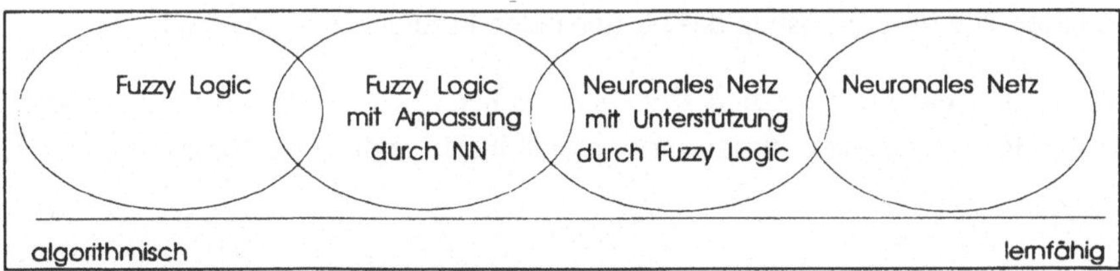

Bild 3-1: Einordnung der unterschiedlichen Methoden

3.2.1 Problemlösung mit Fuzzy Logic

Bei der Verwendung von Fuzzy Logic analysiert der Anwender sein Problem zunächst nach Beziehungen verschiedener Größen untereinander. Er stellt eine

Reihe einflußnehmender Größen zusammen und definiert Regeln, die Einflüsse zwischen diesen Größen beschreiben. Nach der Auswahl der Inferenz- und Defuzzifikationsmethode und der Verknüpfungsoperatoren kann die Problemlösung mit Fuzzy Logic intuitiv, fast umgangssprachlich formuliert werden. An die Definitionsphase mit nachfolgenden Tests schließt sich in den meisten Fällen eine sehr viel aufwendigere Optimierungsphase an. Dabei werden Zugehörigkeitsfunktionen für Variablen und Regeln solange verändert und getestet, bis das Fuzzy System das gewünschte Verhalten zeigt. Zur Formulierung eines Fuzzy Systems muß das gesamte Wissen über das Problem und dessen Lösung bekannt sein. Ein Fuzzy System ist darüberhinaus nicht in der Lage, sein Verhalten an sich verändernde Bedingungen der Umgebung anzupassen.

3.2.2   Informationsverarbeitung in neuronalen Netzen

Ein neuronales Netzwerk besteht aus Verarbeitungseinheiten (den Neuronen), die einfache Operationen ausführen können und untereinander stark vernetzt sind. Über diese in der Kopplungsstärke veränderbaren Verbindungen können die Einheiten miteinander kommunizieren. Erst die Gesamtheit der Verarbeitungseinheiten mit ihren Kopplungen ergibt ein interpretierbares Ergebnis.

Die Problemlösung mit Hilfe eines neuronalen Netzes beginnt bei der Netzkonfiguration, der Festlegung seiner Struktur. Hier kann der Entwickler - er muß jedoch nicht - problemspezifisches Wissen in die Netzstruktur einbringen. In der anschließenden Trainingsphase adaptiert sich das neuronale Netz an das Problem. Es erkennt und verarbeitet selbständig Zusammenhänge aus einer Reihe von Lehrbeispielen. Das Ergebnis des Lernvorgangs hängt von Qualität und Anzahl der zur Verfügung stehenden Lerndaten ab. Sie müssen die Informationen enthalten, die für die Lösung des vorliegenden Problems relevant sind.

Um die Übersichtlichkeit und Handhabung neuronaler Netzwerke zu erhöhen, empfiehlt es sich, stark strukturierte, hierarchisch gegliederte Netzwerke einzusetzen.

3.2.3   Neuronale Netze passen Fuzzy Systeme an

Für den umgekehrten Fall der Unterstützung eines Fuzzy Systems durch ein neuronales Netzwerk haben sich zwei Ansätze durchgesetzt:

- Lernen der Zugehörigkeitsfunktionen und
- Lernen der Regeln bzw. deren Wichtigkeit.

Dabei wird für eine Aufgabe zunächst ein Fuzzy System definiert, das grob die gewünschten Anforderungen erfüllt. Für die Optimierung einzelner Komponenten des Fuzzy Systems wird anschließend ein neuronales Netz eingesetzt. Nach Abschluß der Optimierungsphase ist die lernfähige Komponente überflüssig. Die Betriebsphase läuft mit einem reinen Fuzzy System.

Das Lernen der Zugehörigkeitsfunktionen erstreckt sich auf Parameter, die durch die Form der zugelassenen Funktionen festgelegt sind. So können bei Verwendung einer Gauß-Funktion Mittelwert und Standardabweichung durch Lernen ermittelt werden.

Das Lernen der Regeln bezieht sich meistens auf die Wichtigkeit der Regeln. Ein neuronales Netzwerk wird darauf trainiert, aus der Menge aller theoretischen Regeln relevante auszuwählen und zu bewerten. Aus den Verbindungsstärken des trainierten Netzwerks wird die Wichtigkeit der Regeln berechnet.

3.2.4 Fuzzy Logic als Unterstützung für neuronale Netze

Ein Fuzzy System stellt eine sinnvolle Ergänzung für ein neuronales Netzwerk dar, wenn für bestimmte Situationen des Problems zu wenig Lerndaten vorhanden sind. Die für das Training des neuronalen Netzes fehlenden Daten können dann über ein Fuzzy System generiert werden.

In vielen Anwendungsfällen, vor allem der Regelungstechnik wird der Lernvorgang in einem neuronalen Netzwerk durch ein Optimalitätskriterium gesteuert. Die Kriterien lassen sich oft nicht zufriedenstellend in einem mathematischen Algorithmus definieren. Eine umgangssprachliche Formulierung in "Wenn-dann-Regeln" ist jedoch einfach möglich. Die Applikation des neuronalen Fahrers beschreibt, wie ein Fuzzy System als externer Lehrer für ein neuronales Netzwerk dienen kann. Fuzzy Systeme stellen außerdem ein gutes Werkzeug zur Vorstrukturierung neuronaler Netze dar. Dabei wird ein Fuzzy System für das Problem definiert und anschließend in ein neuronales Netz transformiert. In einer Lernphase werden dem neuronalen Netzwerk datengesteuert weitere Informationen eintrainiert. Ist die Interpretierbarkeit des trainierten Netzes eine geforderte Randbedingung, kann dies durch geeignete Beschränkungen des Lernalgorithmus erreicht werden, da dann noch der Zusammenhang zu Komponenten des Fuzzy Systems nach dem Lernen gegeben ist.

3.2.5 Lose Kopplung der Techniken

Bei komplexen Aufgabenstellungen läßt sich nicht immer eindeutig bestimmen, welcher der oben vorgestellten Ansätze am effizientesten ist. Vielmehr erfordern unterschiedliche Teilaufgaben entsprechende Strategien und Ansätze.

In diesem Fall wird die Applikation zunächst in Teilaufgaben zerlegt. Jede Teilaufgabe wird mit der Technik gelöst, die am besten dafür geeignet erscheint. Die einzelnen Funktionsblöcke werden über definierte Schnittstellen verbunden und sind einzeln testbar. Es bestehen keine wechselseitigen Abhängigkeiten, die Funktionsblöcke sind lose gekoppelt.

Dabei werden die Methoden (neuronale Netze, Fuzzy Logic und ihre Kombinationen) nicht isoliert betrachtet, sondern stellen *ein* Hilfsmittel unter vielen zur Lösung von Teilaufgaben dar. Sie müssen sich in ein Gesamtsystem einfügen, in dem unterschiedlichste Techniken zur Anwendung kommen. Die Applikation der automatischen Abfallsortierung ist ein Beispiel dafür, wie durch Kombination unterschiedlicher Techniken ein leistungsfähiges System entsteht.

3.3 Neuro oder Fuzzy: Welche Technik anwenden?

Für den industriellen Anwender ist es schwierig, zu beurteilen, welche der beiden Methoden für welche Aufgabenstellungen gut oder schlecht geeignet ist. Die Frage kann nicht allgemein beantwortet werden, vielmehr sind detailliertere Kenntnisse der jeweiligen Anwendung notwendig. Dennoch gibt es ein paar Anhaltspunkte, anhand derer man feststellen kann, welche Methode besser geeignet ist.

Da sich jedes Fuzzy System in ein neuronales Netzwerk transformieren läßt, sind alle Aufgaben, die mit Fuzzy Logic bearbeitet werden können, auch mit einem neuronalen Netzwerk lösbar. Trotzdem ist in manchen Fällen der Einsatz eines Fuzzy Systems durchaus von Vorteil.

Prinzipiell lassen sich Fuzzy Systeme dort nicht einsetzen, wo zu wenig Wissen über das Problem vorhanden ist, um linguistische Variablen und ein Regelwerk formulieren zu können. Liegen Beispieldaten vor, so kann ein neuronales Netzwerk eingesetzt werden, das aus den Daten selbständig Informationen extrahiert und verarbeitet.

Fuzzy Logic	Neuronales Netzwerk
- die Einflußgrößen sind bekannt und enthalten die relevante Information	- die Einflußgrößen sind nicht genau bekannt, aber es liegen Beispieldaten vor
- die Anzahl der Einflußgrößen ist klein (<=5)	- es liegt ein hochdimensionaler Eingaberaum vor
- Zusammenhänge zwischen den Einflußgrößen sind bekannt und fest	- Zusammenhänge ändern sich während der Betriebsphase

Weiter sind Aufgabenstellungen mit einer großen Zahl an Einflußgrößen mit Fuzzy Logic schwer zu handhaben. So wird es bei mehr als fünf Eingabegrößen, die selbst mehrere Zugehörigkeitsfunktionen besitzen, schwierig, alle Kombinationsmöglichkeiten und vor allem deren Einfluß auf das Verhalten der Ausgangsvariable zu überblicken. Die Definition eines Fuzzy Systems wird um so mehr zum "Trial and Error", je mehr Eingangs- und Ausgangsgrößen behandelt werden müssen.

Ein nächster wichtiger Punkt ist, ob die Zusammenhänge in einer Aufgabenstellung annähernd fest sind oder ob sich Umgebungsparameter ändern und damit definierte Zusammenhänge ihre Gültigkeit verlieren. Ein Fuzzy System muß dann ebenfalls von Zeit zu Zeit angepaßt werden.

Gerade in der Bildverarbeitung, wo der Merkmalsraum meist hochdimensional (z.B. bei der Klassifizierung von Histogrammen) ist, sind Fuzzy Systeme zu unflexibel. Die explizite Berücksichtigung v.a. der "Ausnahmen von den Regeln", ist in einem Fuzzy System mit hohem Aufwand verbunden und führt oft zu inkonsistenten und widersprüchlichen Datenbasen.

Bei Aufgaben, die bisher vom menschlichen Experten gelöst wurden, besteht die Schwierigkeit in der Wissensakquisition. Z.B. bei der optischen Qualitätskontrolle fällt es schwer, genau zu beschreiben, welche Entscheidungskriterien notwendig sind.

Einen hohen Verbreitungsgrad haben Fuzzy Systeme dagegen in der Steuerungs- und Regelungstechnik. Dort können in der Regel wenige Eingangsvariablen identifiziert werden, die die relevante Information beinhalten. Experten mit guter Prozeßkenntnis können ihr Wissen über den Prozeß mit Hilfe von Fuzzy Logic formulieren und erhalten ein explizit analysierbares System. Die hohe Verarbeitungsgeschwindigkeit der Fuzzy Algorithmen macht die Anwendung von Fuzzy Logic zusätzlich interessant.

Neuronale Netze haben, neben typischen Fuzzy-Anwendungsbereichen, überall dort ihre Stärke, wo der Zusammenhang zwischen Größen entweder nicht bekannt ist, oder nicht formal beschrieben werden kann. In diesem Fall müssen natürlich Trainings- und Testdaten vorhanden sein, auf Basis derer sich das Netzwerk Wissen über die Aufgabe aneignen kann. Eine hohe Anzahl an Einflußgrößen läßt zwar die Netzwerkgröße stark steigen und beeinträchtigt dadurch evtl. die Transparenz. Die prinzipielle Funktionsfähigkeit bleibt dennoch erhalten.

Ein anderer Grund, neuronale Netze einzusetzen, liegt in der Online-Lernfähigkeit. Auch während der Betriebsphase kann das Lernen verwendet werden, um Änderungen in der Umgebung durch Adaption zu kompensieren, ohne daß programmiertechnische Modifikationen notwendig sind.

3.4 Applikationen

Die folgenden Applikationen sollen zeigen, wie neuronale Netze und Fuzzy Logic für Aufgabenstellungen in der Automatisierungstechnik eingesetzt werden können. Ein wichtiger Aspekt ist, daß leistungsfähige Systeme nur durch die Kombination verschiedener Methoden entstehen können.

3.4.1 Optische Qualitätssicherung mit neuronalen Netzen

Zur schnellen und einfachen Analyse von Gasgemischen werden häufig Prüfröhrchen eingesetzt. Zwei oder mehr pulverförmige Substanzen werden in ein Glasröhrchen gefüllt. Die Chemikalien (Vorbehandlungs- und Reagenzsubstanzen) reagieren mit den zu analysierenden Gasen und verfärben sich sichtbar.

Die Menge des verfärbten Reagenzstoffes stellt ein Maß für die Konzentration
der zu messenden Substanz dar und wird direkt an einer auf das Röhrchen auf-
gebrachten Skala abgelesen (Bild 3-2).

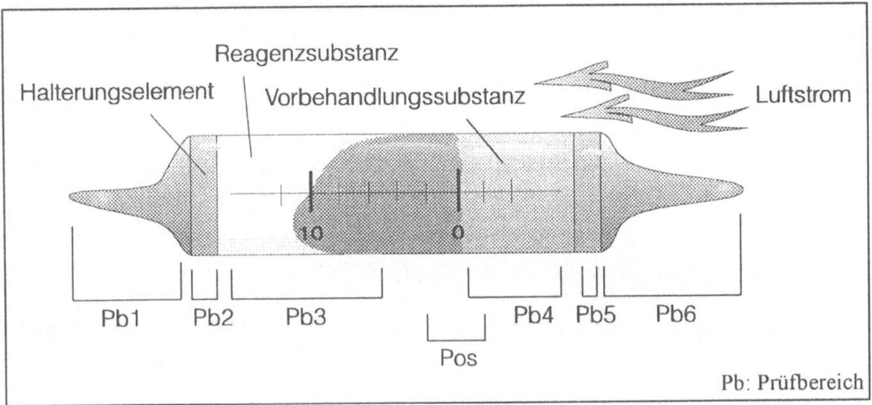

Bild 3-2: Glasröhrchen zur Analyse von Gasgemischen

Bei der Produktion dieser Röhrchen muß sichergestellt sein, daß alle Komponenten, aus denen das Röhrchen besteht (Anzahl Halteelemente, Anzahl der
Schichten, etc.), korrekt assembliert und ohne Fehler sind. Ferner muß ein Eti-
kett mit der Skala so aufgewickelt werden, daß die Nullmarke an der Trenn-
schicht zwischen Vorbehandlungs- und Reagenzsubstanz liegt. Aufgrund her-
stellungstechnischer Gegebenheiten schwankt die Position der Trennlinie jedoch
von Röhrchen zu Röhrchen um einige Zehntel Millimeter. Das Röhrchen muß
vor der Etikettierung so verschoben werden, daß die Trennlinie exakt unter der
Nullmarke der Skala liegt.

Die stark gekrümmte Oberfläche der Objekte führt zu starken Brechungs- und
Spiegelungseffekten, die Körnigkeit der zu unterscheidenden Substanzen kann in
der Größenordnung der geforderten Meßgenauigkeit liegen und die Substanzen
unterscheiden sich oft nur wenig in Struktur und/oder Helligkeit. Mit klassischen
Methoden kann die Aufgabe in vielen Fällen prinzipiell gelöst werden. Wegen
der oben genannten Gründe sind diese Lösungen aber zu instabil und bei der
Einführung neuer Röhrchentypen zu aufwendig anzupassen. Deshalb wurde zur
Lösung der Aufgabe ein neuronales Netzwerk eingesetzt. Der Benutzer definiert
die Teilausschnitte des Röhrchens, die die für die jeweilige Fehlerklasse bzw.

Positionsbestimmung relevante Information beinhalten. Dem neuronalen Netzwerk werden dann für jede Fehlerklasse einige Beispiele für gute bzw. schlechte Prüflinge angeboten. Zum Training der Positionsbestimmung werden acht Neurone verwendet, die darauf trainiert werden, die Trennlinie an einer definierten Stelle zu melden. Durch die Überlappung der Ansprechkennlinien der einzelnen Neurone kann mit Interpolation ein exaktes Positionsresultat gewonnen werden.

Die Positionsbestimmung ist weitgehend unabhängig von Beleuchtung und optischer Qualität der zu bestimmenden Trennlinie, da nur relative Aktivitäten benutzt werden. Nach einer kurzen Trainingsphase ist die Positionsbestimmung mit der geforderten Genauigkeit von 0.1 mm möglich. Positionsbestimmung und Fehlerprüfung benötigen inklusive Positionierung bzw. Ausstoßen des fehlerhaften Röhrchens weniger als 0.5 Sekunden pro Röhrchen.

Beim Übergang auf einen anderen Röhrchentyp hat der Benutzer die Möglichkeit, selektiv Fehlerbereiche aus schon bekannten Typen zu übernehmen und nur einzelne nachzutrainieren.

3.4.2 Neuronaler Regler mit Fuzzy-Trainer

Als Beispiel dafür, wie ein Fuzzy System als Trainier für ein neuronales Netz dienen kann, wird ein selbstlernender, nichtalgorithmischer Regler zum Nachfahren von Geschwindigkeitsprofilen vorgestellt. Er soll einen konventionellen Regelalgorithmus an einem hochdynamischen Motorenprüfstand ersetzen. Der Regler hat die Aufgabe, vorgegebene Geschwindigkeitsprofile mit geringen Abweichungen nachzufahren. Er bedient parallel die drei Stellgrößen Kupplungsmoment, Drossenklappenstellung und Bremsmoment.

Die Regelstrecke besteht aus einem Fahrzeug mit Motor auf einem Prüfstand. Die Regeleinrichtung enthält die beiden Komponenten Neuronales Netzwerk und externer Lehrer (Bild 3-3).

Das neuronale Netz übernimmt die eigentliche Aufgabe des Regelns. Es merkt sich Situationen zusammen mit den zugehörigen Stellgrößen in seinen Verbindungen und liefert je nach aktueller Situation mit einer Frequenz von 16 Hz Stellgrößen an die Regelstrecke. Das neuronale Netzwerk besteht aus drei Neuronenschichten: Die Eingabeschicht kodiert die Eingabegrößen in verteilt topologischer Form, die Zwischenschicht ist für die Abbildung und Umkodierung von nichtlinearen Zusammenhängen zuständig und die Ausgabeschicht repräsentiert die drei Stellgrößen des Reglers. Die Ausgabeschicht ist sowohl mit der Zwischenschicht, als auch mit der Eingabeschicht vollständig verbunden. Die Zwischenschicht erhält zufällig verteilte Verbindungen von der Eingabeschicht. Das Netzwerk wird mit einer modifizierten Delta-Regel trainiert.

Der externe Lehrer ist für die Steuerung des Lernvorgangs von zentraler Bedeutung. Er legt fest, ob eine Stellgröße als zu einer Situation zugehörig in das neuronale Netzwerk eingelernt werden kann oder verworfen werden muß. Führt eine Stellgröße zu einer Verschlechterung des Regelergebnisses, schlägt der externe Lehrer dem neuronalen Netzwerk eine Stellgröße vor, mit der es den Fehler voraussichtlich minimieren kann. Die Vorschläge des externen Lehrers resultieren aus einfachen Prinzipien des Autofahrens, wie "wenn die Sollgeschwindigkeit stark über der Istgeschwindigkeit liegt, dann gib viel Gas". Es wurden neun solcher Regeln zusammengestellt und als Fuzzy System definiert.

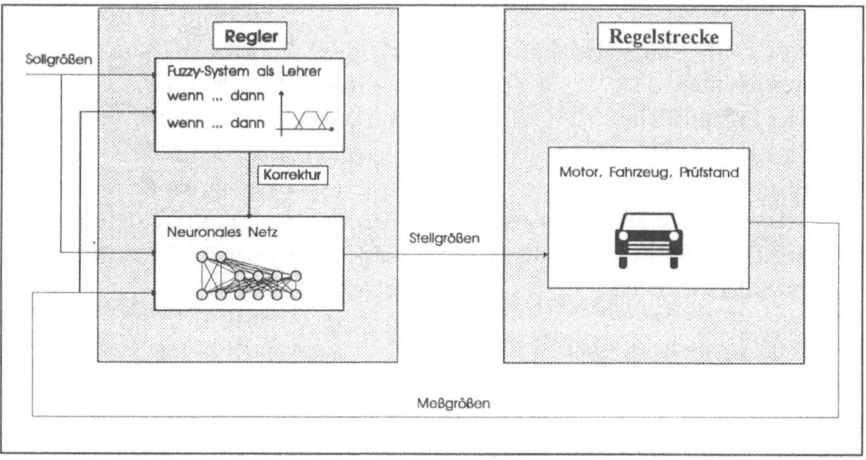

Bild 3-3: Regelkreis mit neuronalem Regler

Durch das Zusammenwirken von externem Lehrer und Lernfähigkeit des neuronalen Netzwerks bildet sich ein "neuronaler Fahrer" heraus, der in der Lage ist, Fahrprofile unter Einhaltung geringer Regelabweichungen nachzufahren. Zu Beginn der Trainingsphase sind dem "Fahrschüler" aufgrund des fehlenden Vorwissens selbst die einfachsten Prinzipien des Autofahrens unbekannt. Unterstützt durch die Vorschläge des Fuzzy-Systems lernt das neuronale Netzwerk jedoch kontinuierlich, die Stellgrößen so zu bedienen, daß die mittlere Geschwindigkeitsabweichung bei ca. 0.2 km/h liegt. Sieht man den Fuzzy-Trainer nicht vor, erhöht sich die Kovergenzzeit beim Lernen stark, da sich das neuronale Netzwerk beim Finden optimaler Stellgrößen auf die reine "Trial and Error"-Methode stützen muß. Die Lernfähigkeit des Reglers bleibt auch nach Erreichen des gewünschten Ergebnisses erhalten. So kann er Änderungen im Übertragungsverhalten der Strecke - z.B. Änderungen der Fahrzeug- oder Motorcharakteristika - durch seine Adaptationsfähigkeit selbständig kompensieren. Über die Fuzzy-Komponente kontrolliert die Regeleinrichtung ihr Verhalten während der Betriebsphase - quasi online - selbst.

3.4.3   Abfallsortierung mit neuronalen Netzen und Fuzzy Logic

Eine komplexe Aufgabenstellung, die nicht mit einer Methode gelöst werden kann, sondern den Einsatz mehrerer Techniken erfordert, ist die automatische Sortierung von Abfallkomponenten.

Es wurde ein System entwickelt, das körperförmige Verpackungsmittel auf Basis von Farbinformation in unterschiedliche Klassen einordnet. Es erkennt Objekte wie Joghurtbecher, Plastikflaschen oder TetraPaks, und sortiert sie aus dem Abfallstrom aus. Die Komponenten stammen direkt aus Haushalten und sind dementsprechend verschmutzt und deformiert. Da sich Verfahren, die direkt eine materialspezifische Sortierung zulassen würden, nicht eignen, wurde eine produktspezifische Sortierung realisiert. Über die Kenntnis des Produkts und damit des Herstellers wird dann das verwendete Material zugeordnet.

Die Abfallkomponenten laufen auf einem Förderband vereinzelt an einer Kamerastation vorbei. Ausgelöst von einem Triggersignal werden in einem hierarchischen System mehrere Verarbeitungsstufen von der Bildaufnahme bis zur Einsortierung des Objekts in eine Klasse durchlaufen (Bild 3-4).

Das von der Kamera gelieferte Bild wird mit klassischen Methoden vorverarbeitet. Das normierte Histogramm wird mit einem neuronalen Netzwerk klassifiziert. Es werden für die Ausgabeneurone Aktivierungswerte berechnet, die als Grad der Zugehörigkeit des aktuellen Abfallobjekts zur Ausgabeklasse interpretiert werden können. Ein nachgeschaltetes Modul bewertet die Aktivitäten der neuronalen Komponente. Anhand der Aktivität der Ausgabeneurone muß die Bewertungskomponente entscheiden, ob das Objekt als zu einer Klasse zugehörig angesehen oder aber zurückgewiesen wird. Eigentlich ist es einfach: Wir sind uns "sicher", daß ein Objekt in Klasse 15 gehört, wenn "die Aktivität dieses Neurons hoch ist", wobei "sich die Aktivität weit genug vom nächsten Aktivitätsmaximum abheben muß" und außerdem "die Aktivität des Rückweisungsneurons nicht zu hoch sein darf". Da die Formulierung solcher Zusammenhänge mit mathematischen Formeln nicht zu befriedigenden Ergebnissen führte, wurde der Zusammenhang zwischen den drei Einflußgrößen "Aktivitätsmaximum", "zweitstärkste Aktivität" und "Aktivität des Rückweisungsneurons" als Fuzzy System formuliert.

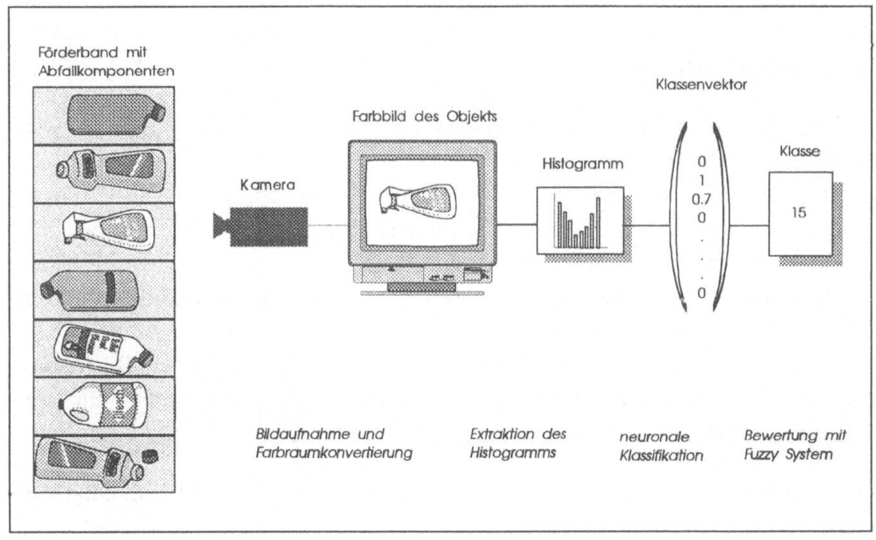

Bild 3-4: System zur automatischen Sortierung von Abfallkomponenten

Als Resultat des Fuzzy-Systems erhält man eine eindeutige Klassennummer. Nach der Klassenzuweisung werden die Objekte über eine pneumatisch arbeitende Vorrichtung vom Band in den entsprechenden Container befördert.

Das beschriebene System wurde in einer Abfallsortieranlage in Köln installiert. Auf vier Transportbändern werden Abfallkomponenten aus Wertstoffsammlungen (z.B. DSD-Wertstoffsammlung, "Gelbe Tonne") an den Kamerastationen vorbeigeführt. Trotz der verschmutzten und verformten Objekte werden hohe Sortierleistungen bei guter Erkennrate erreicht.

Da die Definition und Einteilung der Klassen im Lernbetrieb erfolgt, können Klassen jederzeit ohne Programmieraufwand nachtrainiert oder durch andere ersetzt werden. Das System ist durch die Lernfähigkeit nicht auf Abfallkomponenten festgelegt, sondern kann leicht auf andere Sortieraufgaben übertragen werden.

3.5 Zusammenfassung

3.5.1 Diskussion

Die vorgestellten Lösungen zeigen schlaglichtartig, was bereits heute machbar ist. Aber auch die Schwierigkeiten und Hemmnisse können an diesen Beispielen exemplarisch aufgezeigt werden:

- zur effizienten Lösung ist komplexes Wissen notwendig (über die Anwendung *und* die Technologien)
- die Auswahl eines geeigneten Netzes basiert teilweise auf den Erfahrungen, die bei vergleichbaren Aufgabenstellungen gesammelt wurden, teilweise aber auch intuitiv, "aus dem Bauch heraus"
- preisgünstige, leistungsfähige Hardware, welche beide Technologien gut unterstützt, ist noch Mangelware
- erreichbare Leistungen sind schwer vorhersagbar, es verbleibt ein Restrisiko
- viele Anwender haben überzogene Erwartungen (Black Box, die "nur" trainiert werden muß und alles schnell und sicher lernen kann).

Wie kann der Einsatz dieser vielversprechenden Technologien beschleunigt werden?

Die oben aufgezeigten Hemmnisse müssen überwunden werden!

Ansätze hierzu können sein:

- die Zuordnung typischer Anwendungsgebiete zu Lösungswegen als Hilfe bei der Suche nach der Antwort zu Fragen wie
  - "Neuro oder Fuzzy?"
  - "welche Netzwerkstruktur?"
  - "welches Lernverfahren?"
  - "welche Zugehörigkeitsfunktionen?"
  - "welche Defuzzifikationsmethode?" etc.

- die Festlegung und Realisierung von Modulen (SW- und/oder HW-Bausteine) spezifizierter Leistung für definierte Aufgabenstellungen mit festgelegten einheitlichen Schnittstellen für klar definierte Aufgabenstellungen mit spezifizierbarer Leistungsfähigkeit.
  Dies minimiert das Restrisiko und erleichtert den Einsatz durch den Pragmatiker, der sich nicht um die zugrunde liegenden Theorien kümmern mag.
- die Entwicklung günstiger, leistungsfähiger Hardware.

Diesen Zielen werden wir im Rahmen des bis 1996 vom BMFT geförderten Verbundprojektes *adaptive Fuzzy-Mikrosysteme (ADAM)* näher kommen. Obwohl das Spektrum *Fuzzy-Logic / neuronale Netze / ASIC / Anwendungen* durch die Verbundpartner (Fraunhofergesellschaft IMS2/IUW, Inform GmbH, Kratzer Automatisierung GmbH, Leuze electronic GmbH, TU Chemnitz und Universität Stuttgart) gut abgedeckt ist, möchten wir alle, die aktiv zur Lösung des Knotens beitragen können, um Mitarbeit bitten (z.B. durch positive / negative Erfahrungsberichte, Ergebnisse eigener Untersuchungen, Hinweise auf sinnvolle Anwendungen, bisher unbefriedigend gelöste Aufgabenstellungen etc.)!

Die Ergebnisse des Verbundprojekts werden halbjährlich öffentlich im Rahmen von Statusseminaren vorgestellt und diskutiert.

3.5.2 Ausblick

Durch Kombination nun verfügbarer Technologien ergeben sich große Synergieeffekte. Auch für heute noch unlösbare Aufgabenstellungen zeichnen sich Lösungsansätze ab. Völlig neuartige Produkte und Einsatzgebiete werden sich ergeben, wie z.B. Sensoren, welche Bildinformationen auswerten und abgeleitete Meßgrößen wie Dichte, Feuchte, Bindevermögen etc. berechnen und ausgeben, die direkt zur Prozeßregelung genutzt werden können.

4 Neuronale Regelung für industrielle Prozesse

Dr. Dietmar Neumerkel, Berlin

4.1 Einleitung

Im Bereich der Prozeßautomatisierung werden derzeit überwiegend lineare Regler eingesetzt, die mit Hilfe linearisierter, mathematischer Prozeßmodelle entworfen werden. Für stark nichtlineare Prozesse führt diese Vorgehensweise jedoch zu limitierten Ergebnissen. Eine weitere Problemklasse liegt vor, wenn das Wissen über den Prozeß nur näherungsweise mathematisch ausgedrückt werden kann.

Durch den Einsatz von Verfahren zum Blackbox-Modelling kann aus Meßwerten von Prozeßgrößen ein Modell des Prozesses gebildet werden, das diesen bezüglich seines Ein-/Ausgangsverhaltens beschreibt. Hier eignen sich besonders künstliche Neuronale Netze (KNN), da diese eine universelle Struktur aufweisen, die auch in der Lage ist, sich an nichtlineares Verhalten zu adaptieren. Eine Reihe unterschiedlicher Regelungsstrukturen, die auf Prozeßmodellen aufbauen, ermöglichen einen systematischen Reglerentwurf auch für nichtlineare Prozesse. Bild 4-1 zeigt den Entwurfszyklus. Ausgehend von den Prozeßdaten wird ein Modell generiert, das in eine Reglerstruktur eingebettet und zum Regeln des Prozesses verwendet wird (Pfeil in der Mitte). Da einige dieser Regelungsansätze sehr rechenaufwendig sind, kann es erforderlich sein, das Verhalten der Kombination von Reglerstruktur und neuronalem Modell von einem neuronalen Regler erlernen zu lassen und damit den Prozeß zu regeln.

Die Artikel [4-1, 4-2, 4-3] geben einen Überblick, wie mit Neuronalen Netzen regelungstechnische Anwendungen gelöst werden können.

Im folgenden Abschnitt wird gezeigt, wie sich mit Neuronalen Netzen Prozeßmodelle gewinnen lassen. Abschnitt 4.3 gibt einen kurzen Überblick, wie sich Prozeßmodelle in Reglerstrukturen einbetten lassen. Im vierten Teil dieses Beitrags werden Ergebnisse der vorgestellten Verfahren an zwei Fallbeispielen exemplarisch vorgestellt. Der Aufsatz schließt mit einer Zusammenfassung.

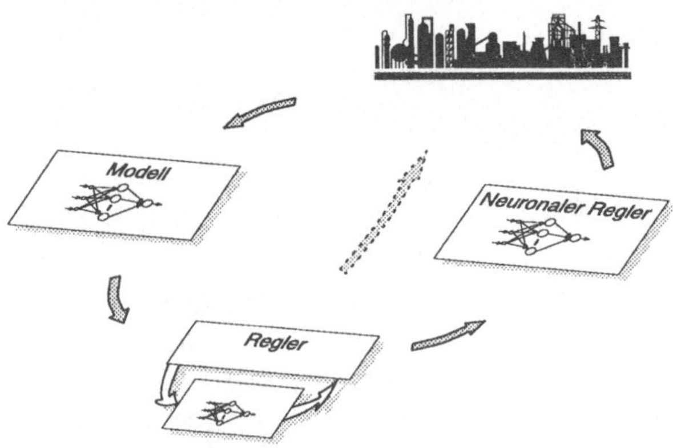

Bild 4-1: Entwurfszyklus eines neuronalen Reglers

4.2 Neuronale Modellierung

Im Gegensatz zu biologischen Neuronalen Netzen sind künstliche Neuronale Netze mathematisch leicht zu beschreibende Strukturen. Mit ihren mächtigen Vorbildern aus der Natur teilen sie die Eigenschaften,

- daß sich die Funktion des gesamten Netzwerkes aus der Art der Vernetzung ergibt und aus der Bewertung (Gewichtung), mit der die Aktivität der Neuronen einander beeinflussen
- und daß die Stärke dieser Gewichtungen aus Beispielen erlernt werden.
- daß sie aus vielen Einheiten gleicher Struktur aufgebaut sind, die untereinander intensiv vermascht sind, den Neuronen,
- und daß die Stärken dieser Gewichtungen aus Beispielen erlernt werden.

Im Gegensatz zu mathematisch-physikalischen Prozeßmodellen, wo Variablen eine physikalisch interpretierbare Bedeutung haben - z.B. Widerstand einer elektrischen Verbindung, Masse eines mechanischen Systems, o.ä. - ist die Information über das Systemverhalten eines neuronalen Modells nicht in derartigen konzentrierten Parametern gespeichert, sondern in Gewichtsfaktoren verschiedener Neuronen verteilt repräsentiert.

Um einen Einblick in die Arbeitsweise neuronaler Modelle zu geben, sollen im folgenden zwei verschiedene neuronale Strukturen an einem einfachen Beispiel gegenübergestellt werden.

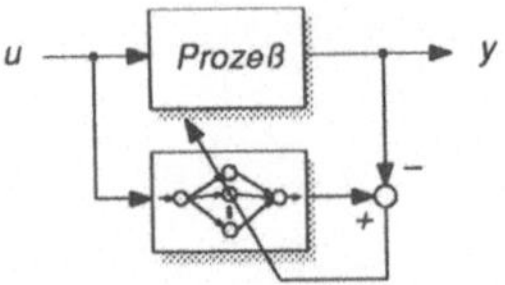

Bild 4-2: Erlernen einer Kennlinie y = f(u)

Bild 4-2 zeigt prinzipiell, wie mit einem Neuronalen Netz eine Kennlinie erlernt werden kann. Eine Reihe von Beispielpaaren von *u* und *y*, die auf der zu erlernenden Kennlinie des Prozesses liegen, werden während des Lernvorganges dem KNN präsentiert, wobei der Fehler, den das Netz am Ausgang zeigt, zur Einstellung der internen Gewichtsfaktoren verwendet wird. Für die Modellierungsaufgabe werden verschiedene neuronale Netztypen eingesetzt, von denen zwei, das Multilayer Perceptron (MLP, Bild 4-3) und das Radial Basis Function Network (RBF, Bild 4-5) hier vorgestellt werden sollen.

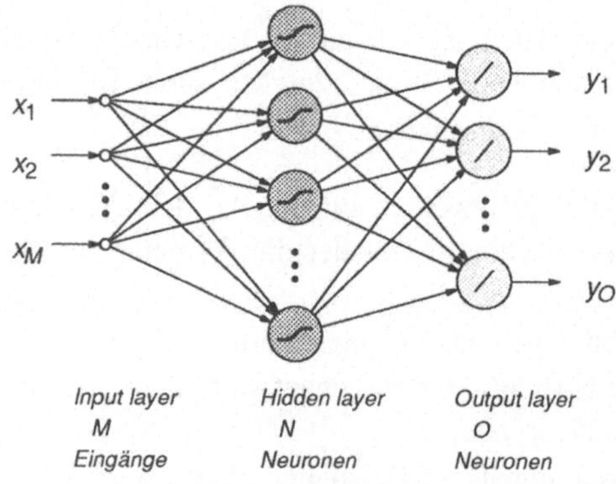

Bild 4-3: Multilayer Perceptron

Der obere Teil von Bild 4-3 zeigt, wie ein KNN vom Typ Multilayer Perceptron mit 4 Neuronen den Verlauf der durchgezogenen Linie näherungsweise gelernt hat. Im unteren Teil des Bildes sieht man die Aktivität von drei der Neuronen, die unterschiedlich gewichtet und summiert den abgerundeten Verlauf im oberen Teil des Bildes ergeben.

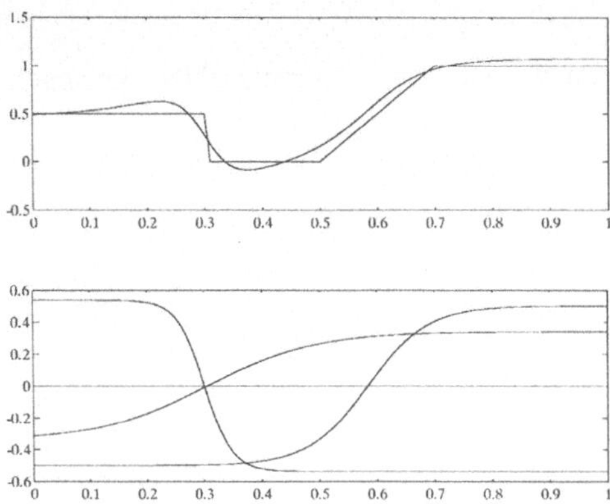

Bild 4-4: Approximation einer Kennlinie mit MLP

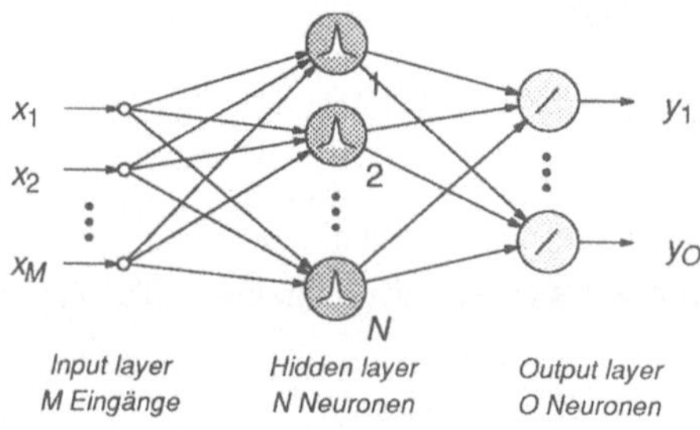

Bild 4-5: Radial Basis Function Network

In Bild 4-6 wird dieselbe Funktion mit einem Radial Basis Function Netz (RBF, Bild 4-5) [4-4] approximiert.

Wie man im unteren Teilbild erkennen kann, hat das Radial Basis Function Netz im Gegensatz zum Multilayer Perceptron eine andere Art von Neuronen, die nur in einem bestimmten, lokal begrenzten Bereich der Eingangswerte eine Aktivität aufweisen. Die Gewichtung der einzelnen Neuronen, die im unteren Teil des Bildes als Höhe der Glockenkurven zu erkennen ist, wurde durch den Lernvorgang adaptiert.

Um das Zeitverhalten dynamischer Prozesse modellieren zu können, muß die Modellstruktur, in diesem Fall das Neuronale Netz, dynamische Elemente aufweisen. Dies kann in Form von externen Verzögerungsketten realisiert werden, die dafür sorgen, daß neben den aktuellen Prozeßwerten auch

78

vergangene Meßwerte als Eingänge an das statische Neuronale Netz gelangen
(Bild 4-7).

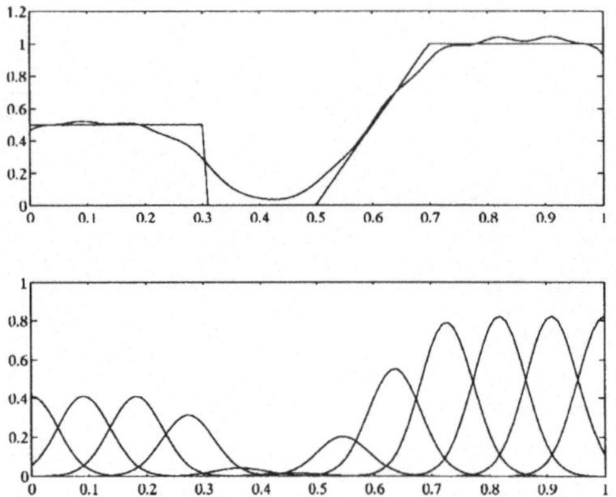

Bild 4-6: Approximation einer Kennlinie mit RBF

Aber auch andere Methoden, dynamische neuronale Modelle zu implementieren,
sind denkbar, z.B. die Verwendung von auf sich selbst rückgekoppelten Neuronen oder internen Delays [4-5].

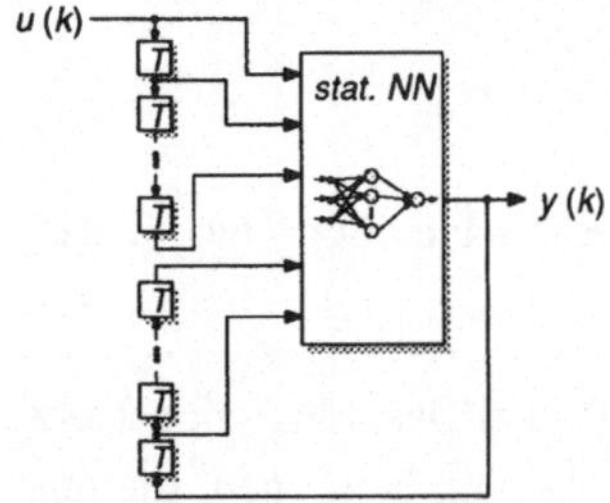

Bild 4-7: Dynamisches Modell durch externe Verzögerungsketten

Die Methode des Blackbox-Modelling läßt sich auch einsetzen, um ein inverses
Modell des Prozesses zu erlernen. Dieses inverse Modell erhält die
Prozeßausgangsgrößen als Eingangswerte und schätzt die dieser Beobachtung
zugrundeliegenden Prozeßeingangsgrößen. Bild 4-8 zeigt, wie ein inverses
Prozeßmodell trainiert werden kann.

Im nächsten Abschnitt werden einige modellbasierte Regelungen vorgestellt, die von Prozeßmodellen Gebrauch machen.

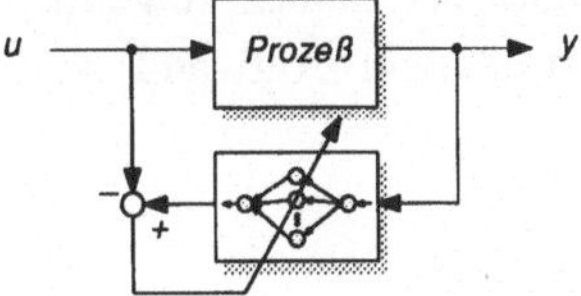

Bild 4-8: Erlernen der inversen Kennlinie u = f°(y)

4.3 Modellbasierte Regelung

Die einfachste Struktur, mit der sich ein Prozeßmodell zur Steuerung eines Prozesses einsetzen läßt, zeigt das folgende Bild.

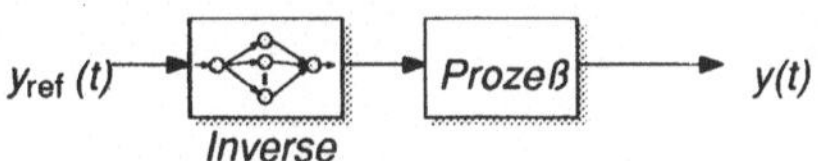

Bild 4-9: Steuerung mit dem inversen Prozeßmodell

Diese einfache Struktur hat den großen Nachteil, daß Abweichungen, die durch Modellungenauigkeit oder Störungen verursacht werden, nicht ausgeregelt werden können. Die Kombination Prozeß / inverses Prozeßmodell bietet jedoch näherungsweise einen linearen Prozeß mit reinem Totzeitverhalten. Ein derartiger Prozeß läßt sich gut mit einem PI-Regler betreiben (Bild 4-10).

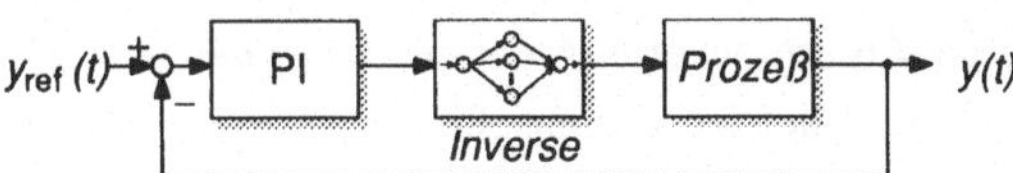

Bild 4-10: Inverses Prozeßmodell mit PI-Regler (seriell)

Eine leistungsfähige, wenn auch sehr rechenaufwendige Struktur ist Model-Based Predictive Control (MPC) [4-6].

Wie Bild 4-11 zeigt, nutzt MPC das Modell des Prozesses, um für einen bestimmten Zeithorizont T_h eine optimale Stellfolge zu ermitteln. Bei der Optimierung können auch Randbedingungen jeder Art systematisch berücksichtigt werden. Der Optimierung liegt eine Gütemaß zugrunde, in dem die Vorhersagen des

80

Modells berücksichtigt werden. Da die Optimierung zu jedem Zeitschritt berechnet werden muß, wird MPC derzeit überwiegend für langsame Prozesse, z.B. im Bereich der chemischen Industrie, eingesetzt. Das erste der beiden folgenden Fallbeispiele wird jedoch zeigen, daß sich mit vertretbarem Aufwand auch schnellere Prozesse regeln lassen.

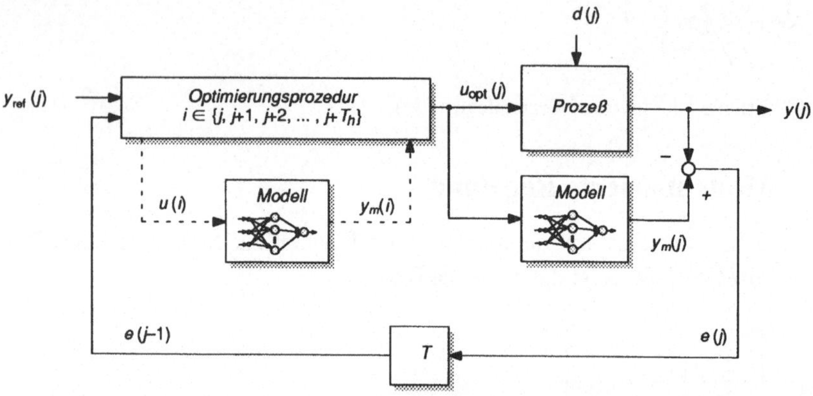

Bild 4-11: Model-Based Predictive Control (MPC)

4.4 Fallbeispiele aus der Automatisierungstechnik

Zur Illustration der unterschiedlichen Regelungsstrukturen werden zwei Fallbeispiele präsentiert, die Banddickenregelung in einem Kaltwalzwerk und die Drehzahlregelung eines Asynchromantriebs.

4.4.1 Drehzahlregelung eines Asynchronantriebs

Die Asynchronmaschine ist ein in der Automatisierungstechnik sehr weit verbreiteter Antrieb. Sie bietet im Vergleich zur Gleichstrommaschine bei vergleichbarer Leistung eine kompaktere Bauweise.

Die durch die Bürsten bedingten Nachteile des Gleichstrommotors, nämlich beschränkte Einsatzmöglichkeiten wegen der Gefahr von Funkenbildung und erhöhter Wartungsaufwand, werden konstruktionsbedingt vermieden. Regelungstechnisch bereitet die Asynchronmaschine allerdings größeren Aufwand, da diese mit Wechselstrom betrieben wird, der sowohl für die Erzeugung des magnetischen Flusses in der Maschine, als auch für den Aufbau eines Drehmomentes benötigt wird.

Der gängige Ansatz für die Regelung der Asynchronmaschine ist die Feldorientierte Regelung [4-7], bei der, ausgehend von einem sich mit dem Magnetfluß in der Maschine umdrehenden Bezugssystem, zwischen einem flußbildenden und einem drehmomentbildenden Stromanteil unterschieden wird. Zwar sind auch in diesem Bezugssystem die Zustandsgrößen nichtlinear miteinander verknüpft, aber durch eine Entkopplung läßt sich das vermaschten System in zwei getrennte Regelkreise aufspalten. Der erste Regelkreis hat die Aufgabe, den flußbildenden Strom konstant zu halten, während der zweite Regler den momentbildenden Stromanteil gemäß der Regelungsaufgabe, etwa einer Drehzahlregelung, beeinflußt (Bild 4-12).

Die beiden Regelkreise werden über einen Korrekturanteil miteinander verkoppelt. Ein Nachteil dieser Struktur liegt in der Unzuverlässigkeit des Flußmodelles, das der gesamten Entkopplung zugrunde liegt. Fehler, die hier gemacht werden, beeinträchtigen das gesamte Regelungsergebnis. Da sich durch die Erwärmung der Maschine das dynamische Verhalten stets ändert, kann dieses Modell nie perfekt sein.

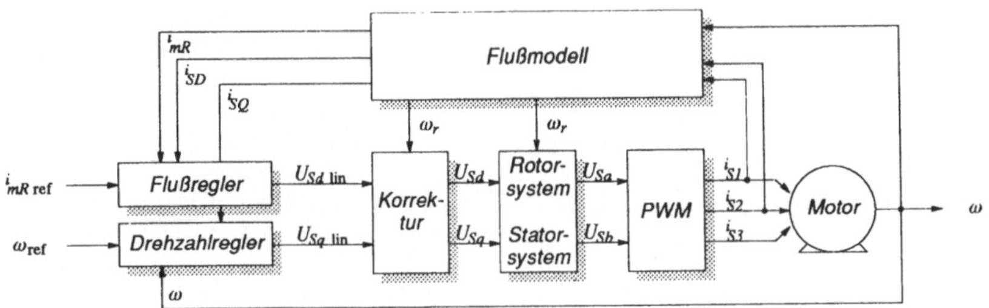

Bild 4-12: Struktur der Feldorientierten Regelung

Durch den Ansatz, den momentbildenden Pfad der Maschine (bei konstantem Fluß) als nichtlineare Strecke ohne Entkopplung mit einem neuronalen Modell zu erfassen, soll das Problem entschärft werden [4-8]. Bild 4-13 zeigt die resultierende Regelungsstruktur, die auf der Feldorientierten Regelung aufbaut. Nur der Drehzahlregler mit dem Kopplungsteil wurde durch die nichtlineare Modellprädiktive Regelung ersetzt.

Als Modell wurde ein einfaches RBF-Netz mit ca. 80 Neuronen eingesetzt. Bei der Erzeugung der Trainingsdaten wurde ein existierender Feldorientierter Regler genutzt, damit in Verbindung mit einer geeigneten Führungsgröße einerseits eine vollständige Abdeckung des Drehzahl- und Spannungsbereichs, als auch eine hinreichende dynamische Anregung der Maschine sichergestellt werden konnte.

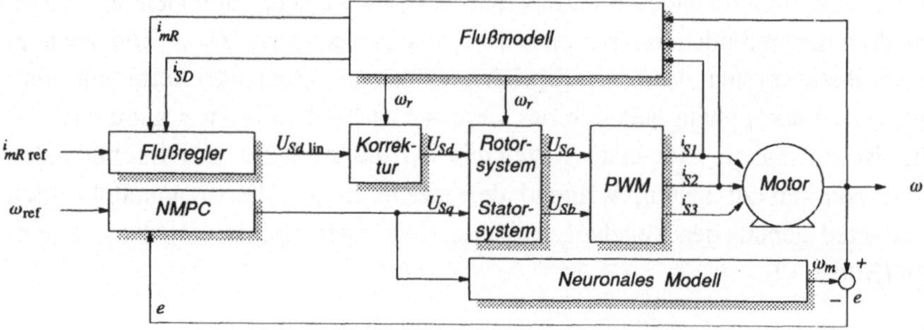

Bild 4-13: Struktur der neuronalen Regelung der Asynchronmaschine

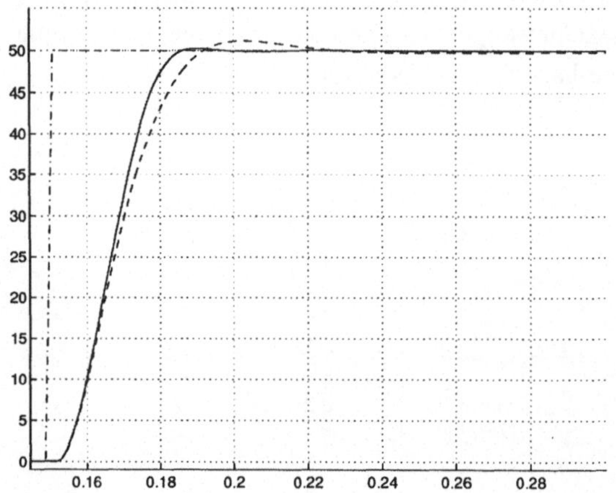

Bild 4-14: Vergleich Sprungantworten der Drehzahl ω : Feldorientierte Regelung (gestrichelt) Neural MPC (durchgezogen)

Bild 4-14 zeigt das Verhalten der beiden Regler im Vergleich bei einem Führungssprung auf der Basis von Simulationsläufen bei einer Regelzykluszeit von 2 ms. Besonders die Ausschnittsvergrößerung in Bild 4-15 macht deutlich, daß der nichtlineare Regler der konventionellen Lösung im Einschwingverhalten überlegen ist, obwohl die angedeuteten Fehler im Flußmodell in der Simulation nicht zum Tragen kamen. Der Vorteil wird allein durch das prädiktive und nichtlineare Verhalten des Reglers erreicht.

Die Gegenüberstellung auf Simulationsbasis ist allerdings nicht vollständig überzeugend, da man in der prädiktiven Regelung anstelle des neuronalen Modells auch die mathematischen Maschinengleichungen hätte einsetzen können. Die Ergebnisse wären sicherlich noch besser ausgefallen. Die folgende Gegenüberstellung zeigt jedoch, daß beim Einsatz an realen Maschinen neuronale Modelle vorteilhaft sein können.

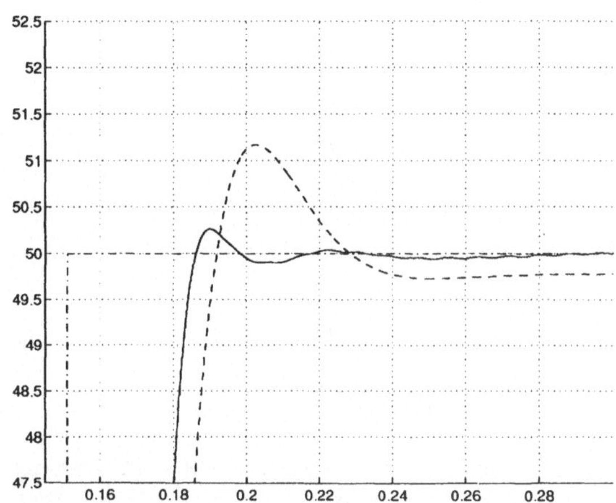

Bild 4-15: Einschwingverhalten der Drehzahlω im Vergleich: Feldorientierte Regelung (gestrichelt) Neural MPC (durchgezogen)

Mit dem auf der Basis der Simulationsdaten trainierten Modell wurde die reale Maschine geregelt. Die Regelzykluszeit mußte hierzu auf 8 ms erhöht werden. Die Maschinenparameter waren in der Simulation bestmöglich eingestellt worden [4-9]. Die gestrichelte Kurve in Bild 4-16 zeigt, daß die prädiktive Regelung mit dem Modell auf Basis der simulierten Maschinengleichungen korrekt arbeitet.

Im nächsten Schritt wurde derselbe Regler mit einem neuronalen Modell betrieben, das an Daten des realen Antriebs trainiert wurde. Der Vergleich der Diagramme in Bild 4-16 zeigt deutlich, daß ein an realen Maschinendaten trainiertes Netz (durchgezogene Kurve) einem synthetischen Modell überlegen ist.

Dieser Vergleich belegt, daß ein Modell auf Basis der Maschinengleichungen, das stark von der Korrektheit der Annahmen bezüglich mathematischer Struktur und der Parameter abhängt, wie hier das neuronale Modell, das durch Simulation der Maschinengleichungen gewonnen wurde, einem an der realen Maschine trainierten neuronalen Modell unterlegen ist. Das neuronale Modell des realen Antriebs kommt ohne jegliche Annahmen bezüglich der Struktur der Maschine aus und kann daher die Maschineneigenschaften bestmöglich repräsentieren.

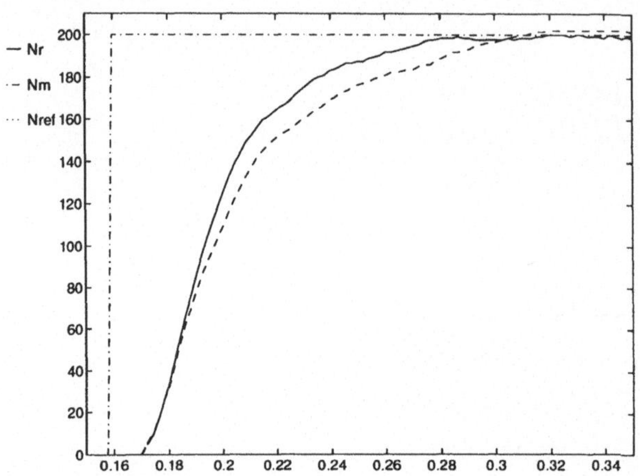

Bild 4-16: NMPC an der realen Maschine (Drehzahlen in Umdrehungen / Minute), Drehzahl Nm: Modell auf Basis der Maschinengleichungen, Drehzahl Nr: Modell auf Basis der realen Meßdaten der Maschine

Die Realzeitimplementierung wurde auf einem System mit vier Transputern T800 umgesetzt. Eine Rechenleistung ähnlicher Größenordnung dürfte auch bei Einsatz eines einzelnen modernen DSPs zu erzielen sein. Damit ist der Aufwand für MPC zwar höher als der eines konventionellen Reglers, jedoch lassen sich mit realistischen Hardwareaufwand praxisgerechte Zykluszeiten realisieren.

4.4.2 Banddickenregelung eines Walzgerüstes

Dieser Abschnitt beschreibt Ergebnisse einer Simulation, die bereits in [4-10] veröffentlicht wurde. Bild 4-17 zeigt verschiedene Prozeßgrößen, die beim Walzprozeß eine Rolle spielen.

Besondere Schwierigkeiten bereitet bei diesem Prozeß die Nichtlinearität bei der Materialverformung, die sich in einen nichtlinearen Zusammenhang der Walzkraft f_w in Abhängigkeit von Einlaufdicke h_1, Bandgeschwindigkeit v_1, Materialhärte und Öffnung des Walzspaltes s_0 ausdrückt. Der genaue mathematische Zusammenhang dieser Größen ist nicht bekannt, er läßt sich nur mit Näherungen beschreiben. Der Simulation lag die Beziehung für die Walzkraft

$$(4\text{-}1) \qquad f_w = f(v_1) \cdot \sqrt{h_1 - h_2} = M \cdot (h_1 - s_0)$$

zugrunde, wobei die Funktion f den Einfluß der Größen Materialhärte vor den Walzen, Bandzug und vor allem der Geschwindigkeit v_1 repräsentiert. Der linke Teil der Gleichung beschreibt die Kraft, die aufgewendet werden muß, um das Material von h_1 auf die Dicke h_2 zu reduzieren, während der hintere Teil die durch die Gerüstaufweitung aufgebrachte Gegenkraft darstellt. Die Variable M beschreibt dabei den Gerüstmodul.

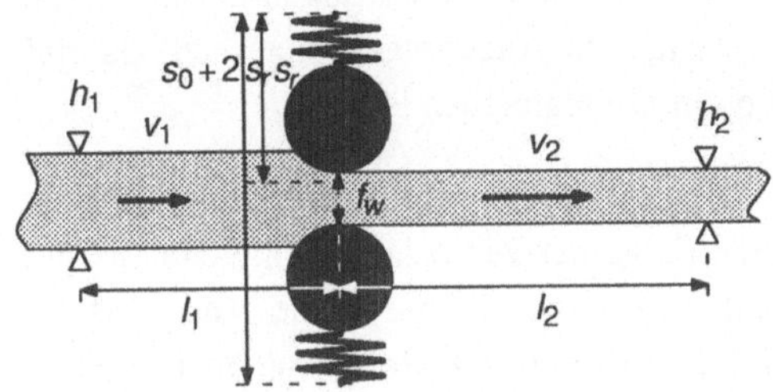

Bild 4-17: Physikalische Größen im Walzspalt beim Kaltwalzprozeß

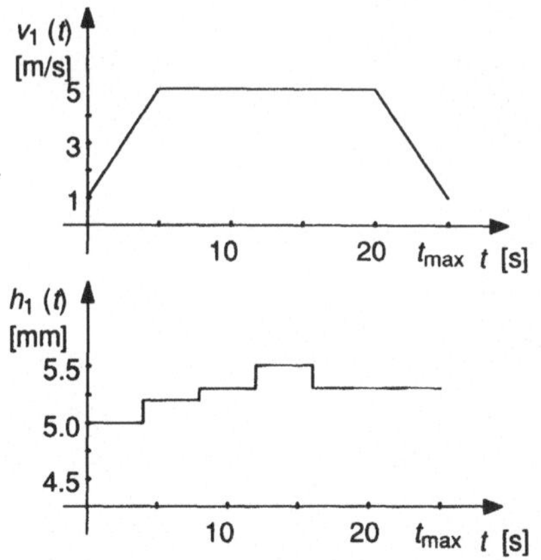

Bild 4-18: Profile für Bandgeschwindigkeit v_1 und Einlaufdicke h_1

Für den Entwurf eines Reglers ist darüberhinaus die Totzeit zu beachten, die sich dadurch ergibt, daß die konstant zu haltende Ausgangsgröße des Prozesses, die Auslaufdicke des Bandes h_2, erst in einem Abstand vom Walzspalt zu messen ist. Da zudem die Bandgeschwindigkeit während des Betriebs verändert wird, ergibt sich eine variable Totzeit. Mit Neuronalen Netzen wurden auf der Basis von Simulationsdaten die Zusammenhänge zwischen den Prozeßgrößen im Walzspalt modelliert.

Um einige Reglerstrukturen vergleichen zu können, wurden Profile für den Geschwindigkeitsverlauf und die Einlaufdicke definiert, die im folgenden Bild dargestellt sind. Das Band wird während der ersten 5 s linear beschleunigt, dann mit konstanter Geschwindigkeit gewalzt und am Ende wieder abgebremst. Für die Einlaufdicke des Materials wurden sprunghafte Änderungen angesetzt, da sich auf diese Weise das Reglerverhalten optimal vergleichen läßt.

Die folgenden Bilder dokumentieren Ergebnisse von vier Reglerstrukturen. Die nadelförmigen Abweichungen sind eine Folge der zeitdiskreten Implementierung der Regler und sind bei allen Verläufen zu beobachten. Da die Änderung der Einlaufdicke in der Realität asynchron zur Abtastung auftritt, reagiert jeder zeitdiskret implementierte Regler maximal einen Abtastschritt zu spät. Dies führt in Verbindung mit der sich sprunghaft ändernden Einlaufdicke in der Simulation zu den Spitzen. In der Praxis hingegen ist dieser Effekt ohne Bedeutung. Bild 4-19 zeigt das Verhalten, das sich mit einem PI-Regler ergibt.

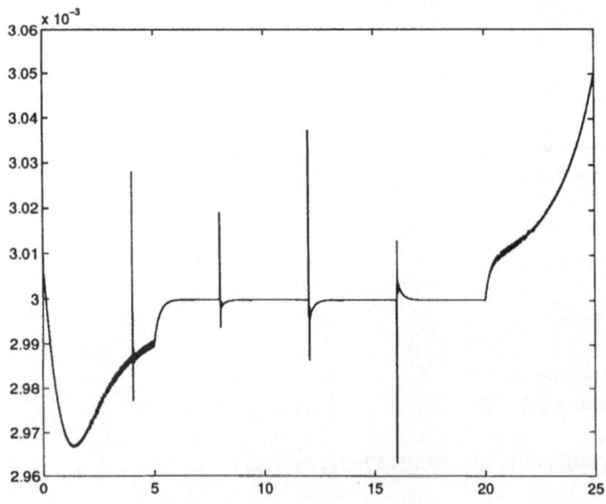

Bild 4-19: Verlauf der Dicke h_2: PI-Regler

Die Steuerung mit dem inversen Modell liefert schon deutlich verbesserte Ergebnisse, jedoch verursacht jede Modellierungsungenauigkeit einen bleibenden Fehler, da dieser wegen der fehlenden Rückführung nicht korrigiert werden kann.

Durch das Schließen des Regelkreises mit Hilfe eines PI-Reglers wird dieser Nachteil aufgehoben. Der Totzeitanteil der Strecke verursacht jedoch zusätzliche Störungen in entgegengesetzter Richtung, da der PI-Regler überkompensiert.

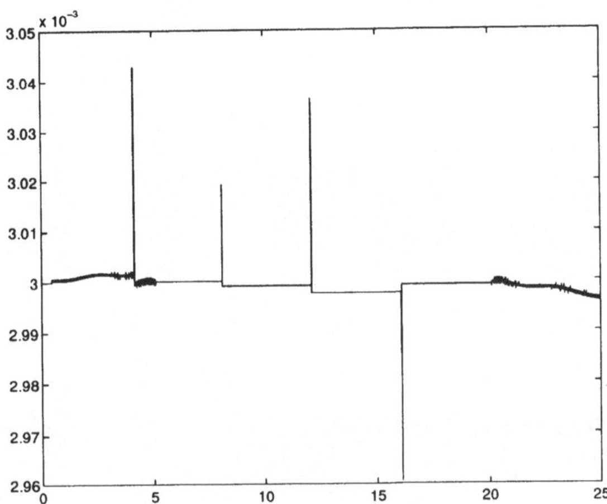

Bild 4-20: Verlauf der Dicke h_2: Steuerung mit inversem Modell

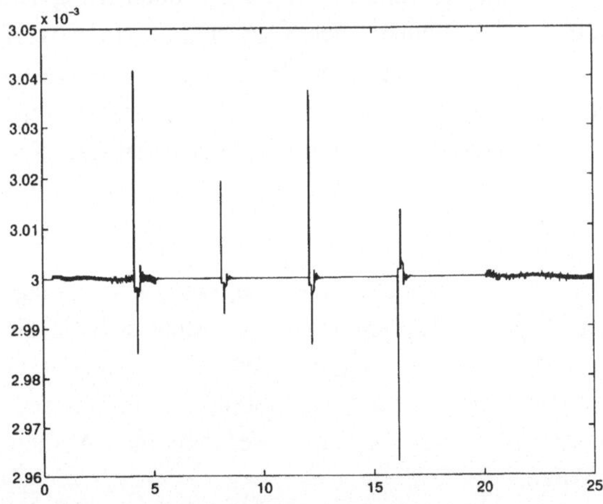

Bild 4-21: Verlauf der Dicke h_2: PI seriell mit inversem Modell

Die besten Ergebnisse liefert auch beim Walzprozeß die MPC-Struktur. Wegen des prädiktiven Verhaltens werden die Schwierigkeiten mit der Totzeit elegant umgangen. Dafür hat der MPC-Regler leichte Schwierigkeit mit dem zeitvarianten Verhalten der Anlage während der Beschleunigungsphasen.

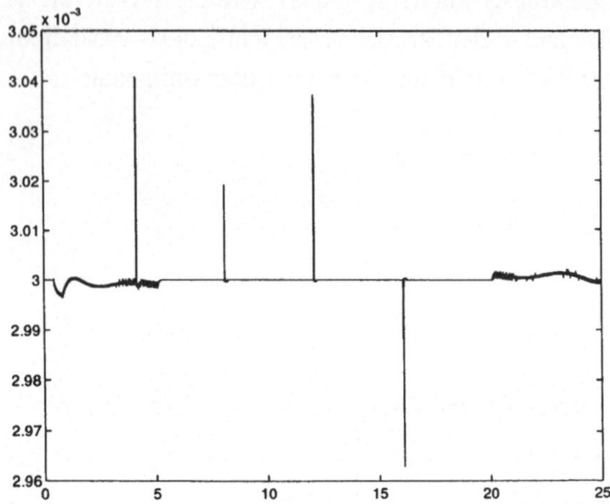

Bild 4-22: Verlauf der Dicke h_2: MPC mit neuronalem Modell

4.5 Zusammenfassung und Ausblick

Es wurde gezeigt, daß sich durch Einsatz Neuronaler Netze zur Modellierung und modellbasierte Regelungstrukturen ein systematischer Weg zum Reglerentwurf auch für nichtlineare Systeme ergibt. Mit Model-based Predictive Control lassen sich sehr gute Regelungsergebnisse erzielen, auch wenn noch weitere wichtige Fragen zu klären sind, wie etwa Zuverlässigkeit der Modelle in seltenen Betriebszuständen und das Einrichten von Sicherheitsvorkehrungen, damit in derartigen Situationen ein fehlerfreier Betrieb garantiert ist.

Bei zeitvarianten Prozessen besteht ein besonderes Interesse, eine Online-Adaption der Modelle durchzuführen. Von der Rechenleistung her ergibt sich für die meisten Anwendungen von Neuro-Control kein Engpaß. Unter Einsatz moderner Prozessoren lassen sich die vorgestellten Regelungsstrukturen auch in Realzeitanwendungen übertragen. Damit steht einer Erprobung dieser modernen Ansätze an realen Prozessen nichts im Wege.

5 Lernverfahren für komplexe Aktorik / Robotik

Dr. Thomas Martinetz, München

Wir betrachten das Problem des Erlernens von Greifbewegungen und präsentieren einen Lösungsansatz basierend auf einer hierarchischen Anordnung Kohonen'scher Merkmalskarten. Die Steuerung der Greifbewegungen erfolgt allein über Stereokameras. Die Netzwerkarchitektur zur effizienten Repräsentation der möglichen Objektorientierungen an den verschiedenen Orten des Arbeitsbereiches des Roboters besteht aus einem Satz zweidimensionaler Kohonennetze, angeordnet in einem dreidimensionalen Gitter. Jeder Knoten der Kohonennetze speichert eine lineare Abbildung zur Generierung passender Gelenkwinkelstellungen. Diese linearen Abbildungen ermöglichen eine auf visueller Rückkopplung basierende Greifstrategie.

5.1 Einleitung

Nachbarschaftserhaltende Merkmalskarten, gekoppelt mit linearen Abbildungen zu sogenannten *Local Linear Maps* (LLM) [5-1], bieten interessante Lösungsansätze für Problemstellungen aus Robotik und Prozeßsteuerung [5-2, 5-3]. Der sich ergebende neuronale Netzwerktyp zeichnet sich aus durch eine hohe Lernrate sowie stabile Konvergenz, und die explizite Verwendung linearer Abbildungen macht diesen Ansatz insbesondere auch für Aufgabenstellungen geeignet, deren Lösung Rückkopplung erfordert. Wir wollen in diesem Artikel eine hierarchische Variante dieses Verfahrens auf das Problem des Greifens von Objekten mit einem Roboter anwenden. Das Problem der behutsamen Annäherung und kollisionsfreien Umschließung des Objektes mit dem Greifer wollen wir mit Hilfe visueller Rückkopplung über Stereokameras lösen. Dabei beschränken wir uns auf einen Teil der Fragestellungen bei der Planung von Greifbewegungen, indem wir ein zu greifendes Objekt von relativ einfacher Gestalt, nämlich einen Zylinder, betrachten. Wegen der Symmetrie des Objekts bestimmt dann neben der Position im Arbeitsbereich nur noch die Orientierung einer einzigen Achse, der Symmetrieachse, mögliche Bewegungstrajektorien sowie die von Arm und Greifer einzunehmende Endstellung.

5.2   Das Robotermodell

In Bild 5-1 ist das in den folgenden Computersimulationen verwendete Robotermodell dargestellt. Der Arm des Roboters besitzt drei Freiheitsgrade, womit die
erforderliche Armstellung zu jeder vorgegebenen Objektposition eindeutig bestimmt ist (es liegt keine Redundanz vor). Der Arm kann sich um die vertikale
Achse drehen (θ_1), und die Achsen des mittleren (θ_2) sowie äußeren (θ_3) Ge-
lenks stehen parallel zueinander und parallel zur Horizontal-Ebene, die von der

Bild 5-1: Das im Computer simulierte Robotermodell. In der Computergraphik ist außerdem
der Arbeitsbereich sowie die zwei zur Steuerung der Greifbewegungen verwendeten Kameras
eingezeichnet.

x- und y-Achse aufgespannt wird. Zur Orientierung des Greifers stehen zwei
Freiheitsgrade zur Verfügung. Der erste Freiheitsgrad ist durch die Achse am
"Handgelenk" gegeben, die parallel zum mittleren und äußeren Gelenk des Arms
steht. Der zweite Freiheitsgrad erlaubt Drehungen des Greifers um seine eigene
Symmetrieachse. Bild 5-2 liefert eine Skizze des Greifers mit seinen zwei

Gelenkwinkeln β_1 und β_2 sowie dem die Orientierung des Greifers beschreibenden Normalenvektor **n**. Dieser Vektor steht senkrecht zur Symmetrieachse und senkrecht zur flachen Seite des Greifers. Der eingezeichnete Punkt P bezeichnet das Zentrum des Greifers und muß während des Greifvorgangs ins Zentrum des Zylinders geführt werden. Gleichzeitig ist es erforderlich, den Normalenvektor **n** parallel zur Achse des Zylinders auszurichten. Damit dies in jedem Fall möglich ist, muß der Normalenvektor jede beliebige Orientierung einnehmen können. Dies wird durch die beiden Gelenkwinkel β_1 und β_2 gewährleistet.

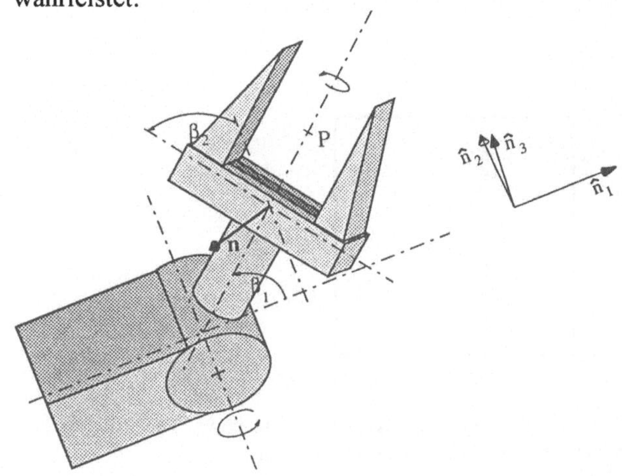

Bild 5-2: Eine Skizze des Greifers zusammen mit seinen beiden Gelenkwinkeln β_1 und β_2 sowie dem Normalenvektor **n**, der die Orientierung des Greifers beschreibt. Der Punkt P bezeichnet das Zentrum und damit den Ort des Greifers, der ins Zentrum des zu greifenden Zylinders geführt werden muß.

5.2.1 Steuerung über Kameras

Die Aufgabe des neuronalen Netzwerks besteht darin, von zwei Kameras gelieferte Eingabesignale in passende Gelenkwinkel für den Arm sowie den Greifer umzusetzen. Wir gehen im folgenden davon aus, daß ein den Kameras nachgeschaltetes Bildverarbeitungssystem aus den Kamerabildern die erforderlichen Bildkoordinaten des anzufahrenden Objekts extrahieren kann. Um einen Zylinder greifen zu können, benötigt das neuronale Netz allerdings nicht nur Information über die Position des Zylinders im Arbeitsbereich, sondern zusätzlich auch über dessen Orientierung im Raum. An jeder Position im Arbeitsbereich besitzt der Zylinder zwei Freiheitsgrade, die die Orientierung der Zylinderachse und damit auch die zum Greifen notwendige Gelenkwinkelkonfiguration von Arm und Greifer mitbestimmen. In welcher Form liefern uns die Kameras die Information über Position und Orientierung des Zylinders? In Bild 5-3 ist schematisch der Balken dargestellt, den jede Kamera als Projektion des Zylinders auf ihre Bildebene sieht. Der Ort beider Balken auf den Bildebenen enthält implizit die Information über die Raumposition des Zylinders. Jeder Balken besitzt zusätzlich noch eine Orientierung in der Bildebene. Diese Orientierungen liefern implizit die Information über die räumliche Orientierung der Zylinderachse.

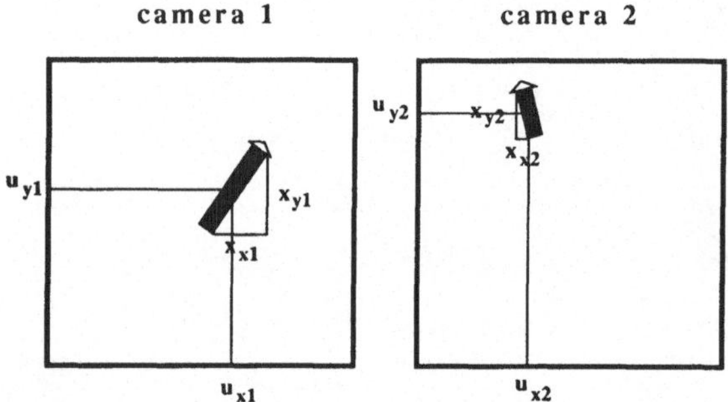

Bild 5-3: Der Zylinder, gesehen von Kamera 1 und Kamera 2. Mit einem Pfeilkopf ist das ausgezeichnete Ende jedes Balkens markiert (siehe Kap. 5.3).

Wie aus Bild 5-3 ersichtlich, beschreiben wir den Ort des Zentrums jedes Balkens durch dessen zweidimensionale Koordinaten auf der Bildebene der jeweiligen Kamera und fassen beide Koordinaten zu einem vierdimensionalen Vektor **u** zusammen. Zur Beschreibung der Orientierung jedes Balkens benutzen wir die Projektionen auf die x- und y-Achse der jeweiligen Kamerabildebene. Um diese Projektionen bezüglich der Vorzeichen eindeutig festzulegen, ist es notwendig, jedem Balken in der Bildebene eine Richtung zuzuordnen, d.h., ein Ende jedes Balkens auszuzeichnen. In Bild 5-3 ist das jeweils ausgezeichnete Ende mit einem Pfeilkopf markiert. Welches der beiden Balkenenden jeweils die Richtung angeben soll, ist beliebig. Die ausgezeichneten Enden müssen allerdings zueinander korrespondieren, also zum selben Ende des Zylinders gehören.

Durch die Projektionen ergeben sich so zwei zweidimensionale Vektoren (x_{x1}, x_{y1}) und (x_{x2}, x_{y2}) die beide Balken mitsamt der gewählten Richtungen eindeutig beschreiben. Zusammengefaßt erhalten wir einen vierdimensionalen

Vektor **x**, welchen wir noch normieren, um die hier nicht benötigte Information über die Länge des Zylinders zu beseitigen. Die beiden jeweils vierdimensionalen Vektoren **u** und **x** tragen nun zusammen die gesamte Information, die das neuronale Netzwerk zur Ausgabe passender Gelenkwinkelstellungen benötigt.

5.3   Hierarchische Anordnung Kohonen'scher Merkmalskarten

Zur Repräsentation der die Raumposition und Orientierung des Zylinders beschreibenden Eingabesignale **u** und **x** benutzen wir ein Netzwerk, welches aus einer hierarchischen Anordnung vieler einzelner Kohonen'scher Merkmalskarten besteht [5-4]. Wie in Bild 5-4 dargestellt, besteht die verwendete Netzwerkarchitektur aus einem Satz zweidimensionaler *Unternetze*, die in einem dreidimensionalen *Übernetz* angeordnet sind.

Wegen der drei impliziten Freiheitsgrade der die Raumposition des Objektes bestimmenden Eingabesignale **u** wählen wir für deren Repräsentation entsprechend ein dreidimensionales Kohonennetz, welches allerdings aus zweidimensionalen Unternetzen besteht. Jedes Element des dreidimensionalen Übernetzes, also jedes Unternetz, spezialisiert sich während des Lernvorgangs auf einen kleinen Ausschnitt des Arbeitsbereichs. Innerhalb des jeweiligen Ausschnittes bildet das dortige zweidimensionale Unternetz eine nachbarschaftserhaltende Repräsentation der durch zwei implizite Freiheitsgrade festgelegten, die Orientierung des Zylinders bestimmenden Eingabesignale **x**.

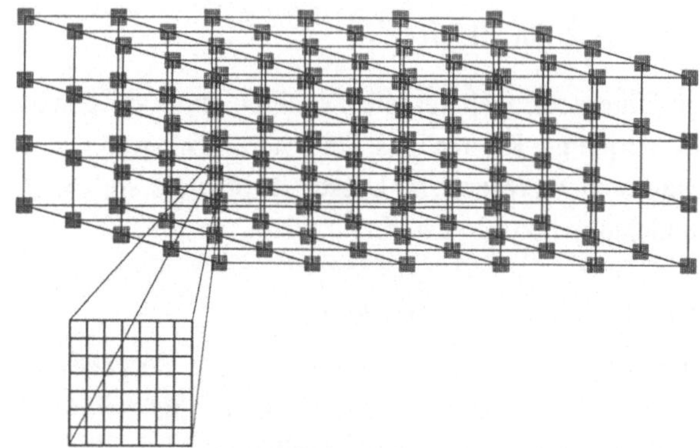

Bild 5-4: Hierarchische Anordnung von Kohonennetzen. Jedem Element des dreidimensionalen Übernetzes ist ein zweidimensionales Unternetz zugeordnet.

Jedem Unternetz $\mathbf{r}$ ist ein vierdimensionaler Gewichtsvektor $\mathbf{w_r}$ zugeordnet. $\mathbf{w_r}$ bezeichnet einen Ort im vierdimensionalen Raum der Kamerakoordinaten $\mathbf{u}$ und korrespondiert damit zu einem Ort im Arbeitsbereich des Roboters. Das Unternetz $\mathbf{r}$ ist für diejenigen Objektpositionen im Arbeitsbereich zuständig, deren Kamerakoordinaten $\mathbf{u}$ dem Gewichtsvektor $\mathbf{w_r}$ am nächsten sind. Dies definiert einen Ausschnitt $\mathbf{V_r}$ des Arbeitsbereiches, für den das Unternetz $\mathbf{r}$ zuständig ist. Jedem Knoten $\mathbf{p}$ des Unternetzes $\mathbf{r}$ ist ebenfalls ein vierdimensionaler Gewichtsvektor zugeordnet, bezeichnet mit $\mathbf{z_{rp}}$. Der Gewichtsvektor $\mathbf{z_{rp}}$ bezeichnet einen Ort im vierdimensionalen Raum der Kameravektoren $\mathbf{x}$ und korrespondiert damit zu einer bestimmten Objektorientierung. Der Knoten $\mathbf{p}$ des Unternetzes $\mathbf{r}$ repräsentiert damit im Raumbereich $\mathbf{V_r}$ all diejenigen Objektorientierungen, deren korrespondierenden Kameravektoren $\mathbf{x}$ dem Gewichtsvektor $\mathbf{z_{rp}}$ am ähnlichsten sind. Den Knoten $\mathbf{p}$ sind Ausgabegrößen zugeordnet, die den Greifer des Roboters in die entsprechende Position und Orientierung bringen sollen.

Mathematisch läßt sich die Auswahlprozedur des die Gelenkwinkel bestimmenden Knotens folgendermaßen formulieren: Hat das präsentierte Objekt die Position $\mathbf{u}$ und die Orientierung $\mathbf{x}$, so wird zuerst dasjenige Unternetz $\mathbf{r^*}$ aus dem Übernetz herausgesucht, für das

$$(5\text{-}1) \qquad \|\mathbf{u} - \mathbf{w_{r^*}}\| \leq \|\mathbf{u} - \mathbf{w_r}\| \quad \text{für alle } \mathbf{r}$$

gilt.

Anschließend erfolgt die Auswahl desjenigen Knoten $\mathbf{p^*}$ des Unternetzes $\mathbf{r^*}$, für welchen

$$(5\text{-}2) \qquad \|\mathbf{x} - \mathbf{z_{r^* p^*}}\| \leq \|\mathbf{x} - \mathbf{z_{rp}}\| \quad \text{für alle } \mathbf{p}$$

gilt. Damit ist $\mathbf{r^*}$ dasjenige Unternetz, welches die Objektposition am genauesten beschreibt, und $\mathbf{p^*}$ ist derjenige Knoten des Unternetzes $\mathbf{r^*}$ welcher die Objektorientierung am genauesten repräsentiert. Dieser Knoten ist sodann für die Ausgabe der passenden Gelenkwinkel zuständig.

5.3.1 Die Ausgabewerte und der Positioniervorgang

Durch die Raumposition und Orientierung des Zylinders, also die Vorgabe eines Zielpunktes für P sowie einer Richtung für $\mathbf{n}$, ist die benötigte Endstellung der Gelenkwinkel eindeutig festgelegt. Den drei Freiheitsgraden für die Raumposition plus den zwei Freiheitsgraden für die Orientierung des Zylinders stehen die insgesamt fünf Freiheitsgrade von Arm und Greifer gegenüber. Es ist nicht möglich, die für die verschiedenen Positionen und Orientierungen des Zylinders erforderlichen Arm- sowie Greiferstellungen als unabhängig voneinander, also entkoppelt, zu betrachten. Mathematisch bedeutet dies, daß die Gelenkwinkel des Arms $\vec{\theta} = (\theta_1, \theta_2, \theta_3)$ sowie die Winkel des Greifers $\vec{\beta} = (\beta_1, \beta_2)$ jeweils gleichzeitig von den Eingabesignalen $\mathbf{u}$ und den Eingabesignalen $\mathbf{x}$ abhängen. Fassen wir alle fünf Gelenkwinkel zu einem Vektor $\vec{\phi} = (\theta_1, \theta_2, \theta_3, \beta_1, \beta_2)$ zusammen, so gilt

$$(5\text{-}3) \qquad \vec{\phi}(\mathbf{u}, \mathbf{x}) = \begin{pmatrix} \vec{\theta}(\mathbf{u}, \mathbf{x}) \\ \vec{\beta}(\mathbf{u}, \mathbf{x}) \end{pmatrix}.$$

Das nach Präsentation des Objektes ausgewählte Neuron $\mathbf{p}^*$ des Unternetzes $\mathbf{r}^*$ ist für die Bereitstellung der passenden Ausgabewerte zum Einstellen der Gelenkwinkel $\vec{\phi}$ zuständig. Dazu speichert jeder Knoten $\mathbf{p}$ jedes Unternetzes $\mathbf{r}$, im folgenden mit dem Index $\mathbf{rp}$ bezeichnet, einen Term nullter Ordnung, also einen fünfdimensionalen Vektor $\vec{\phi}_{\mathbf{rp}}$. Zur Interpolation erhält jeder Knoten $\mathbf{rp}$ zusätzlich einen Term erster Ordung, eine Matrix $\mathbf{A}_{\mathbf{rp}}$ von der Dimension 5×8. Die Darstellung der zu lernenden Transformation $\vec{\phi}(\mathbf{u}, \mathbf{x})$ erfolgt damit durch eine Überdeckung des Eingabesignalraums mit lokal gültigen Linearisierungen von $\vec{\phi}(\mathbf{u}, \mathbf{x})$. Die Linearisierungen erfolgen um die Orte $\tilde{\mathbf{w}}_{\mathbf{rp}} = (\mathbf{w}_{\mathbf{r}}, \mathbf{z}_{\mathbf{rp}})$, wobei $\tilde{\mathbf{w}}_{\mathbf{rp}}$ eine Position im gesamten Eingabesignalraum, dem Produktraum $U \otimes X$, bezeichnet. Fassen wir beide Eingabesignale zu $\tilde{\mathbf{u}} = (\mathbf{u}, \mathbf{x})$ zusammen, so erzeugt das angesprochene Neuron $\mathbf{r}^*\mathbf{p}^*$ als Ausgabesignal die Gelenkwinkel

$$(5\text{-}4) \qquad \vec{\phi} = \vec{\phi}_{\mathbf{r}^*\mathbf{p}^*} + \mathbf{A}_{\mathbf{r}^*\mathbf{p}^*}(\tilde{\mathbf{u}} - \tilde{\mathbf{w}}_{\mathbf{r}^*\mathbf{p}^*})$$

Gleichung (5-4) bestimmt den ersten Bewegungsschritt, auf den anschließend eine Korrekturbewegung folgt. Dazu ist es zunächst erforderlich, nach dem ersten Bewegungsschritt die erlangte Stellung von Arm und Greifer aus der Sicht der beiden Kameras zu ermitteln. Die Bildkoordinaten des Zentrums P des Greifers in Kamera 1 und Kamera 2 fassen wir zu dem vierdimensionalen Vektor $\mathbf{v}_i$ zusammen. Die Projektion des Normalenvektors $\mathbf{n}$ auf die Kamerabildebenen ergibt in jeder Kamera einen zweidimensionalen Vektor. Die Orientierungen beider Vektoren beschreiben die Orientierung des Greifers in Kamerakoordinaten. Das Paar zweidimensionaler Vektoren, das die Orientierung von $\mathbf{n}$ nach dem ersten Bewegungsschritt beschreibt, fassen wir zu dem vierdimensionalen Vektor $\mathbf{y}_i$ zusammen.

Der Positionierungsfehler $\|\mathbf{u} - \mathbf{v}_i\|$ sowie der Orientierungsfehler $\|\mathbf{x} - \mathbf{y}_i\|$ sollen mit dem Korrekturschritt verringert werden. Dazu fassen wir $\mathbf{v}_i$ und $\mathbf{y}_i$ zu dem Vektor $\tilde{\mathbf{v}}_i = (\mathbf{v}_i, \mathbf{y}_i)$ zusammen. Mittels der Differenz $\tilde{\mathbf{u}} - \tilde{\mathbf{v}}$ aus Zwischenstellung und erwünschter Endposition können wir dann den Korrekturschritt ausführen. Dieser verwendet die Jacobimatrix des angesprochenen Neurons $\mathbf{r^*p^*}$ und generiert als Korrektur aller fünf Gelenkwinkel

$$(5\text{-}5) \qquad \Delta\vec{\phi} = \mathbf{A}_{\mathbf{r^*p^*}}(\tilde{\mathbf{u}} - \tilde{\mathbf{v}}_i)$$

womit wir die Endstellung des Arms und des Greifers erhalten, die wir wieder durch die Kameras beobachten und mit $\tilde{\mathbf{v}}_f = (\mathbf{v}_f, \mathbf{y}_f)$ bezeichnen. Dieser Korrekturschritt kann mehrmals hintereinander ausgeführt werden, womit sich der Positionierungs- und Orientierungsfehler auf Werte verringern läßt, die nur noch durch Unzulänglichkeiten der in der Praxis verwendeten Apparatur nach unten beschränkt sind. Wir werden im letzten Abschnitt zeigen, wie der auf visueller Rückkopplung basierende Korrekturschritt es ermöglicht, das zu greifende Objekt behutsam und kollisionsfrei anzufahren. Zunächst beschränken wir uns auf einen einzigen Korrekturschritt.

5.3.2 Das Lernverfahren

Das Lernverfahren besteht aus zwei Teilen. Der erste Teil ist für die Bildung einer nachbarschaftserhaltenden Repräsentation der Kamerakoordinaten $\mathbf{u}$ und $\mathbf{x}$, also für die Adaption der Gewichtsvektoren $\mathbf{w}_r$ und $\mathbf{z}_{rp}$, zuständig. Am Ende des Lernvorgangs sollen nur diejenigen Objektpositionen im Arbeitsbereich durch Unternetze und nur diejenigen Orientierungen durch deren Knoten repräsentiert sein, die tatsächlich während der Lernphase vorkamen. Außerdem soll diese Repräsentation nachbarschaftserhaltend sein. Im Übernetz benachbarte Unternetze sollen am Ende der Lernphase für benachbarte Ausschnitte des Arbeitsbereiches zuständig sein, und in einem Unternetz benachbarte Knoten sollen ähnliche Objektorientierungen repräsentieren. Diese Nachbarschaftserhaltung wird im zweiten Teil des Lernverfahrens für die Adaption der Ausgabegrößen $\vec{\phi}_{rp}$ und $\mathbf{A}_{rp}$ verwendet.

Die Bildung einer nachbarbarschaftserhaltenden Repräsentation der Eingabegrößen wird durch Verwendung der Kohonen'schen Lernregeln erzielt [5-4], allerdings sind diese nun der hierarchischen Struktur des Netzwerkes geeignet angepaßt [5-3]. Die Verschiebung der Unternetze im Raum der Kamerakoordinaten U erfolgt durch den bekannten Adaptationsschritt

$$(5\text{-}6) \qquad \mathbf{w}_\mathbf{r}^{neu} = \mathbf{w}_\mathbf{r}^{alt} + \varepsilon \cdot h_{\mathbf{rr}\star}\left(\mathbf{u} - \mathbf{w}_\mathbf{r}^{alt}\right) \qquad \text{für alle } \mathbf{r}$$

Die Adjustierung der Knotengewichte $\mathbf{z_{r\star p}}$ erfolgt ebenso gemäß der Kohonenregel, allerdings wird nun zusätzlich zur Nachbarschaft im Unternetz noch die Nachbarschaft im Übernetz ausgenutzt. Dies führt zu

$$(5\text{-}7) \qquad \mathbf{z}_\mathbf{rp}^{neu} = \mathbf{z}_\mathbf{rp}^{alt} + \varepsilon \cdot h_{\mathbf{rr}\star}g_{\mathbf{pp}\star}\left(\mathbf{x} - \mathbf{z}_\mathbf{rp}^{alt}\right) \qquad \text{für alle } \mathbf{p,\ r}$$

als Adaptationsschritt der Knoten $\mathbf{p}$ der Unternetze $\mathbf{r}$, wobei $g_{\mathbf{pp}}$ die mit der Entfernung $\|\mathbf{p} - \mathbf{p}^\star\|$ im Unternetz abfallende Nachbarschaftfunktion, und $h_{\mathbf{rr}\star}$ die mit der Entfernung $\|\mathbf{r} - \mathbf{r}^\star\|$ im Übernetz abfallende Nachbarschaftsfunktion darstellt.

Die Lernregeln des zweiten Teils des Lernverfahrens, für die Adaption der Ausgabegrößen $\vec{\phi}_\mathbf{rp}$ und $\mathbf{A_{rp}}$, basieren auf Gradientenabstieg auf einer quadratischen Fehlerfunktion [5-2]. Dieser Gradientenabstieg liefert verbesserte Schätzwerte $\vec{\phi}^\star$ und $\mathbf{A}^\star$ für den Term nullter und den Term erster Ordnung und lautet

$$(5\text{-}8) \qquad \vec{\phi}^\star = \phi_{\mathbf{r\star p\star}} + \delta_1 \cdot \mathbf{A}_{\mathbf{r\star p\star}}\left(\tilde{\mathbf{u}} - \tilde{\mathbf{v}}_i\right)$$

$$(5\text{-}9) \qquad \mathbf{A}^\star = \mathbf{A}_{\mathbf{r\star p\star}} + \delta_2 \cdot \mathbf{A}_{\mathbf{r\star p\star}}\left(\tilde{\mathbf{u}} - \tilde{\mathbf{v}}_f\right)\left(\tilde{\mathbf{v}}_f - \tilde{\mathbf{v}}_i\right)^T$$

Die so erzielten verbesserten Schätzwerte $\vec{\phi}^\star$, $\mathbf{A}^\star$ werden zum Verbessern der Ausgabegrößen des Knotens $\mathbf{r^\star p^\star}$ und seiner Nachbarn verwendet. Es ist möglich, auch die Nachbarn des angesprochenen Knotens $\mathbf{r^\star p^\star}$ zu adaptieren, da die durch den ersten Teil des Lernverfahrens gebildete nachbarschaftserhaltende Repräsentation des Eingaberaumes gewährleistet, daß im Netz benachbarte Knoten ähnliche Ausgabewerte lernen müssen.

Wir haben zwei Hierarchien von Nachbarschaften, nämlich einmal eine Nachbarschaft innerhalb des Unternetzes, die wir durch eine Nachbarschaftsfunktion $g'_\mathbf{pp\star}$ beschreiben, als auch eine Nachbarschaft zwischen den Unternetzen innerhalb des Übernetzes, beschrieben durch die Nachbarschaftsfunktion $h'_\mathbf{rr\star}$. Dies bedeutet, daß am Lernerfolg des aktivierten Neurons $\mathbf{r^\star p^\star}$ nun einerseits

98

die Nachbarneuronen **p** innerhalb des Unternetzes **r*** teilhaben dürfen, zusätzlich aber der Adaptationsschritt innerhalb des Unternetzes **r*** auch noch auf die benachbarten Unternetze **r** übertragen werden kann. Dies führt zu dem Adaptationsschritt

$$(5\text{-}10) \qquad \vec{\phi}_{\mathbf{rp}}^{\,neu} = \vec{\phi}_{\mathbf{rp}}^{\,alt} + \varepsilon' h'_{\mathbf{rr}*} g'_{\mathbf{pp}*}\left(\vec{\phi}* - \phi_{\mathbf{rp}}^{\,alt}\right)$$

$$(5\text{-}11) \qquad \mathbf{A}_{\mathbf{rp}}^{\,neu} = \mathbf{A}_{\mathbf{rp}}^{\,alt} + \varepsilon' h'_{\mathbf{rr}*} g'_{\mathbf{pp}*}\left(\mathbf{A}* - \mathbf{A}_{\mathbf{rp}}^{\,alt}\right)$$

für die Knoten aller Unternetze. Diese zwei Lernschritte für die Ausgabegrößen haben die gleiche Form wie der Kohonenlernschritt (5-7) für die Gewichtsvektoren $\mathbf{z}_{\mathbf{rp}}$, welcher auch auf im Unternetz benachbarte Knoten und zusätzlich noch auf benachbarte Unternetze ausgedehnt ist. Anstelle des Eingabesignals **x** treten in (5-10) und (5-11) die verbesserten Schätzwerte $\vec{\phi}*$ und $\mathbf{A}*$ auf. Ausführliche Herleitungen der verwendeten Adaptionsschritte und Kriterien für die richtige Wahl der vorkommenden Lernparameter sind in [5-2] und [5-3] dargestellt.

5.4 Ergebnis einer Simulation

Für die Steuerung des in Bild 5-1 dargestellten und im Computer simulierten Robotermodells verwendeten wir ein Übergitter bestehend aus $4\times7\times2$ Unternetzen. Jedes dieser Unternetze enthielt 3×3 Knoten.

Das neuronale Netz wurde trainiert, indem dem Roboter der Zylinder an zufällig gewählten Orten seines Arbeitsbereiches in zufällig gewählten Orientierungen präsentiert wurde. Mit jeder Präsentation des Zylinders erfolgte eine Anfahrbewegung zum Greifen und ein anschließender Lernschritt des Netzwerkes.

In Bild 5-5 sehen wir den Lernerfolg des neuronalen Netzes in Abhängigkeit von der Zahl der ausgeführten Lernschritte. Die beiden Graphen geben den Positionierungs- bzw. Orientierungsfehler des Greifers wieder. Der nach 10 000 Lernschritten erreichte Endwert für den Positionierfehler beträgt 0.004, was 0.6% der Abmessungen des Arbeitsbereiches entspricht. Für den Orientierungsfehler des Greifers erhalten wir am Ende der Lernphase einen Wert von 1.7° Grad. Obwohl jedes Unternetz nur neun Elemente besitzt, ist die erzielte Orientierungsgenauigkeit des Greifers weit höher als für die Aufgabenstellung benötigt.

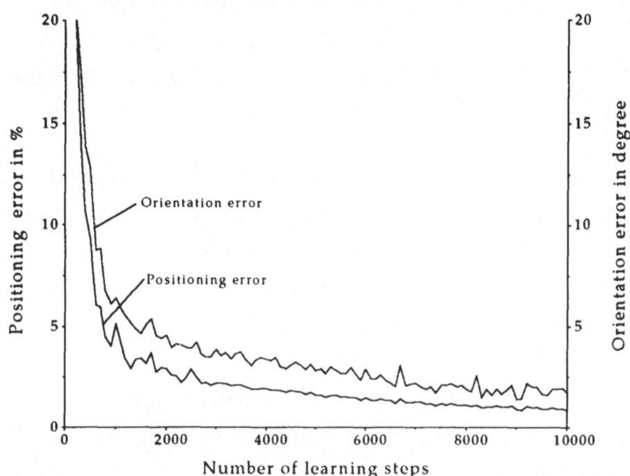

Bild 5-5: Der mittlere Positionierungs- und Orientierungsfehler mit der Zahl der ausgeführten Lernschritte. Nach 10 000 Versuchsbewegungen beträgt der Positionierungsfehler noch 0.004, was ca. 0.6% der Abmessungen des Arbeitsbereiches entspricht. Der Fehler in der Orientierungsgenauigkeit des Greifers ist nach 10 000 Lernschritten auf einen Wert von 1.7° abgesunken.

5.4.1 Eine einfache Greifstrategie

In der beschriebenen Simulation versuchte der Roboter, direkt, also schon mit dem ersten Bewegungsschritt (5-4), sein Greiferzentrum P ins Zentrum des Zylinders zu führen. Dabei kann es häufig passieren, daß der Greifer den Zylinder nicht kollisionsfrei anfährt. Dies ist nicht verwunderlich, denn das Lernverfahren hat bisher die sich durch Einstellen der passenden Gelenkwinkel ergebende Bewegungstrajektorie des Greifers nicht mit in Betracht gezogen. Es ging bisher ausschließlich darum, den Positionierungs- und Orientierungsfehler der Endstellung zu minimieren.

Welche Eigenschaften muß die Bewegungstrajektorie des Greifers haben, damit Kollisionen mit dem zu greifenden Objekt vermieden werden? Menschen führen Greifbewegungen in der Regel so aus, daß die Hand zunächst grob vor das Objekt plaziert und anschließend, über einen durch visuelle Rückkopplung gesteuerten Bewegungsvorgang, um das Objekt gelegt wird. Eine entsprechende Strategie wollen wir auch für unseren Roboterarm wählen. Nehmen wir an, daß der Greifer die passende Orientierung bereits angenommen hat. Dann genügt als zusätzliche Bedingung zur Erzielung eines kollisionsfreien Ablaufs, daß auf dem letzten Stück der Bewegungstrajektorie die Verlängerung der Symmetrieachse des Greifers die Symmetrieachse des Zylinders zu jedem Zeitpunkt schneidet. Die folgende Bewegungsstrategie gewährleistet dies:

Wir verlagern den Punkt P, der bisher das Zentrum des Greifers bezeichnete und mit dem ersten Bewegungsschritt (5-4) ins Zentrum des Zylinders geführt wurde, entlang der Symmetrieachse vor den Greifer. Deshalb wird der erste, "feedforward" Bewegungsschritt den Greifer jetzt immer zunächst vor das Objekt plazieren. Gleichzeitig wird der erste Bewegungsschritt bereits die passende Orientierung des Greifers einstellen. Danach beginnt, ähnlich wie bei vom Menschen ausgeführten Greifbewegungen, ein durch visuelle Rückkopplung gesteuerter Bewegungsvorgang, der das Zentrum des Greifer behutsam, ohne Kollision, ins Zentrum des Zylinders führt.

Dazu benutzen wir die durch (5-5) beschriebene Korrekturbewegung. Diese soll nun nicht den noch vorhandenen Positionierfehler bezüglich des vor dem Greifer liegenden Ortes P, sondern die Abweichung zwischen Greifer- und Zylinderzentrum vermindern. Diese Abweichung ist jetzt relativ groß, abhängig davon, wie weit der Punkt P vor dem Greifer liegt. Daher werden wir den Korrekturschritt diesmal nicht nur einmal, sondern mehrmals durchführen, bis der Restfehler bezüglich Position und Orientierung einen geforderten Mindestwert unterschritten hat. Bezeichnen wir die in den Kameras gesehene Position des Zentrums des Greifers nach Ausführung des ersten Bewegungsschrittes mit $\mathbf{v}'_i$, so erhalten wir, zusammen mit der in den Kameras gesehenen Orientierung $\mathbf{y}_i$ des Greifers, den Vektor $\tilde{\mathbf{v}}'_i = (\mathbf{v}'_i, \mathbf{y}_i)$. Damit erhalten wir als Korrekturschritt zur Annäherung an das Objekt

$$(5\text{-}12) \qquad \Delta\vec{\phi} = \gamma \mathbf{A}_{\mathbf{r}^{\star}\mathbf{p}^{\star}}\left(\tilde{\mathbf{u}} - \tilde{\mathbf{v}}'_i\right)$$

mit γ als die Schrittweite bestimmender Parameter. Mit dem ersten Bewegungsschritt wird erreicht, daß die Symmetrieachse des Greifers die Symetrieachse des Zylinders schneidet. Mit der durch (5-12) gesteuerten Annäherung an den Zylinder, bei einer Schrittweite $\gamma \ll 1$ und einer dafür zusätzlichen Zahl von Rückkopplungsschritten, bleibt der Schnittpunkt beider Symmetrieachsen erhalten, und die Annäherung an das Objekt erfolgt behutsam und kollisionsfrei.

Die beschriebene Greifstrategie ist mit der verwendeten Netzwerkarchitektur in natürlicher Weise zu realisieren, da die Jakobimatrizen $\mathbf{A}_{\mathbf{rp}}$ einen visuellen

Rückkopplungsprozeß, die Korrekturbewegung, ermöglichen. Zur Veranschaulichung des durch die Greifstrategie erzeugten Bewegungsablaufes ist in Bild 5-6 eine stroboskopische Aufnahme einer zufällig herausgegriffenen Greifbewegung dargestellt. Wir sehen, daß der Roboter den im Arbeitsbereich präsentierten Zylinder von vorne behutsam anfährt und ohne Kollision mit dem Objekt greift.

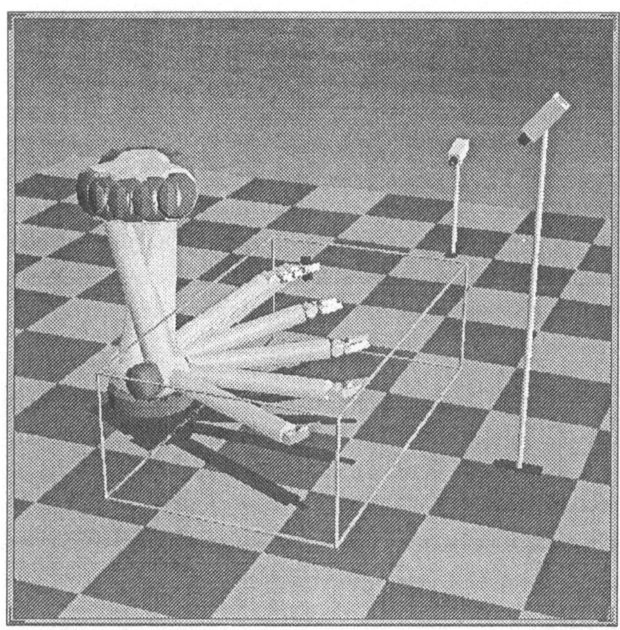

Bild 5-6: Eine "Stroboskopische Aufnahme" einer zufällig herausgegriffenen Greifbewegung des Roboters. Aufgrund der gewählten Bewegungsstrategie ist der Roboter in der Lage, den Zylinder ohne Kollision mit dem Objekt zugreifen.

Danksagung

Der Autor dankt Prof. Schulten für viele fruchtbare Diskussionen. Diese Arbeit wurde durch das BMFT unter Grant No. 01IN102A7 gefördert.

6 Übergeordnete Regelung chemischer Verfahren mit Fuzzy Control und Künstlichen Neuronalen Netzen

Dipl.-Ing. Thomas Froese, Nettetal

6.1 Einleitung

Die chemische Industrie steht unter einem extremen Kostendruck, welcher zunehmend zur ökonomischen Optimierung und Automatisierung der Anlagen zwingt. Die Automatisierung von Prozessen ist aber nur dann sinnvoll, wenn man das Potential der Leitsysteme zur Mehrgrößenregelung voll ausspielt.

Hierzu benötigt man bei konventionellem Lösungsansatz regelungstechnische Modelle. Diese Prozeßmodelle sind meist zu personalintensiv und zu teuer; wirtschaftliche Lösungen lassen sich damit in der Praxis nur selten erzielen.

In der letzten Zeit hat sich gezeigt, daß einfache Algorithmen, wie unscharfe Clusterverfahren, Künstliche Neuronale Netze (KNN), Genetische Algorithmen und Fuzzy Control Möglichkeiten zu kostengünstigen Alternativen aufzeigen. An zwei Beispielen soll hier exemplarisch gezeigt werden, welche Vorgehensweise in bestimmten Fällen sinnvoll sein kann.

6.2 Probleme beim Einsatz konventioneller Regelungstechnik

Setzt man zur Regelung komplexer Prozesse "einfache Algorithmen" wie P, PI oder PID ein, kann man viele regelungstechnische Probleme damit lösen. Da jedoch sehr häufig Mehrgrößenprobleme vorliegen, die man mit Eingrößenreglern nicht angemessen umsetzen kann, muß man dabei in Kauf nehmen, daß der Prozeß nur suboptimal betrieben werden kann und darüber hinaus auch noch eine große Zahl von manuellen Eingriffen durch den Anlagenbetreiber notwendig sind [6-12, 6-13, 6-16].

Manuelle Eingriffe sind immer mit dem Nachteil verbunden, daß neben einer geringen Reproduzierbarkeit von den Operatoren immer mit Zeitverzug und damit wenig genau gearbeitet wird.

Bildet man, um diesen unbefriedigenden und wirtschaftlich oft schwierig zu recht-
fertigenden Betriebszustand der Anlage zu verbessern, regelungstechnische Modelle und adaptiert diese an den Prozeß, führt dies oft zu erheblichen Nachteilen,
welche den Nutzen solcher Modelle meist wieder anihilieren [6-7]:

Trotz aller Engineering-Software und vorliegender Erfahrungen ist zur Modellierung von Prozessen nämlich meist ein so großer zeitlicher Aufwand unter Einsatz
von hochqualifiziertem Personal notwendig, daß viele Anlagenbetreiber vor
diesem Schritt zurückschrecken und sich mit dem suboptimalen Betrieb des
Prozesses abfinden. Gerade auch der neue Trend zur Auflösung überladener
wissenschaftlicher Abteilungen in den Unternehmen der Großchemie und die
daraus resultierende Tendenz zum Outsourcing lassen das ökonomische Risiko
einer Optimierung in vielen Fällen als zu groß erscheinen, zumal der Erfolg nicht
sicher vorhersagbar ist und selten exakt geprüft wird. Es ist ein offenes Geheim-
nis, daß in großen Firmen, die Millionenbeträge für Optimierungsprojekte ausge-
geben haben, über die effektiven Resultate dieser Aufwendungen erhebliche
Enttäuschung vorherrscht.

Trotz der Probleme bei der praktischen Umsetzung angemessener regelungstechnischer Strategien können fast alle Anlagen betrieben werden, weil die Anlagenfahrer im Laufe ihrer Berufspraxis Erfahrungen gesammelt haben, welche ihnen
ein halbwegs zufriedenstellendes Betreiben der Anlage "aus dem Gefühl heraus"
ermöglichen. Diese Art der manuellen "Regelung" ist jedoch selten reliabel und
stabil genug, als daß so ein langfristig optimaler Betriebszustand aufrechterhalten
werden kann. Dennoch ist hier ein einfacher empirischer Ansatz zu finden, indem
das Erfahrungswissen der Anlagenfahrer und der Betriebsleiter für den Aufbau
von Regelungsstrategien zugänglich gemacht und umgesetzt wird.

6.3   Der Einsatz von Fuzzy Control

An eben diesem Punkt setzen die Methoden der Fuzzy Control an: Das Wissen
der Anlagenbetreiber kann mit Fuzzy-Techniken umgesetzt werden, um Regel-
basen aufzustellen, die es ermöglichen, mittels Fuzzy Logic die Eingriffe der
Bedienmannschaft umzusetzen und zu automatisieren [6-1, 6-3]. Fuzzy-Logic-
Control bietet sich also immer dort an, wo empirisches Wissen vorhanden ist,
welches hinreichend gut ist, die Anlage sicher zu betreiben.

Da auch ein Anlagenbetreiber niemals versuchen würde, mit seinem Prozeßwissen PID-Regler zu ersetzen, ist es sinnvoll, den Fuzzy-Regler nur zur übergeordneten Regelung einzusetzen und die Anlage mit PID-Reglern suboptimal zu regeln. Der Fuzzy-Regler wird bei dieser Vorgehensweise zur Sollwertführung oder Parametrierung der PID-Regler überlagert. Das Zeitverhalten der Strecke wird von den PID-Reglern berücksichtigt.

Neben der Schlüssigkeit wird damit auch eine Sicherheitsanforderung erfüllt: Kommt es zu nicht definierten Zuständen eines Fuzzy-Reglers, ist sichergestellt, daß die konventionelle Regelungstechnik den Prozeß innerhalb definierter unkritischer Grenzwerte halten kann; dies kann insbesondere durch die Konfiguration von Maximal- und Minimalwerten in den konventionellen Reglern realisiert werden.

In bestimmten Fällen kann es sinnvoll sein, die Ergebnisse "konventioneller" regelungstechnischer Systembeschreibungen in einen Fuzzy-Controller zu transcriptieren, um so eine höhere Anwender-Transparenz zu erreichen und zusätzliches Erfahrungswissen in das System einzubringen.

Wie unten dargestellt wird, hat sich diese Vorgehensweise bei Destillationskolonnen bewährt: Für Destillationskolonne liegen bereits seit einigen Jahren umfangreiche und einfache Modelle vor. Setzt man die Aussagen solcher Modelle in einen Fuzzy-Regler um und optimiert diesen mit Erfahrungswissen nach, kann man sehr gute Ergebnisse erzielen, welche die Regelgüte des konventionellen Ansatzes deutlich übertreffen [6-9].

6.4   Der Einsatz Künstlicher Neuronaler Netze (KNN)

Liegt kein Erfahrungswissen der Anlagenbetreiber vor, es sind aber Datensätze vorhanden, welche das Verhalten des zu beschreibenden Prozesses implizit repräsentieren, kann man statt Fuzzy-Control auch Künstliche Neuronale Netze (KNN) einsetzen [6-17, 6-19]. Diese Algorithmen eignen sich zur sicheren schnellen und übersichtlichen Modellierung und Regelung von Prozessen, sofern bestimmte Voraussetzungen erfüllt sind.

Die meisten dieser Algorithmen sind "selbstlernende" Polynome mit nichtlinearen Übertragungsfunktionen, welche durch spezielle Approximationsverfahren erlernen können Vektoren aufeinander abzubilden. Besteht also z.B. ein algorithmischer Zusammenhang zwischen fünf meßbaren und einer nicht direkt meßbaren Größe, so kann ein KNN - eine hinreichende Zahl von unterschiedlichen Beispieldaten vorausgesetzt - erlernen, aus den gegebenen fünf Größen die gesuchte Größe vorauszusagen, bevor diese z.B. durch eine Laboranalyse bestätigt wird.

Auch zur regelungstechnischen Modellierung kann man diese Algorithmen sehr gut verwenden. Will man "vorhersagen", zu welcher Produktqualität eine bestimmte Einstellung eines Reaktors in der Zeit t+n führt, muß man das KNN darauf trainieren, den Vektor bestimmter Stellgrößen und Meßgrößen auf den Vektor qualitätsrelevanter Größen abzubilden.

Dadurch, daß man ein KNN in diesem Sinne als "Beobachtermodell" trainiert, kann man wichtige Informationen über den Prozeß gewinnen, welche auch im Sinne sogenannter "predictive control"-Strategien für eine Regelung verwendet werden können.

Darüber hinaus ist es möglich, inverse KNN-Prozeßmodelle mit Datensätzen aus einem KNN-Modell oder einem bestehenden regelungstechnischen Modell zu trainieren und so eine KNN-gestützte Mehrgrößenregelung aufzubauen.

Im folgenden Bild 6-1 ist das Beispiel einer solchen Lösung für einen einfachen Rührreaktor zum Zwecke der Illustration dargestellt; das konkrete Beispiel ist in der Praxis nicht ideal für eine solche Vorgehensweise, da man hier auch einfachere Lösungen finden kann, veranschaulicht aber sehr gut die prinzipielle Vorgehensweise.

Eine Substanz A befindet sich im temperaturabhängigen Reaktionsgleichgewicht zu einer Substanz B. Die Hinreaktion hat eine positive Wärmetönung. Der Eduktstrom enhält nur die Substanz A und hat eine bestimmte Temperatur T_{IN}. Im Reaktor stellt sich ein Gleichgewicht ein, welches durch die Konzentrationen $c_{A,t}$, $c_{B,t}$ und die Reaktortemperatur T_R vollständig beschrieben ist. Es soll nun eine Möglichkeit gefunden werden, die richtige Einstellung für die Temperatur T_{IN} zu finden, um eine Konzentration im Reaktor $c_{B,t+1}$ einzustellen. Zunächst trainiert man das KNN auf den Zusammenhang zwischen dem Momentanzustand des Rektors und der zukünftigen Konzentration der Zielsubstanz $c_{B,t+1} = f([c_{A,t}, c_{B,t}, T_{R,t}, T_{IN}])$; das KNN verhält sich nach erfolgreichem Training wie ein Modell des Reaktors und sagt aus dem momentanen Betriebszustand die zukünftige Konzentration der Substanz B voraus.

Nun trainiert man ein weiteres KNN mit Daten des KNN-Modells auf den Zusammenhang zwischen der sich ergebenden Zielkonzentration und der dazu notwendigen Zulauftemperatur. Gibt man diesem inversen KNN-Modell - nach erfolgreichem Training - eine gewünschte Zielkonzentration der Substanz B vor, stellt es die Zulauftemperatur T_{IN} richtig ein.

Der Ausgangswert des KNN kann auf den Sollwert eines PID-Reglers geschrieben werden und führt die Anlage dann zum idealen Betriebspunkt.

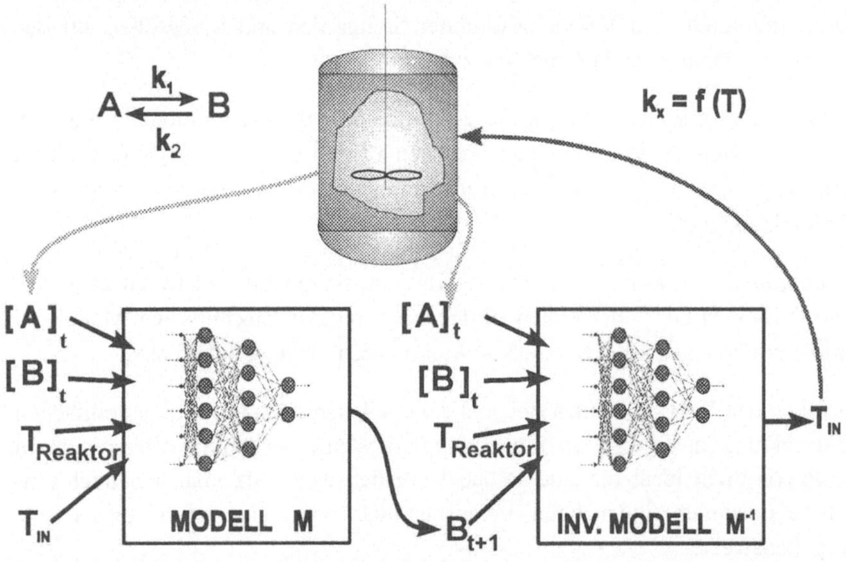

Bild 6-1: In dieser Darstellung ist schematisch die Vorgehensweise beim Engineering einer neuronalen Prozeßregelung dargestellt. Mit Prozeßdaten wird das Modell M erzeugt; das inverse Modell M^{-1} wird mit Daten des Modells M trainiert.

Dieses idealisierte Beispiel setzt bei der Anwendung in der Praxis sehr viel Erfahrung zur richtigen Auswahl der Verfahren zur Datenaufbereitung, sowie des geeigneten KNN-Typs und Lernverfahrens voraus, kann aber von erfahrenen Anwendern mit profunden mathematischen und verfahrenstechnischen Grundkenntnissen in ca. 10% der Entwicklungszeit konventioneller Regler komplett abgewickelt werden.

Die detaillierte Erläuterung Verfahren der Datenaufbereitung, sowie die Diskussion der Lernverfahren und KNN-Typen kann an dieser Stelle aus Platzgründen nicht erfolgen, können aber beim Autoren angefragt werden. Innerhalb der dargestellten Beispiele werden einzelne Aspekte dieser Fragen diskutiert.

Um im Detail aufzuzeigen, wie die Entwicklung eines modernen Regelungskonzeptes unter Einbindung von Fuzzy-Controllern und Künstlichen Neuronalen Netzen in der Prozeßindustrie aussehen kann, seien die folgende Beispielprobleme in vereinfachter Form betrachtet.

6.5 Beispiele

6.5.1 Optimierung von Destillationskolonnen

Eine einfache und konventionelle Möglichkeit der Optimierung von Destillationskolonnen ist die übergeordnete Vernetzung der Regelkreise. Um geeignete Verknüpfungen zu finden, stehen eine Reihe einfacher Verfahren zur Verfügung.

Eines dieser Verfahren ist die Feed-Forward-Aufschaltung von Störgrößen mit Hilfe einer vereinfachten Streckenanalyse (z.B. G. Shinskey). Bei diesem Verfahren werden Störgrößen wie z.B. Änderungen der Zulaufmenge der Kolonne oder der Enthalpie des Zulaufs über ein Verzögerungsglied auf das Rücklaufverhältnis, das Aufheizverhältnis, den Rücklauf oder den Mengenstrom Kopfprodukt sinnvoll aufgeschaltet. Es wird sozusagen der Verschlechterung der Regelgüte entgegengewirkt, noch bevor die Störung sich bis in den Kopf oder den Sumpf fortgesetzt hat [6-20].

Um festzustellen, welche Störungen sinnvollerweise auf welche Regelkreise aufgeschaltet werden, muß typischerweise eine regelungstechnische Analyse des Prozesses durchgeführt werden. Shinskey hat mit seinem einfachen Konzept der "relativen Verstärkung" gezeigt, daß es möglich ist, durch eine stark vereinfachte Modellierung der Kolonne die Kopplung der einzelnen Regelkreise mit wenig Aufwand grob quantitativ vorherzusagen und daraus die optimale Regelstrategie abzuleiten. Dieses Verfahren wurde schon bei ca. 2500 Anlagen weltweit erfolgreich angewendet [6-20].

Shinskey hat für die Berechnung der Kopplung einzelner Regelkreise den Begriff der "relative gain" (Relative Verstärkung) eingeführt. Auf der Basis von Betriebsdaten der Kolonne, d.h. der Angabe, welche Güte das Trennergebnis bei wievielen Böden und welchem Rücklaufverhältnis erreicht, berechnet er mit Näherungsgleichungen die relative Kopplung der einzelnen möglichen Regelkreise untereinander.

Obschon das dabei verwendete vereinfachte Modell der Destillationskolonne viel zu ungenau ist, um quantitative Aussagen oder eine Modellierung zu ermöglichen, reicht es aus, um die Kopplung der Regelkreise untereinander mit hinreichender Güte zu bewerten. Diese qualitative Information reicht, um aus den gegebenen Möglichkeiten der Regelkreisvernetzung die beste Strategie auszuwählen.

Um die Matrix der relativen Verstärkungen aller Regelkreise zu berechnen, hat die Firma Atlan-tec das Tool "Distillation Expert" entwickelt, welches die Kopplung der Kolonnenregelkreise als "relative Verstärkung" und als integrierte Fehler bei thermischen Störungen bzw. bei Störungen im Mengenstrom berechnet. Aus dieser Matrix kann - entsprechende Erfahrung vorausgesetzt - eine ideale Verknüpfung der Regelkreise ermittelt werden. Das Ziel hierbei ist eine möglichst weitgehende Entkopplung der Regelkreise, um auf die verschiedenen Zielgrößen der Kolonne wie Energieverbrauch, Reinheit des Kopfproduktes oder Reinheit des Sumpfproduktes einwirken zu können, ohne dabei andere Größen zu beeinflussen.

In vielen Fällen werden Kolonnen in verschiedenen Lastzuständen betrieben. Schwankungen im Aufgabestrom, dessen Zusammensetzung oder im Enthalpiestrom führen jedoch zu einem veränderten Zeitverhalten der Strecken einer Kolonne und damit auch zu einer veränderten Kopplung der Regelkreise. Bei der Anwendung des Shinskey-Verfahrens kann es deshalb auch - je nach betrachtetem Lastzustand - zu unterschiedlichen Idealstrategien kommen. In allen Fällen dieser Art muß man sich für eine dieser Strategien entscheiden und dadurch Nachteile in bestimmten anderen Betriebsbereichen in Kauf nehmen.

Auch ist die vorgeschlagene Strategie sehr unflexibel und berücksichtigt nicht hinreichend genau die Besonderheiten einzelner Destillationskolonnen.

6.5.1.1 Fuzzy Control zur Verbesserung der Regelgüte

Um diese Probleme zu lösen, Entwicklungszeit einzusparen und auch um die Vernetzung der Regelkreise transparenter zu gestalten, bietet es sich an, Fuzzy-Logic-Control einzusetzen.

Die mittels des Shinskey-Verfahrens analysierten Zusammenhänge zwischen den verschiedenen Betriebszuständen und den jeweils optimalen Regelstrategien müssen dazu statt zu einer konventionelle Regelstrategie umgesetzt, in Produktionsregeln formuliert werden [6-9]. Solche Regeln könnten z.B. lauten:

- "Wenn der Zulauf vor der Zeit t-n leicht gestiegen ist und die Temperatur im Boden 37 zu niedrig ist, erhöhe den Mengenstrom des Kopfabzuges etwas"
- "Wenn der Kopfabzug vermindert wird und der Trommelstand wenig hoch ist, dann erhöhe den Rücklaufstrom stark"
- "Wenn die Konzentration der Komponente p im Aufgabestrom hoch ist, dann erhöhe die Priorität (das Verhältnis) des Rücklaufverhältnisreglers im Verhältnis zum Verhältnisregler Kopfprodukt zu Zulauf"

Es ist hierbei teilweise - wegen des Zeitverhaltens der Teilstrecken - sinnvoll, einzelne Größen nicht direkt auf den Fuzzy-Regler aufzuschalten, sondern direkt auf die Ausgänge von PI- oder PD-Reglern. So hat es sich bewährt, daß statt des Meßwertes des Trommelstandes der Ausgang des Trommelstandreglers auf den Fuzzy-Regler geschaltet wird.

Da Fuzzy-Control sich gerade dadurch auszeichnet, daß es "weiche" Übergänge bei der Bewertung einer Aussage als "wahr" oder "falsch" zuläßt, ermöglicht ein solcher Fuzzy-Controller, im Gegensatz zu einer konventionellen Vernetzung von Regelkreisen, eine gleitende Strategieumschaltung in Abhängigkeit vom Betriebszustand der Kolonne.

Auch Kombinationen zwischen teilweise widersprüchlichen Regelstrategien können so in einem Fuzzy-Regler umgesetzt werden, da die Defuzzifizierung eine Kompromißbildungen aus Ergebnissen sich widersprechender Regeln ermöglicht und aus unterschiedlichen Aussagen eindeutige Aussagen ableitet. Da sich insgesamt aus der Kombination einer solchen Strategieumschaltung und den möglichen Regelkreisverknüpfungen eine sehr komplexe Verschaltung von Größen ergibt, kann man sinnvollerweise die gesamte Aufschaltung der Störgrößen und die Verhältnisregelung in einem Fuzzy-Regler abwickeln.

Die Regelung der Destillationskolonne besteht bei einer ausgereiften Strategie dieser Art aus einer Reihe von Einzelreglern, welche die verschiedenen Temperaturen und Durchflüsse konstant halten. Mit diesen Einzelreglern ist ein suboptimaler Betrieb der Kolonne möglich. Alle Werte, die für die Optimierung notwendig sind, werden gleichzeitig vom übergeordneten Fuzzy-Regler erfaßt. Die Ausgänge dieses Reglers bestehen aus Incrementen und Werten, welche auf die Sollwerte der Einzelregler wirken. Gegenüber konventionellen Reglern hat eine solche Verknüpfung der Regelkreise mit Fuzzy-Techniken entscheidende Vorteile gegenüber den konventionellen Ansätzen:

- Wie empirische Untersuchungen der letzten Zeit zeigen, ist ein Fuzzy-Regler in vielen Fällen erheblich robuster gegenüber typischen Veränderungen der Strecke als komplexe konventionelle Regler[1] [6-5].
- Der Engineering-Aufwand beim Reglerentwurf ist sehr gering, da kein Modell erstellt werden muß und der repräsentierte Zusammenhang durch die linguistische Formulierung anschaulicher wird. Bei vollständigen Daten und einer modernen Plattform ist eine Realisierung eines lauffähigen Prototyps innerhalb einer Mannwoche möglich [6-3, 6-4, 6-8, 6-10, 6-16, 6-21].
- Die Akzeptanz bei dem Anlagenpersonal ist höher als die Akzeptanz bei anderen komplexen regelungstechnischen Ansätzen, da bei Fuzzy-Reglern auch einfachem Bedienpersonal die Zusammenhänge graphisch veranschaulicht werden können [6-6].

In Bild 6-2 ist die Regelung einer Methanolkolonne dargestellt. Für die betrachtete Kolonne existieren zwei weitgehend ideale Regelstrategien, welche - abhängig von der Methanolkonzentration im Zulauf der Kolonne - bevorzugt werden sollten. Jede der beiden Strategien für sich ist ein Kompromiß zu Ungunsten eines von zwei möglichen Arbeitspunkten, die durch ein azeotropes Mischungsverhalten des Stoffgemisches verursacht werden. Ist die Methanolkonzentration hoch, kann die Kopfreinheit besser über den Kopfabzug geregelt werden; ist die Methanolkonzentration niedrig, ist die Regelung unmittelbar über den Rücklauf vorteilhaft.

Mit Hilfe des Fuzzy-Reglers können beide Strategien sinnvoll vereint werden. Bild 6-2 zeigt in der Mitte vier Regelblöcke, von denen die oberen beiden die

---

[1]In einer ausführlichen Untersuchung von Dyntar [6-5] konnte gezeigt werden, daß ein Fuzzy-Regler wesentlich robuster gegen Veränderung der Streckeneigenschaften ist, als ein Zustandsregler fünfter Ordnung mit Beobachter.

Produktreinheit primär über den Kopfabzug und die unteren primär über die Rücklaufmenge regeln; beide Strategien bewirken ein unterschiedliches Verhalten der beteiligten Regelkreise. Die beiden rechten Regelblöcke gewichten nun die Empfehlungen beider Strategien in Abhängigkeit von der Methanolkonzentration im Zulauf und schalten so je nach Lage des Systems im McCabe-Thiele-Diagramm zwischen beiden Strategien um. Durch die Fuzzy-Komponente auch in diesem Regelblock wird eine gleichmäßige Strategieumschaltung gewährleistet.

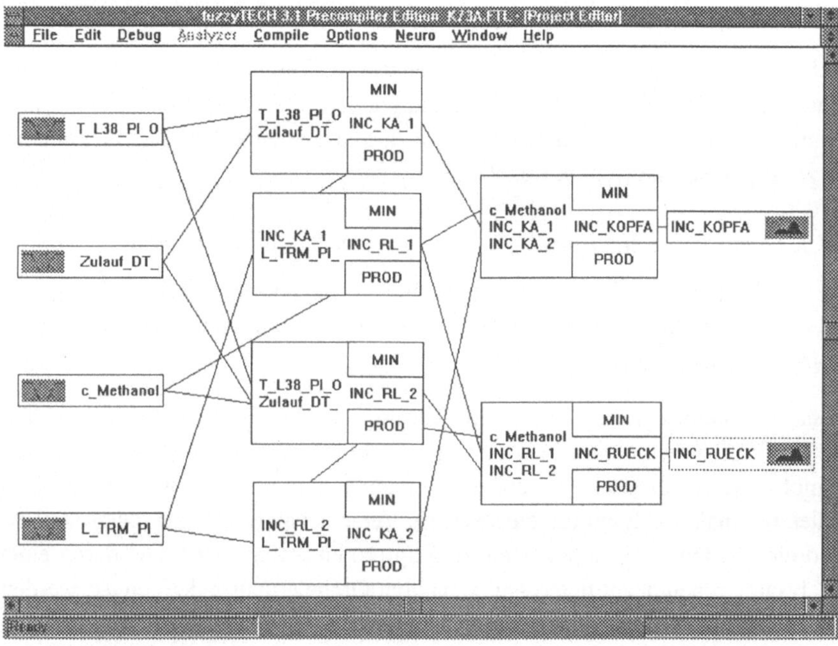

Bild 6-2: Diese Darstellung zeigt die Fuzzy-Regelstruktur für die Regelung der Kopfprodukt-reinheit bei einer Methanolkolonne auf der Oberfläche fuzzyTECH der Fa. Inform. Die Ausgangsgrößen sind Incremente, welche zur Sollwertführung von PI-Reglern verwendet werden. Die Eingangsgrößen sind reelle Werte, Ausgänge von PI-Reglern und zeitverzögerte, gefilterte Meßwerte.

Erfahrungen u.a. bei einer Kolonne zur Ethylbenzolreinigung zeigen, daß dieser Weg zu sehr günstigen Ergebnissen führt. Die Regelgüte kann gegenüber einer einfachen Regelstrategie deutlich verbessert werden. Während bei der konventionellen Regelung die Kopftemperatur um bis zu 7 Grad schwankt (abhängig von thermischen und Mengenstrom-Störungen), kann der Fuzzy-Regler die Schwankung auf bis ca. 2,5 Grad senken. Die Produktqualität ist damit um ein vielfaches verbessert und das Produkt muß nicht - wegen zu schlechter Qualität - nochmals destilliert werden.

Während bei einer konventionellen Verknüpfung von Reglern die Optimierung mit der Erstellung dieses Reglers abgeschlossen wäre, ist es bei dem Fuzzy-Regler möglich, zusätzliche beobachtete empirische Zusammenhänge in Form weiterer linguistischer Regeln einfließen zu lassen. Der modellgestützte Ansatz wird damit zur Vollständigkeit ergänzt.

Stellt beispielsweise der Anlagenbetreiber fest, daß immer, wenn z.B. ein vorge-schaltetes Aggregat seinen Betriebszustand ändert, die Produktqualität im Sumpf einbricht, kann er in Abhängigkeit von diesem Ereignis das Aufheizverhältnis kurzfristig über eine weitere Regel ändern.

6.5.1.2 Künstliches Neuronales Netz ermittelt die Kopfproduktqualität

Um die Reinheit des Kopfproduktes zu regeln, benötigt eine Regelstrategie wie die oben dargestellte eine möglichst genaue Echtzeitinformation der Reinheit des Kopfproduktes [6-20].

Je nach Struktur der Anlage und der Regelung werden auch Informationen über die Stoffzusammensetzung von anderen Punkten der Kolonne benötigt (Edukt, Sumpf, Zwischenböden). Um diese Informationen zu erhalten, wäre es in vielen Fällen optimal, Analysatoren einzusetzen. Verschlechtert sich z.B. der Anteil der niedriger siedenden Komponenten im Kopfproduktstrom, wird dies durch einen Analysator genau quantifiziert und kann vom Optimierungsregler genutzt werden, um z.B. das Rücklaufverhältnis entsprechend zu erhöhen.

Da Analysatoren jedoch - wie oben bereits aufgeführt - sehr teuer sind und eine Totzeit von bis zu 30 Minuten haben, kann diese theoretisch ideale Vorgehens-weise in der Praxis kaum vollkommen zufriedenstellend durchgeführt werden. Während in vielen Anlagen auf den Einsatz eines Analysators aus Kostengründen verzichtet wird, führt bei kleineren Kolonnen vor allem die große Totzeit zu unbefriedigenden Ergebnissen und großen integrierten Fehlern.

Ein möglicher und oft gewählter Ersatz für einen Analysator ist die Verwendung der Siedetemperatur des Kopfproduktes, die eine grobe Abschätzung des Analy-senergebnisses ermöglicht. Dieser Weg ist auch bei den oben dargestellten Regelstrategien gewählt worden. Der Ansatz ist jedoch nicht sehr genau und kann nicht in allen Fällen sinnvoll angewendet werden, da z.B. auch ein geänderter Druck im Kopf der Kolonne den Zusammenhang zwischen (Siede-) Temperatur und Zusammensetzung des Kopfproduktes verändert.

Ein funktioneller Zusammenhang zwischen Stoffzusammensetzung und der Temperatur des jeweiligen Bodens ist nur im steady-state gegeben. Im Falle von Störungen befindet sich die Kolonne jedoch nicht im steady-state, was für eine Regelung, die auf einer steady-state-Annahme basiert, fatal ist, da gerade bei Störungen eine genaue Messung benötigt wird.

Obschon ein Zusammenhang zwischen der Temperatur in den höheren Böden des Auftriebsteils, dem Druck in diesen Böden, den ersten Ableitungen dieser Größen und der Zusammensetzung des Kopfproduktes angenommen werden kann, ist es auf konventionellem Wege nur schwer möglich, diesen Zusammenhang algorithmisch zu formulieren. Selbst wenn dies z.B. durch einen polynomischen Ansatz gelingt, würde die Anpassung der Koeffizienten an die jeweilige Kolonne einen erheblichen Aufwand mit sich bringen. Insbesondere aber das Rauschen der Meßwerte und die geringe Fehlertoleranz der gängigen Iterationsverfahren erschweren eine solche Vorgehensweise zusätzlich.

Mit einer Methode jedoch, die es ermöglicht, diesen Zusammenhang eindeutig zu identifizieren und algorithmisch zugänglich zu machen, ist es möglich, aus einfachen Druck- und Temperaturmessungen das Analysenergebnis vorherzusagen, bzw. auf den Analysator ganz zu verzichten.

Die Anwendung künstlicher neuronaler Netze, welche den Zusammenhang zwischen der Kopftemperatur / Kopfdruck der Kolonne und dem Analysenergebnis erlernen und implizit abbilden können, bietet hier eine interessante Alternative. Einem derart trainierten Algorithmus ist es möglich, aus einfachen Druck- und Temperaturmeßwerten die Reinheit des Kopfproduktes zu ermitteln. Zur Anwendung dieser Art von Algorithmen ist es zunächst notwendig, eine geeignete Topologie für das KNN auszuwählen. Für die beschriebene Applikation reichte in der Pilotphase ein einfaches Perceptron-Netzwerk mit drei Layern (1 Input-Layer, 1 Hidden-Layer, 1 Output-Layer). Als Trainingsalgorithmus wurde der Backpropagation-Algorithmus nach Rummelhardt mit zufälliger Präsentation der Datensätze verwendet.

Nach der Konfiguration des eigentlichen KNN auf einer Neuro-Shell müssen Trainingsdatensätze bereitgestellt werden. Zu diesem Zwecke erzeugt man zunächst Datensätze aus Eingangsgrößen und zugeordneten gemessenen Ausgangsgröße(n). Im beschriebenen Anwendungsfall bestanden die Eingangsgrößen aus zwei Temperaturen von zwei Böden, deren erste Ableitung, sowie dem Kopfdruck der Kolonne mit der ersten Ableitung; als Ausgangsgröße(n) können die Konzentrationen einer oder mehrerer Komponenten des Kopfproduktes verwendet werden. Diese Rohdaten werden mit einem Clusteralgorithmus komprimiert, statistisch normiert und zu 95% zum Training des KNN verwendet. Ca. 5% der Datensätze werden zur Validierung des Trainings verwendet und dienen einer Fehlerschätzung für die Aussagen des neuronalen Netzwerkes [6-18].

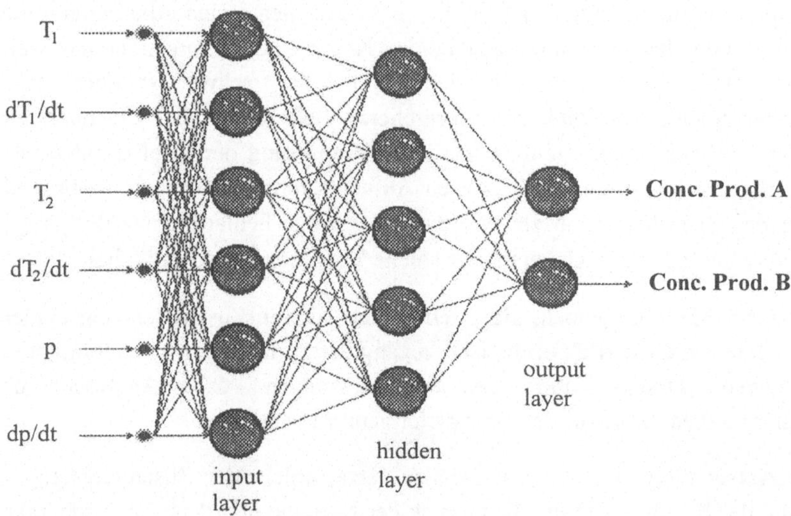

Bild 6-3: Auf dieser Darstellung ist ein KNN dargestellt, welches für die Analysenprädiktion bei einer typischen Destillationskolonne konfiguriert ist. Die Eingänge sind Kopfdruck (p, dp/dt), Kopftemperatur (T, dT/dt) aus zwei Böden im Kopfbereich und jeweils die ersten Ableitungen dieser Größen zur Zeit. Das KNN hat drei Layer und zwei Ausgänge, welche die Konzentrationen von zwei Komponenten im Kopfprodukt ausgeben.

Ein besonderer Vorteil dieser Algorithmen liegt in der Fehlertoleranz und der leichten Handhabbarkeit. Trotz der geringen Determiniertheit desKNN-Ansatzes ist der Ansatz einem modellbasierten Lösungsansatz in keiner Weise unterlegen. Wenn die Eingangsdaten keinen Meßfehler aufweisen und konsistent sowie hinreichend sind, erreicht man mit dem beschriebenen KNN einen mittleren Vorhersagefehler von unter 0,2% vom mittleren Betrag der Analysenergebnisse. Da dieses Ergebnis wesentlich besser ist, als die Genauigkeit eines Analysators, ist das KNN in diesem Falle jedem konventionellen Ansatz überlegen. Konsistenz und Verteilung im Werteraum lassen sich z.B. mit Clusteralgorithmen im Vorfeld ermitteln, wobei sich zeigt, daß Algorithmen wie Kohonen-Netze hierfür besonders gut geeignet sind, da diese die Clusterung weitgehend automatisch durchführen [6-17, 6-19].

6.5.2 Neuronales Prozeßmodell für die Optimierung der Antibiotika-Produktion

Phenoxymethylpenicillin (PMP) wird in großen Fermentern gewonnen. Der Schimmelpilz Penicillium setzt dabei Zucker (GLU) unter Beigabe von Phenoxyessigsäure (POA) und diversen Mineralstoffen zu Phenoxymethylpenicillin (Penicillin V) um.

Die Reaktionsführung geschieht diskontinuierlich. Es werden jeweils große Chargen angesetzt, nach bestimmten Zeiträumen (mehrere Tage) abgebrochen und weiterverarbeitet. Das Penicillin wird durch Zweiphasenextraktion ausgewaschen, mehrmals umkristallisiert und zu überwiegend oralen Medikamenten verarbeitet.

Die übergeordnete Regelung der Reaktoren geschieht immer noch weitgehend manuell. Diese Tatsache ist vor allem darauf zurückzuführen, daß das Wissen in erster Linie als Erfahrungswissen vorliegt und bestimmte Variablen auch nicht online gemessen werden können. Die Güte der Prozeßführung schwankt und ist von den Wissensträgern im Betrieb und deren Verfassung abhängig.

Um die Einstellung von Parametern wie pH-Wert, Nährstoffzugabe und Temperierung möglichst optimal zu gestalten, wird dem Reaktor regelmäßig eine Probe entnommen; diese wird auf Gehalt an Biomasse (BMS in g/L Trockensubstanz) und auf den Gehalt an PMP (mg/L) untersucht. In Abhängigkeit von diesen Werten entscheidet eine Expertengruppe über die Einstellung neuer Sollwerte.

Problematisch bei dieser Art des Vorgehens ist die große Totzeit von bis zu einer Stunde, die von der Probenentnahme bis zum Einstellen der neuen Sollwerte vergeht und auch die Tatsache, daß das Intervall zu lang ist, um angemessen auf Abweichungen reagieren zu können. Es kommt daher zu großen Regelabweichungen, die in geringer und schwankender Ausbeute resultieren.

Könnte man ein Prozeßmodell erstellen, welches permanent Vorhersagen über den Biomassegehalt und PMP-Gehalt macht, wäre eine schnellere Reaktion auf Zustandsänderungen möglich, womit die Ausbeute um 10-30% gesteigert werden könnte. Ein solches Prozeßmodell existiert aber bisher nicht in einer zufriedenstellenden Form.

Bei Versuchen mit Daten eines großen Antibiotikaherstellers konnte gezeigt werden, daß ein KNN in der Lage ist, das Systemverhalten eines Antibiotikafermenters so genau zu beschreiben, daß die zyklische Wiederholung der Laboruntersuchung wahrscheinlich sogar ganz entfallen kann. Aus bestimmten Meßwerten wie z.B. dem pH-Wert und bestimmten Stoffkonzentrationen sowie der Zeit seit Reaktionsbeginn kann ein trainiertes KNN den Gehalt an Biomasse und den Gehalt an Penicillin vorhersagen.

Zur Pilotstudie wurden die Daten von 37 Untersuchungen mit 56 bis 131 Datensätzen herangezogen. Angesichts der großen Datenmenge und vieler ähnlicher Datensätze mußte die Datenmenge zunächst reduziert werden. Hierzu wurde (nach einer Skalierung auf -1 bis 1) - das Isodata Cluster-Agglomerations-Verfahren verwendet, um die Daten auf 300 typische Datensätze zu reduzieren.

Mit einem Backpropagation-Netzwerk wurde in einer Neuro-Shell ein KNN mit zwei Hidden-Layern, 9 Eingängen und zwei Ausgängen erzeugt. Die beiden Ausgänge repräsentieren die Biomasse (BMS) und den Antibiotika-Gehalt (PMP). Die Daten wurden zum offline-Training normiert, geclustert und im Random-Verfahren trainiert. Bereits nach einem Training von 4,5 Stunden auf einem 486-DX50 korrelierte das Netz und zeigte einen mittleren Fehler von 0,037.

Eine eingehende Analyse der Werte ist in Bild 6-4 dargestellt. Die Werte der Biomasse-Zeitfunktion einer (nichttrainierten) Versuchs-Charge wurden hier gegen die Vorhersage des so trainierten KNN aufgezeichnet. Wie in Bild 6-4 gezeigt wird, korrelieren die gemessenen Werte des Versuchsbatches sehr genau mit den Vorhersagen des KNN. Es wurde ein Korrelationskoeffizient von >0,998 berechnet.

Berücksichtigt man den großen Regelfehler, der bei konventionellem Betrieb durch die diskontinuierliche Labormessung und den daraus resultierenden Zeitverzug zustande kommt, ist die Information des KNN wesentlich genauer; zwar liegt ein geringer Fehler vor, dieser wird aber durch die Echtzeit-Fähigkeit der Zustandsanalyse deutlich überkompensiert. Wertet man diese Information zur Prozeßführung aus, ist der Prozeß wesentlich besser zu betreiben, als dies vorher der Fall war.

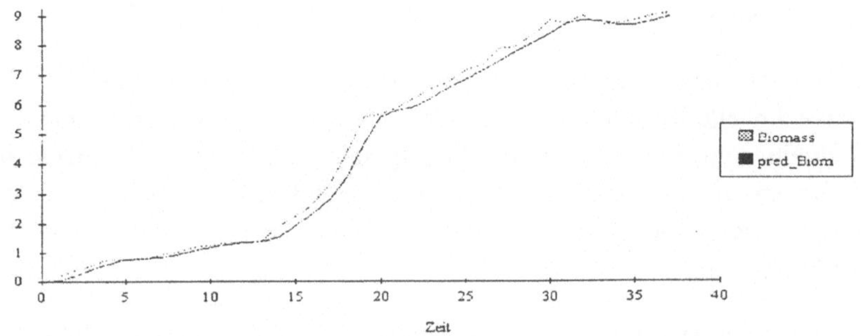

Bild 6-4: Nach dem Training eines KNN mit Prozeßdaten aus mehreren Prozeßabläufen ist dieses in der Lage, aus Temperatur, pH-Wert, Zeit und anderen Größen den Biomassegehalt des Fermenters richtig vorherzusagen. Der Fehler des KNN ist in jedem Fall ausreichend gering, um darauf eine Zustandsabschätzung des Prozesses durchzuführen.

Dieser Prozeß bietet darüber hinaus umfangreiche Möglichkeiten des Einsatzes von genetischen Algorithmen um automatisch die beste Fahrweise zu finden, oder des Einsatzes von Fuzzy-Control, in dem das Wissen der Anlagenbetreiber in einem Fuzzy-Regler formuliert wird.

6.5.3 Weitere Anwendungen

Wie die obigen Beispiele zeigen, sind Kombinationen aus KNN, Fuzzy-Control und konventioneller Regelungstechik sehr vielseitig und verhältnismäßig einfach einzusetzen. Obschon in den vorangehend dargestellten Applikationen die wichtigsten grundsätzlichen Vorgehensweisen dargestellt sind, sollen hier weitere Anwendungsmöglichkeiten kurz dargestellt werden.

Polymerisationsreaktoren sind hochkomplexe Systeme, für die noch keine Mehrgrößenregler hinreichender Regelgüte existieren. In einer Pilotstudie durch die Firma Atlan-tec zeigte sich, daß zumindest bestimmte Polymerisationsanlagen einer Modellierung mit KNN in ähnlicher Weise zugänglich sind, wie es für die Fermentation oben dargestellt wurde.

Die eigentliche Regelung des Reaktors kann dann über einen Fuzzy-Regler, ein inverses neuronales Modell (siehe oben) oder aber einen genetischen Algorithmus erfolgen.

In der Elektrochemie und in Galvanisierbetrieben sind viele Vorgänge regelungstechnisch bisher in keiner Weise gelöst. Auch hier bietet sich der Einsatz von KNN-Modellen an.

Die Abwasserbehandlung ist ein ebenfalls interessanter Bereich. Auch hier hat die konventionelle Regelungstechnik bisher versagt. Neben der Problematik zu hoher Engineering-Kosten zur Modellierung sind bestimmte Teilprobleme bei der Schlamm- und Wasserbehandlung einer geschlossenen Lösung auch gar nicht zugänglich. Auch hier bietet sich der Einsatz kombinierter Fuzzy- und KNN-Lösungen an.

Es ist in diesem Zusammenhang bemerkenswert, daß die meisten installierten Fuzzy-Regler im Bereich der Abwasserbehandlung zum Einsatz kommen. Bei einem ROI von kleiner 3 Monaten, wie bei einem Projekt der Firma Atlan-tec, ist das Interesse aus diesem Bereich aber auch nicht verwunderlich.

Auch im Bereich der Textilausrüstung und der Spinnerei sind erfolgreiche Anwendungen der neuen Methoden möglich. Auch hier konnte durch die Firma Atlan-tec gezeigt werden, daß eine Modellierung der bestehenden Zusammenhänge auf sehr einfache Weise mit KNN-Ansätzen möglich ist.

Insgesamt ist zu erwarten, daß sehr viele regelungstechnische Probleme, die u.a. aus Kostengründen oder wegen fehlender Möglichkeiten ungelöst blieben, sich mit den neuen intelligenten Verfahren lösen lassen. Bis die dargestellten Verfahren jedoch uneingeschränkte Industrietauglichkeit haben, müssen - neben weiterer Grundlagenforschung - auch im Bereich der Softwareentwicklung erhebliche Schritte getan werden.

7 Einsatz von Fuzzy Control und neuronalen Netzen bei der Automatisierung in der Zellstoff- und Papierindustrie

Dr.-Ing. Herbert Furomoto, Erlangen

7.1 Einleitung

Holz und Altpapier sind die beiden wesentlichen Rohstoffe für die Zellstoff- und Papierherstellung. Sie unterliegen in ihren Eigenschaften sehr großen Schwankungen. Daraus Zellstoff und Papier von gleichbleibender Qualität herzustellen, erfordert viel Fingerspitzengefühl und wird von den Papiermachern als eine hohe Kunst angesehen.

Durch Beobachten gewonnenes empirisches Prozeßwissen läßt sich häufig nicht exakt beschreiben und existiert nur in Form verbal formulierter Produktionsregeln. Mit Fuzzy Control können diese Regeln in Automatisierungssysteme eingegeben und für die Prozeßführung genutzt werden.

Neuronale Netze sind für die Zellstoff- und Papierindustrie aus zwei Gründen interessant. Prozeßzusammenhänge bei der Papierherstellung sind komplex und nichtlinear. Oft reicht das Wissen für ein analytisches Modell nicht aus oder das Erstellen ist zu aufwendig. Neuronale Netze, mit Prozeßdaten trainiert, eignen sich als Modell für die Simulation und Prozeßführung. Schwankende Holz- und Altpapierqualitäten erfordern ein ständiges Nachführen und Anpassen von Steuerstrategien. Hier sind neuronale Netze wegen ihrer Lernfähigkeit vorteilhaft.

Die technologischen Schwerpunkte beim Einsatz beider Techniken sind die Zellstoffherstellung, die Energieverteilung, das Optimieren der Wasserkreisläufe, das Verbessern der Altpapieraufbereitung und die Regelung des Flächengewichtes.

7.2 Fuzzy Control optimiert die Zellstoffkochung

7.2.1 Die Technologie der Zellstoffproduktion

Zum Herstellen von Zellstoff wird Holz zerhackt, in Kocher gefüllt und gemeinsam mit Kochsäure, einer Lösung aus Magnesiumbisulfit und freiem SO_2, erhitzt. Die zwischen den Holzfasern befindliche Kittsubstanz, das Lignin, reagiert mit der Kochsäure und löst sich auf. Nach einigen Stunden Kochzeit entsteht ein für die Papier- und Textilherstellung geeignetes Fasermaterial, der Zellstoff. Sowohl die Qualität des Holzes und der Kochsäure als auch die Heiz- und Kochzeit, der Druck und die Temperatur entscheiden über die Qualität des Zellstoffes.

7.2.2 Was ist das Ziel der Prozeßführung mit Fuzzy Control?

Viele Erfahrungen des Bedienpersonals stützen sich auf unscharfe Beobachtungen. Bei schlechter Holzqualität und schlechter Kochsäure ist z. B. die Kochtemperatur zu senken und langsamer zu heizen. Die Kochsäuremenge soll nach der Imprägnierung nur wenig verringert werden. Ist in einer ähnlichen Situation die Kochsäurequalität gut, kann man mehr Kochsäure abziehen, schneller heizen und Energie sparen [7-4].

Erfahrungen widersprechen sich oft. Zum Beispiel möchte man gern bei geringem SO_2-Gehalt die Kochtemperatur erhöhen, aber eine hohe Holzfeuchtigkeit rät zum Gegenteil. Was ist zu tun? Fuzzy Control bildet bei sich widersprechenden Erfahrungen einen Kompromiß und setzt ihn in die Tat um.

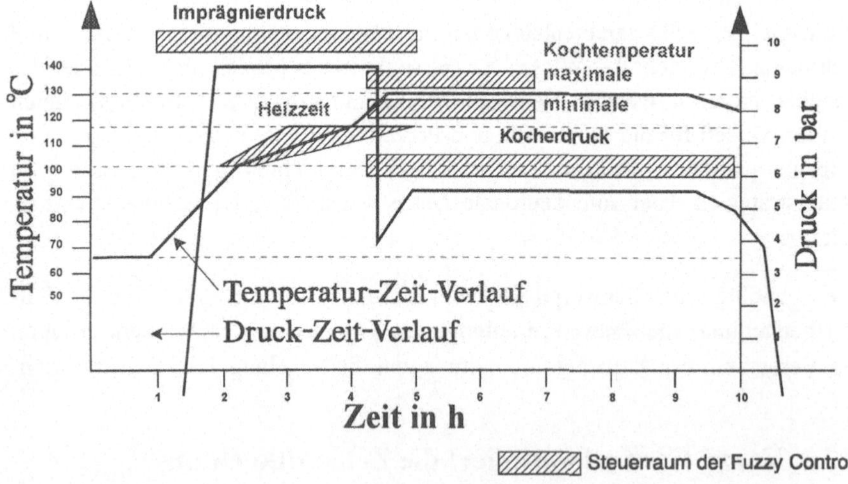

Bild 7-1: Ausformen der Steuerräume für Temperatur und Druck bei der Zellstoffkochung

7.2.3 Welche Aufgaben löst Fuzzy Control in der Kocherei?

Die konventionelle Automatisierung steuert den Prozeß innerhalb vorgegebener Grenzen. So wird das Hochheizen und Kochen des Holzes durch die zulässige maximale und minimale Temperatur begrenzt. Die Anlagenfahrer legen aus der Erfahrung heraus fest, wie groß diese Werte sind. Einmal festgelegt, werden sie nur noch sporadisch, beim Auftreten von Problemen überprüft und gegebenenfalls korrigiert. Fuzzy Control kann die menschlichen Entscheidungen nachvollziehen und sie bei jeder Kochung neu treffen. Unter Berücksichtigung der individuellen Randbedingungen der einzelnen Kochung werden die Steuerräume bei jeder Kochung neu ausgeformt. Im Bild 7-1 sind diese Steuerräume für den Temperatur-Zeit- und den Druck-Zeit-Verlauf dargestellt.

7.2.4 Welche Prozeßgrößen werden als Eingänge benutzt?

7.2.4.1 Aussagen über die Wirtschaftlichkeit

Das Bild 7-2 zeigt im Überblick die Ein- und Ausgänge der Fuzzy Control. Die wichtigsten Beurteilungskriterien für die Wirtschaftlichkeit der Anlage sind:

- der Holzverbrauch pro Tonne Zellstoff und
- der Ausschuß.

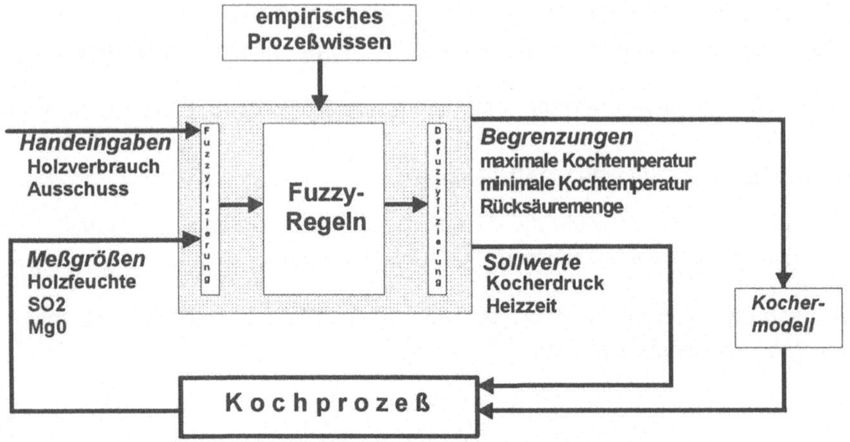

Bild 7-2: Ein- und Ausgänge der Fuzzy Control bei der Zellstoffkochung

122

7.2.4.2 Angaben über die Holzqualität

Schwierigkeiten bereiten unterschiedliche Holzqualitäten, verursacht durch verschieden lange Lagerzeit, Holzart und Herkunft. Ein Anhaltspunkt für die Holzqualität ist die Holzfeuchte. Hohe Holzfeuchten weisen zum Beispiel auf frisches Holz hin.

7.2.4.3 Angaben über die Kochsäurequalität

Die Kochsäure, verantwortlich für das Herauslösen des Lignins, wird bewertet durch ihren SO_2 - und MgO - Gehalt.

7.2.5 Welche Prozeßgrößen werden mit Fuzzy Control beeinflußt, was wird dadurch erreicht?

7.2.5.1 Ausformen des Temperatur-Zeit-Verlaufes

Entscheidend für den Steuerraum der Temperatur sind:

- die minimale und
- die maximale Kochtemperatur.

Ein adaptives analytisches Kochermodell, parallel zur Fuzzy Control arbeitend, berechnet innerhalb dieser Grenzen die optimale Kochtemperatur. Optimal heißt, nach einer durch die vorgegebene Tagesproduktion bestimmten Kochzeit soll die gewünschte Permanganatzahl, die Hauptkennziffer für die Qualität, vorliegen.

Bei gleicher Permanganatzahl sind unterschiedliche Zellstoffausbeuten und Festigkeitseigenschaften möglich, da zwei Reaktionen mit unterschiedlicher Temperaturempfindlichkeit parallel ablaufen:

- der Ligninabbau, gesteuert mit einem adaptiven analytischen Modell und
- der Kohlehydratabbau, gesteuert durch Fuzzy Control.

Die Prozeßoptimierung muß diesen Umstand berücksichtigen und eine möglichst große Ausbeute erreichen.

Daneben ist die

- Heizzeit

eine weitere, durch Fuzzy Control gesteuerte Größe. Optimale Heizzeit bedeutet, so schnell wie möglich heizen, damit der Energieverlust gering und die Produktionsmenge hoch ist. Berücksichtigt werden dabei Holzqualität und SO_2-Gehalt. Feuchtes Holz und geringer SO_2-Gehalt verlangen langsames Heizen, damit die Kochchemikalien genügend intensiv in das Holz eindringen.

7.2.5.2 Ausformen des Druck-Zeit-Verlaufes

Zellstoffkochungen wurden bisher bei konstantem Druck durchgeführt. In der Diskussion, wie man mit Fuzzy Control die Ausbeute und den Ausschuß beeinflussen kann, tauchte folgende Überlegung auf. Wählt man bei günstiger Kochsäurequalität den Druck zu Beginn der Kochung höher als bisher, wird sich die Imprägnierung beschleunigen. Ist die Imprägnierung beendet, senkt man den Kocherdruck stärker ab. Die Azidität der Kochsäure sinkt und die säureempfindlichen Kohlehydrate der Faserwände werden nicht so intensiv angegriffen.

7.2.5.3 Verändern der Kochsäuremenge

Nach der Imprägnierung wird ein Teil der Kochsäure, die

* Rücksäuremenge

abgelassen und der restliche Kocherinhalt auf Kochtemperatur geheizt. Die abgelassene Menge soll aus energetischen Gründen so groß wie möglich sein. Andererseits muß sie die Hackschnitzel, die während der Kochung weich werden und zusammensacken, ständig mit Kochsäure bedecken.

7.2.6 Wie wird Fuzzy Control eingesetzt?

7.2.6.1 Produktionsregeln - Basis der Fuzzy Control

Für die Prozeßführung gibt es eine Reihe technologisch orientierter Regeln. Sie beschreiben, wie beim Auftreten bestimmter Prozeßzustände einzelne Soll- und Grenzwerte zu verstellen sind, damit unter optimalen technischen und wirtschaftlichen Bedingungen das gewünschte Produkt entsteht.

Gewinnen lassen sich Produktionsregeln durch:

* Befragen der Erfahrungsträger in der Fabrik, das sind die Anlagenfahrer und das ingenieurtechnische Personal,

124

- Auswerten der Erfahrungen von vergleichbaren Anlagen, Bedienhandbüchern, Fachliteratur, Maschinenlieferanten und Beratern,
- naturwissenschaftlich-technische Modellierung der Teilprozesse. Häufig liefert bereits eine quantitative Modellbildung der Teilprozesse wertvolle Hinweise und eine
- Prozeßanalyse der Anlage (Regressions-, Korrelations- und Clusteranalyse).

Nutzt man Fuzzy Control, können die Produktionsregeln verbal formuliert werden. Angaben über genau definierte Grenzen sind nicht erforderlich. Die Aussagen können "unscharf" sein und Begriffe wie etwas größer, etwas niedriger enthalten. Selbst größere Mengen von Produktionsregeln lassen sich schnell und einfach in ein Automatisierungssystem umsetzen. Das geschieht, wie in Bild 7-3 zu sehen ist, in drei Schritten.

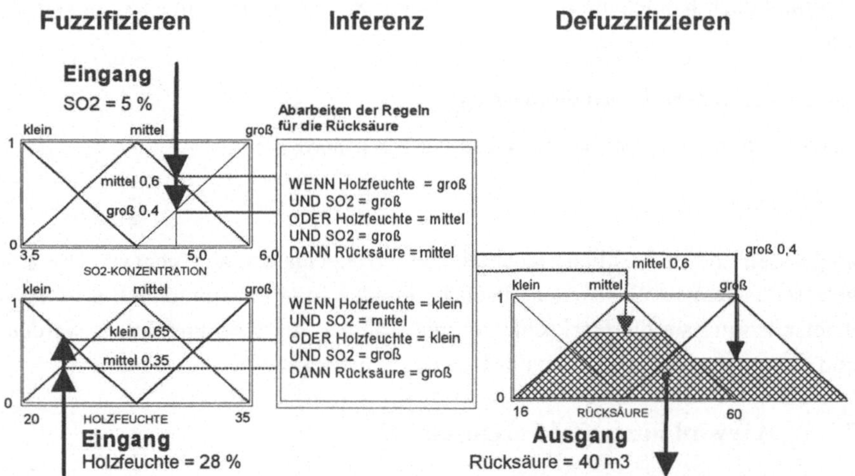

Bild 7-3: Arbeitsweise der Fuzzy Control beim Festlegen der Rücksäuremenge

7.2.6.2 Fuzzifizieren der Eingangsgrößen

Fuzzy Control arbeitet mit unscharfen Größen, den linguistischen Variablen. Der SO_2-Gehalt ist, wie alle andere Prozeßvariable, in drei Zustände "klein", "mittel" und "groß", eingeteilt. Welcher analoge Wert des SO_2-Gehaltes klein, mittel oder groß ist, wird durch Zugehörigkeitsfunktionen festgelegt. Bei einem SO_2-Gehalt von zum Beispiel 5 % hat die Aussage "SO_2-Gehalt groß" einen Wahrheitswert von 0,4 und die Aussage "SO_2-Gehalt mittel" einen von 0,6. Das

Überdecken der linguistischen Variablen führt zur gleichzeitigen Aktivierung von mehreren Regeln.

7.2.6.3 Aufstellen der Fuzzy-Regeln aus Produktionsregeln

Fuzzy-Regeln bilden aus den fuzzifizierten Eingangsgrößen als Ausgang die entsprechenden Steuergrößen für die Prozeßführung. Unter Zuhilfenahme der Produktionsregeln werden Ein- und Ausgangsgrößen unscharf miteinander verknüpft. Wie Fuzzy-Regeln aus Produktionsregeln aufgestellt werden, wird am Beispiel der Rücksäuremenge gezeigt. Die Produktionsregeln für die maximale Rücksäuremenge haben eine einfache WENN....DANN.... - Struktur.

Die Regeln für die Holzfeuchte lauten:

WENN	Holzfeuchte	klein	mittel	groß
DANN	Rücksäuremenge	groß	mittel	klein

Die Regeln für den SO_2 - Gehalt lauten:

WENN	SO2	klein	mittel	groß
DANN	Rücksäuremenge	klein	mittel	groß

Nach längerer Diskussion mit den Anlagenfahrern ließ sich für die Kombinationen von Holzfeuchte und SO_2-Gehalt folgende Regelmatrix feststellen:

	WENN SO_2 klein	WENN SO_2 mittel	WENN SO_2 groß
UND Holzfeuchte groß **DANN**	Rücksäure klein	Rücksäure klein	Rücksäure mittel
UND Holzfeuchte mittel **DANN**	Rücksäure mittel	Rücksäure mittel	Rücksäure mittel
UND Holzfeuchte klein **DANN**	Rücksäure mittel	Rücksäure groß	Rücksäure groß

Eingegeben werden die Regeln in das Automatisierungssystem TELEPERM mit dem Programm SIFLOC TM über einen angekoppelten PC. Dazu faßt man Bedingungen zusammen, die zur gleichen Schlußfolgerung führen. Die Fuzzy-Regel für die linguistischen Variablen "Rücksäuremenge klein" lautet zum Beispiel:

WENN Holzfeuchte groß UND SO_2 klein ODER Holzfeuchte groß UND SO_2 mittel **DANN** Rücksäuremenge klein. Für die Optimierung der Kocherei wurden insgesamt 12 solcher Regeln aufgestellt.

7.2.6.4 Defuzzifizieren der Ausgangsgrößen

Da verschiedene Fuzzy-Regeln gleichzeitig arbeiten, sind mehrere linguistische Variable einer Ausgangsgröße unterschiedlich stark aktiv. Das wird im Bild 7-3 durch die Flächen unter den Zugehörigkeitsfunktionen deutlich. Die Defuzzifizierung berechnet den Flächenschwerpunkt. Er repräsentiert die bestmögliche Stellhandlung. So entstehen durch die Fuzzy Control mehrdimensionale Zusammenhänge zwischen den Eingangs- und Ausgangsgröße (Bild 7-4).

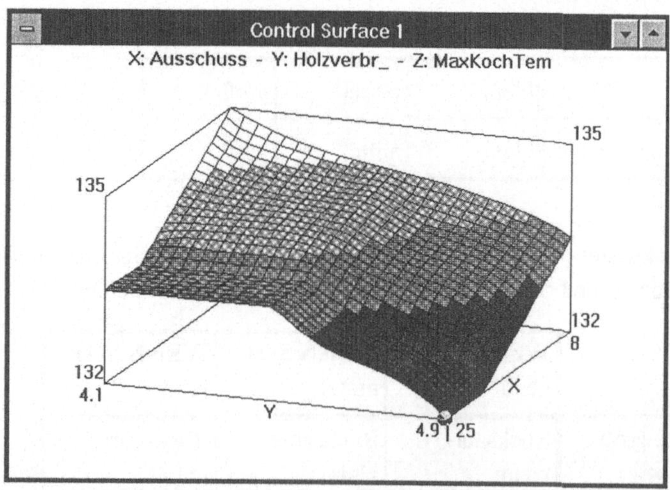

Bild 7-4:Dreidimensionale Simulation der Fuzzy Control für den Einfluß des Holzverbrauches und des Ausschusses auf die maximale Kochtemperatur mit dem Entwicklungstool SIEFUZZY

7.2.7   Erfahrungen bei der Inbetriebnahme

In der Zellstoff-Fabrik Caima wurde Fuzzy Control nachträglich in das bestehende Automatisierungssystem eingebaut.

Eine Woche benötigte das Aufstellen der Regeln, die Programmierung und die
Simulation. Nach einer weiteren Woche online Beobachten der Fuzzy Control
konnte das System den Anlagenfahrern übergeben werden.

Hinweise, die den Industrieeinsatz von Fuzzy Control erleichtern, sind folgende:

- Fuzzy-Regeln findet man am schnellsten auf der Anlage. Die Anlagenfahrer
  sind mit einzubeziehen.
- Die Diskussion um Fuzzy-Regeln bringt neue Produktionsregeln hervor, bzw.
  bestehende werden erweitert. Das empirische Anlagenwissen wird objekti-
  viert.
- Die Produktionsregeln stellen das Know-how des Betreibers der Anlage dar.
  In einigen Fällen sind sie Produktionsgeheimnis. Sie können über eine erhebliche Verbesserung der Wirtschaftlichkeit und der Wettbewerbsfähigkeit entscheiden.
- Alle sich bietenden Möglichkeiten zur Simulation und online Beobachtung
  sollten bei der Inbetriebnahme genutzt werden, um eventuelle Ungereimthei-
  ten in den Regeln aufzudecken.
- Einige, einfache Produktionsregeln bedürfen nicht der Fuzzy Control. Immer
  wieder muß geprüft werden, ob sich die Regeln nicht einfacher mit herkömmlichen Methoden in das Automatisierungssystem einbauen lassen.
- Nicht Fuzzy Control um jeden Preis!
- Wichtig ist eine anlagenspezifische "Fuzzy Bedienmaske" im Automatisie-
  rungssystem. Mit ihr kann der Anlagenfahrer Fuzzy-Ausgänge zum Prozeß
  durchschalten oder von Hand vorgeben.
- Alle relevanten Prozeßdaten und die Umschaltungen Fuzzy/Hand werden auf
  Datenträger gespeichert. Sie stehen jederzeit für die Einschätzung der Ar-
  beitsweise und für weitere Optimierungen der Fuzzy Control zur Verfügung.
  Die erste Nachoptimierung wird zweckmäßigerweise einige Monate nach der
  Inbetriebnahme durchgeführt.
- Empfehlenswert ist, die Anzahl der linguistischen Variablen klein zu halten,
  dann bleibt Fuzzy Control übersichtlich und beim Simulieren und Beobach-
  ten nachvollziehbar.

128

- Empfehlenswert ist, die Anzahl der linguistischen Variablen klein zu halten, dann bleibt Fuzzy Control übersichtlich und beim Simulieren und Beobachten nachvollziehbar.
- Beim Aufstellen von Fuzzy-Regeln überfordern mehr als vier Einflußgrößen für die Festlegung eines Ausganges die Kombinationsfähigkeit des Menschen. In solchen Fällen ist ein Unterteilen in Subsysteme angebracht.

7.2.8 Wirtschaftlicher Nutzen von Fuzzy Control bei der Zellstoffkochung

Mit dem Aktivieren der Fuzzy Control für die Heizzeit und den Kocherdruck sank der Ausschuß schlagartig von 20 auf 4 Tonnen pro Woche. Bei gleichem Holzverbrauch ist das eine Mehrproduktion von 640 Tonnen Zellstoff im Jahr oder bei konstanter Jahresproduktion ein **Einsparen von etwa 3000 Bäumen**.

Weitere Verbesserungen zeigten sich beim Vergleich der Monatsmittelwerte für Qualität, Energie- und Holzverbrauch (Bild 7-5).

Für die Zellstoffabrik Caima waren vier Verbesserungen besonders wichtig [7-6]:

- Die gleiche Menge Zellstoff erfordert 5 % weniger Holz.
- Die Festigkeit des Zellstoffes steigt in Durchschnitt um mehr als 50 %. Er ist leicht ohne Chlor bleichbar und läßt sich besser verkaufen.
- Bei gleicher Produktionsmenge werden 14 % weniger Energie benötigt.
- Der Ausschuß reduziert sich um 75 %.

7.3 Neuronale Netze bestimmen den Abbruchzeitpunkt der Zellstoffkochung

Wichtig für die Zellstoffqualität ist der Zeitpunkt, bei dem die Kochung abgebrochen wird. Eine online Messung der Zellstoffqualität im Kocher ist nur schwer möglich. Traditionell hilft man sich mit einer Farbmessung der Kochflüssigkeit, das in Lösung gehende Lignin färbt sie dunkel, oder benutzt ein analytisches Modell zur Vorausberechnung der Kochzeit.

In der Zellstoff-Fabrik Caima wird seit Februar 1993 ein neuronales Netz zur Berechnung des Abbruchzeitpunktes der Kochung eingesetzt [7-7, 7-8]. Bild 7-6 zeigt die Struktur. Unmittelbar nach dem Training des neuronalen Netzes

	vor dem Einsatz von Fuzzy Control	nach dem Einsatz von Fuzzy Control	Verbesserung
Permanganatzahl	10,7	13,0	+ 2,3
Streuung	5,0	1,8	- 64 %
Dampfverbrauch	1240 kg/t	1070 kg/t	- 14 %
Holzverbrauch	4,8 m³/t	4,5 m³/t	- 0,3 m³/t
Reißlänge	2200 m	3600 m	+ 64 %
Ausschuß	20 t/Woche	4 t/Woche	- 16 t/Woche

Bild 7-5: Monatsmittelwerte wichtiger Produktionskennziffern vor und nach der Optimierung der Zellstoffkochung mit Fuzzy Control

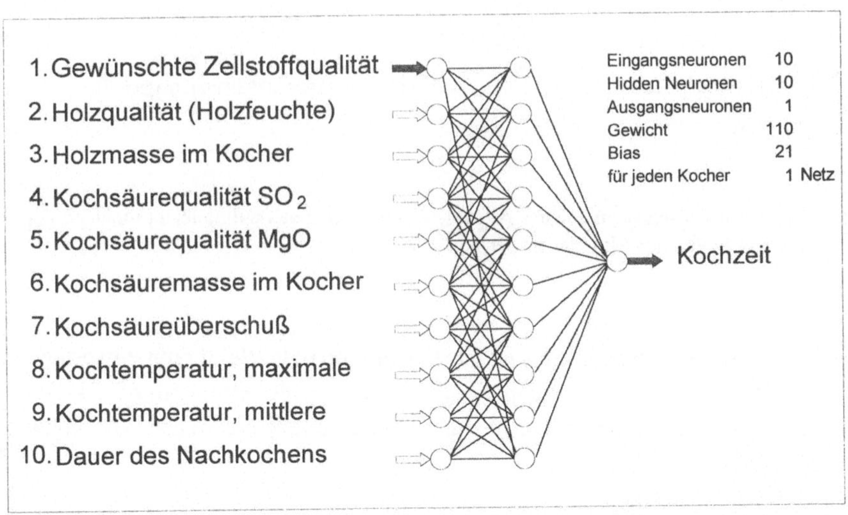

Bild 7-6: Struktur des neuronalen Netzes zur Berechnen der Kochzeit

reduziert sich die Streuung der Zellstoffqualität um etwa 30 %. Dieses Ergebnis bleibt nur kurze Zeit stabil. Weichen die aktuellen Produktionsbedingungen von denen der Trainingsdaten ab, kommt es zum einem Driften. Online Überwachen und Nachtrainieren des neuronalen Netzes sind bei solchen Einsatzfällen unerläßlich.

7.4 Neuronale Netze bewerten die Altpapierqualität

Wichtige physikalische Eigenschaften des Altpapiers lassen sich nur mit aufwendigen Laboranalysen bestimmen. Neuronale Netze bieten die Möglichkeit, diese Eigenschaften indirekt aus leicht meßbaren Größen zu ermitteln, beispielsweise aus der Intensität der Lichtabsorption bei bestimmten Wellenlängen. Bild 7-7 zeigt ein solches neuronales Netz.

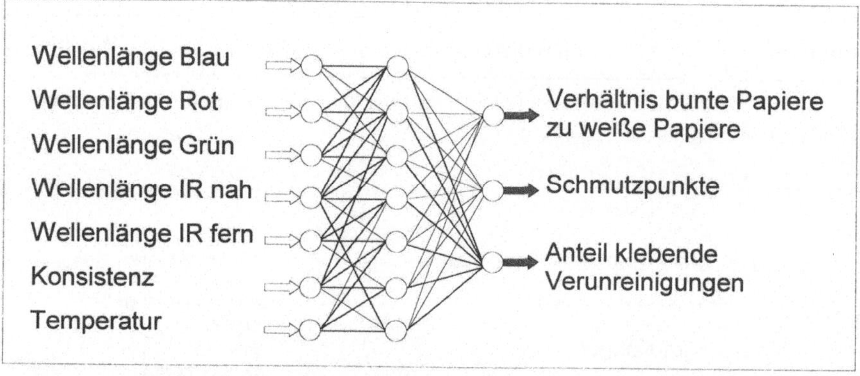

Bild 7-7: Ermitteln schwer meßbarer Altpapiereigenschaften aus online leicht meßbaren optischen Eigenschaften der Altpapiersuspension

Sensor für die Lichtabsorption ist ein konventioneller Weißgradmeßwertgeber, der unmittelbar nach dem Altpapierauflöser in die Rohrleitung mit der Fasersuspension eingebaut und mit 5 Leuchtdioden unterschiedlicher Wellenlänge ausgerüstet ist.

Einsatzgebiet dieses Sensors war bisher die konventionelle Weißgradmessung, bei der die Wellenlänge mit der größten Empfindlichkeit herausgesucht und entsprechend geeicht wurde.

Neuronale Netze bieten eine komplexe Auswertung der verfügbaren Meßsignale. Das Training des neuronalen Netzes sollte allerdings bei gravierenden

Veränderungen in der Zusammensetzung des Altpapiers neu durchgeführt werden.

7.5 Fuzzy Control optimiert die Energieverteilung

7.5.1 Die Energiesituation in der Zellstoff- und Papierindustrie

Charakteristisch für eine Zellstoff- und Papierfabrik ist die Eigenerzeugung von Dampf und Elektroenergie. Auf der Verbraucherseite existieren viele Abnehmer. Oft entscheidet der Prozeßzustand der Verbraucher darüber, wieviel Energie benötigt wird. Das Heizen des Kochers oder das Anfahren der Papiermaschine erfordern viel Dampf, Hackschnitzel und Kochsäure einfüllen dagegen wenig. Außerdem besitzen die Verbraucher unterschiedliche Priorität beim Bezug von Energie. Die Hacke hat eine geringe Priorität, reicht doch der Hackschnitzelvorrat mehrere Tage. Bei Bedarf werden Zusatzfeuerungen, in Extremfall sogar einzelne Kessel zu- oder abgeschaltet. Verbraucher mit geringer Priorität kann das gleiche Schicksal ereilen.

7.5.2 Fuzzy Control verteilt die Energie

Energieverteilung ist eine komplexe und vielschichtige Steuerungsaufgabe, bei der in Teilbereichen Fuzzy Control hilfreich sein kann. Besonders geeignet ist Fuzzy Control beim Umsetzen der Verteilungsregeln in eine Steuerlogik und beim Bilden von Kompromissen zwischen verschiedenen Anforderungen und Prioritäten.

Bild 7-8 zeigt einen Ausschnitt aus einem umfangreichen Fuzzy-System zur Energieverteilung. Block I bewertet die Gesamtsituation zum gegenwärtigen Zeitpunkt und zu einer Vorlaufzeit, die zum An- und Abfahren von Anlagenteilen notwendig ist. Mehrere Zugehörigkeitsfunktionen sind in ihren Grenzen flexibel gestaltet. Die obere Grenze für die Zugehörigkeitsfunktion Energieverbrauch "kritisch" liefert z. B. der Eingang "Maximal zulässiger Bezug vom Energieerzeuger", der stark von der Tageszeit abhängt. Die Form und der Wertebereich der Zugehörigkeitsfunktionen werden dadurch gestreckt bzw. gestaucht. Block II wertet die Prioritäten der einzelnen Verbraucher und ihre aktuellen Energiebezüge aus und schätzt die Energiesituation der Verbraucher ein. Block III legt die maximalen und minimalen Energiebezüge jedes einzelnen

Verbrauchers fest. Innerhalb dieser Grenzen arbeiten verbraucherspezifische Optimierungsstrategien.

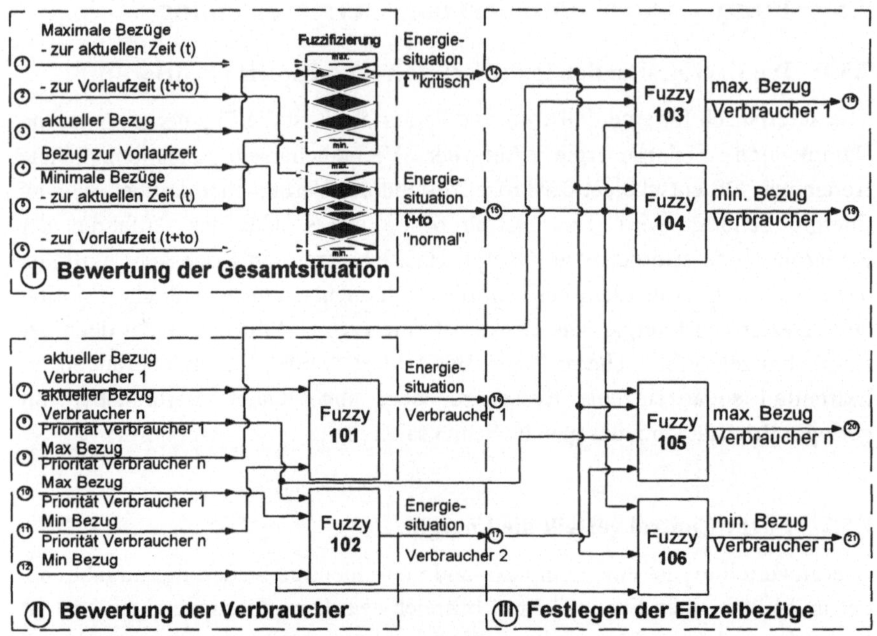

Bild 7-8 Energieverteilung mit Fuzzy Control (Ausschnitt)

7.5.3 Vorteile der Energieverteilung mit Fuzzy Control

Fuzzy Control bietet im Vergleich zu herkömmlichen Methoden der Energieverteilung einige Vorzüge:

- Die Einstiegskosten sind gering. Abhängig vom Aufgabenumfang kann Fuzzy Control direkt im Automatisierungssystem oder in einem angekoppelten PC ablaufen.
- Die Energieverteilung wird anhand von verbal formulierten Regeln vorgenommen. Aufwendige Modellierungsarbeiten entfallen.
- Die Regeln für die Energieverteilung lassen sich ohne Kenntnis einer Programmiersprache implementieren und ändern.

- Besonders vorteilhaft ist die Verbindung von Fuzzy Control (Entscheidungslogik, Kompromißbildung) mit konventionellen Methoden (Bilanzierung, lineare Optimierung).

7.6 Fuzzy Control berücksichtigt die Schrumpfung der Papierbahn bei der Querprofilregelung

Eine wesentliche Qualitätsforderung bei der Papiererzeugung ist die Gleichmäßigkeit der Papierbahn in all ihren Eigenschaften. Kenngrößen wie Feuchte, Dicke und Flächengewicht sollen möglichst überall gleiche Werte aufweisen. Das erreicht man durch eine Regelung dieser Größen längs wie quer zur Papierbahn.

7.6.1 Das Problem der Schrumpfung bei der Papierherstellung

Aus dem Stoffauflaufkasten einer Papiermaschine fließt eine stark verdünnte Papiersuspension durch einen zentimeterhohen Spalt auf ein mehrere Meter breites Sieb. Der Spalt wird, wie das Bild 7-9 zeigt, durch eine Vielzahl von Spindeln verstellt. Die Höhe des Spaltes entscheidet, wieviel Papierstoff auf das Sieb läuft und wie groß das Flächengewicht ist.

Auf dem Sieb entwässert die Papiersuspension auf etwa 50 % Feuchtigkeit. Das restliche Wasser muß ausgepreßt und in der Trockenpartie, bei der das Papier über dampfbeheizte Zylinder läuft, bis auf etwa 8 % entfernt werden. An der trockenen Papierbahn ermitteln Meßboxen die Papiereigenschaften.

Problem für eine effiziente Regelung ist das Verschieben und Schrumpfen der Papierbahn in der Trockenpartie. Die Meßwerte für das Flächengewicht in den einzelnen Meßboxen sind nicht leicht den sie verursachenden Spindeln zuzuordnen. Will man die Spindeln verstellen und damit eine Schwankung im Flächengewicht ausregeln, muß man wissen, welche Spindel die Schwankung ausgleichen kann.

Bisher wurde das Problem durch Farbmarkierungen oder gezieltes merkliches Verstellen einzelner Spindeln, dem Setzen von sogenannten "Bumps", gelöst. Das verursacht eine Verschlechterung der Papierqualität, das Papier muß an den Anfang des Herstellungsprozesses zurückgeführt werden.

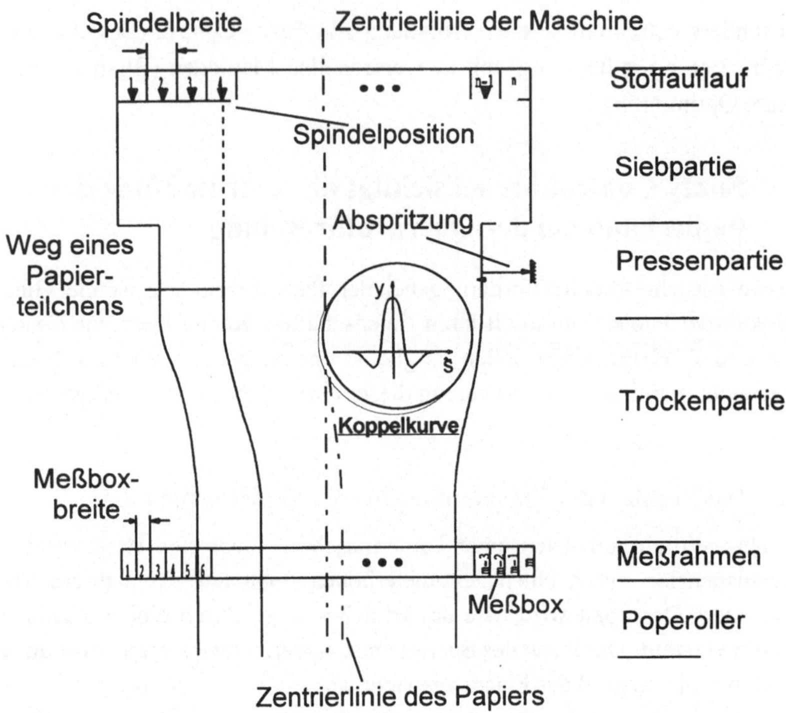

Bild 7-9: Schematische Sicht auf die Papierbahn beim Weg durch die Papiermaschine

7.6.2 Lösung des Identifikationsproblems mit Fuzzy Control

Verstellt man einzelne Spindeln nur in geringem Maße (Setzen von "Minibumps") ist der Einfluß auf die Papierqualität vernachlässigbar gering. Dafür gibt es Schwierigkeiten, die sehr kleinen Verstellungen im Rauschen des Flächengewichts-Meßsignales herauszufinden.

Fuzzy Control löst dieses Problem [7-5]. Durch gezielte Spindelverstellungen hervorgerufene Störungen im Flächengewicht zeichnen sich durch ein Maximum und zwei Nebenminima rechts und links davon aus. Die Koppelkurve im Bild 7-9 veranschaulicht die Verhältnisse.

Die eingesetzte Fuzzy-Entscheidungslogik ermittelt die Sicherheit, mit der ein im Flächengewichtsprofil beobachtetes Maximum einem Minibump zugeordnet werden kann. Die Entscheidungslogik ist in fünf Teilsysteme unterteilt (Bild

7-10) und wird mit dem Fuzzy-Tool PROFUZZY in ein SIMATIC Automatisierungssystem geladen. Eingesetzt wird dieses Verfahren im Siemens Qualitätsleitsystem bei bisher zwei Papiermaschinen.

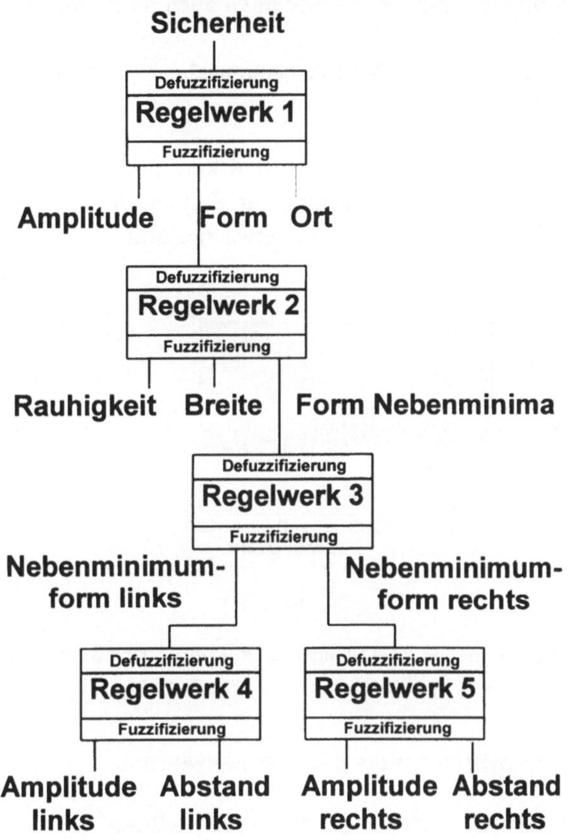

Bild 7-10: Fuzzy-Entscheidungslogik für das sichere Erkennen eines "Minibump"

7.6.3 Wirtschaftlicher Nutzen von Fuzzy Control bei der Querprofilregelung

Wichtige Vorteile beim Einsatz von Fuzzy Control zum Identifizieren der Schrumpfung sind:

- vollständige automatische Bestimmung der Spindelzuordnung ohne Qualitätseinbuße oder Produktionsstörungen,
- schnelle Inbetriebnahme der Flächengewichts-Querprofilregelung innerhalb weniger Stunden und ein problemloses Wiederanfahren auch nach längerem Stillstand,
- gleichbleibend gute Querprofilregelung des Flächengewichtes, da Änderungen in der Schrumpfung schnell erfaßt werden.

Bild 7-11 zeigt das Flächengewichts-Querprofil vor und kurz nach der Inbetriebnahme der Regelung bei einer Papiermaschine für Zeitungsdruckpapier. Die Streuung des Flächengewichtes reduziert sich um etwa die Hälfte.

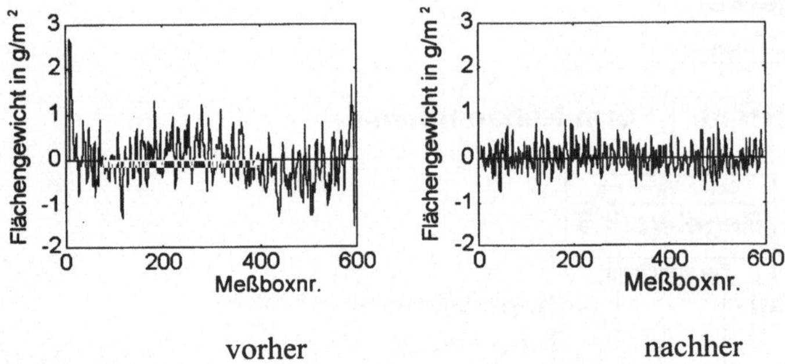

vorher   nachher

Bild 7-11: Flächengewichts-Querprofil vor und zwei Stunden nach Inbetriebnahme der Regelung

7.7 Fuzzy-Petri-Netze minimieren die Abwasserlast

7.7.1 Bedeutung der Wasserkreisläufe bei der Papierherstellung

Die Ausgangsstoffe der Papierherstellung, das sind in Abhängigkeit von der Papiersorte entweder Zellstoff, Altpapier oder andere Faserstoffe, werden in der Stoffaufbereitung mit Wasser zu einem pumpfähigen Papierbrei von etwa 4 % Feststoffgehalt verdünnt. Vor dem Stoffauflauf der Papiermaschine sinkt der Feststoffgehalt noch einmal auf 1 %, damit die Fasersuspension möglichst dünn und mit gleicher Dicke auf das Entwässerungssieb läuft. Auf dem Sieb wird das Wasser durch Vakuumpumpen abgesaugt, in der Pressenpartie ausgepreßt und in der Trockenpartie durch beheizte Walzen verdampft.

So entsteht am Ende der Papiermaschine eine feste Papierbahn mit einem Trockengehalt von ungefähr 92 % Trockengehalt (Bild 7-12).

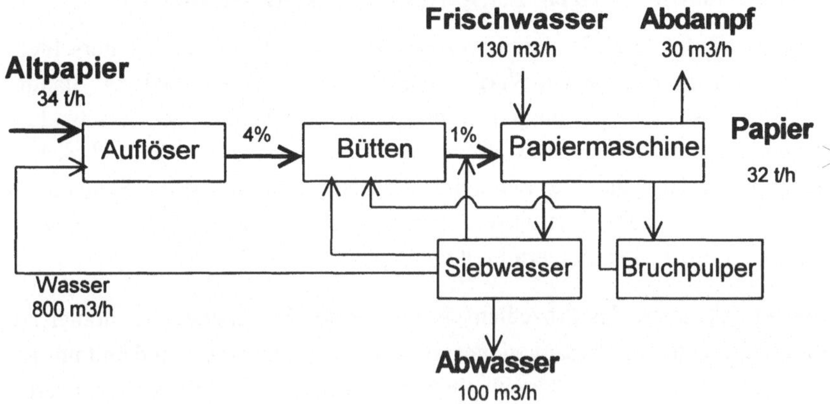

Bild 7-12: Wasserkreisläufe einer Papiermaschine für Wellenpapier

Ein Problem der Papierherstellung besteht im Verdünnen der Papierfasern. Sowohl ein gleichmäßiger Auftrag auf das Sieb als auch die Blattbildung und Trocknung bei hohen Maschinengeschwindigkeiten müssen möglich sein. Zu geringe Stoffdichte erschwert die Blattbildung und kann zum Abriß der Papierbahn führen, während eine zu hohe Stoffdichte die Fließfähigkeit im Stoffauflauf beeinträchtigt und Qualitätsmängel in der Papierbahn hervorruft.

Der Bahnabriß stört das gesamte Produktionsregime in der Papiermaschine. Er beeinflußt sehr stark die Wasserkreisläufe, denn der anfallende Papierausschuß muß in Bruchpulpern mit Wasser verdünnt und zurückgeführt werden.

Aus der Struktur der Papierfabrik ergeben sich einzelne Wasserkreisläufe, die über Bütten voneinander entkoppelt sind. Beim Normalbetrieb, Sortenwechsel, Bahnabriß, Fabrik-Auffüllen oder Leerfahren entstehen unterschiedliche Wassermengen in den Kreisläufen, die das Prozeßverhalten der Papiermaschine unterschiedlich beeinflussen.

Es liegt in der Geschicklichkeit des Papiermachers, den Füllstand der Bütten so zu halten, daß weder ein Wassermangel noch ein Wasserüberschuß den Produktionsablauf einschränkt. Ein Überschuß erhöht mehr als notwendig die Abwasserlast, ein Defizit muß durch Zugabe von Frischwasser ausgeglichen werden.

7.7.2 Anforderungen an ein Leitsystem für Wasserkreisläufe

Abhängig von der Prozeßsituation verfügt der Papiermacher über unterschiedliche Steuermöglichkeiten zur Vergleichmäßigung des Wasserbedarfs. Ständig wechselnde Produktionsbedingungen erfordern vorausblickende Entscheidungen, damit angemessen und flexibel auf Veränderungen in den Wasserkreisläufen reagiert werden kann. Der Zeitpunkt, die Dauer und die Art der Steuerhandlungen müssen deshalb situationsbezogen im Augenblick der Störung bzw. in der aktuellen Prozeßsituation ermittelt werden.

Bei der Projektierung des Prozeßleitsystems werden Steuerstrategien immer nur für eingeschränkte Standardsituationen aufgestellt. Sie entsprechen damit nur annähernd den Erfordernissen der aktuellen Prozeßsituation und führen nicht selten zu Einschränkungen der Steuerbarkeit.

Weil Reaktionen auf Steuerhandlungen durch die großen Puffervolumen der Bütte erst zeitlich verzögert sichtbar werden, benötigt der Papiermacher bei der operativen Führung der Wasserkreisläufe ausreichende technologische Kenntnisse und einen guten Überblick über den Prozeßablauf in allen Teilabschnitten der Papiermaschine. Durch ein Prozeßleitsystems soll er entlastet werden.

Spätestens seit dem Erfolg von Fuzzy Control bei der Steuerung von Stahlwerken [7-9] und bei der Regelung von Zementdrehrohröfen [7-10] stellt sich die Frage, können Fuzzy-Methoden auch für die Steuerung der Wasserkreisläufe in der Papiermaschine angewendet werden?

Nachfolgend wird über Erfahrungen mit einem Fuzzy-Konzept berichtet, die bei der Steuerung von Wasserkreisläufen in einer Papiermaschine durch die SIEMENS AG und die MIT GmbH erworben wurden.

7.7.3 Fuzzy-Logik für mehr Flexibilität in den Wasserkreisläufen

Fragt man einen erfahrenen Papiermacher nach dem optimalen Füllstand der Bütten, erhält man in Abhängigkeit von der Prozeßsituation sehr unterschiedliche Angaben. Treten Störungen in den Wasserkreisläufen auf, würde er sicherlich größere Schwankungsbreiten zulassen als bei gleichmäßiger Fahrweise. In einer Prozeßsteuerung kann man diese unterschiedlichen Füllstandsangaben als

Elemente in einer unscharfen Menge formulieren. Der ideale Füllstand mit den höchsten Puffereigenschaften zum Ausgleichen von Störungen erhält dabei den besten Zugehörigkeitswert von 1, während andere Füllstände, die zum Ausgleich von Dichteschwankungen dienen, mit entsprechend kleineren Zugehörigkeitswerten bewertet werden (siehe Bild 7-13).

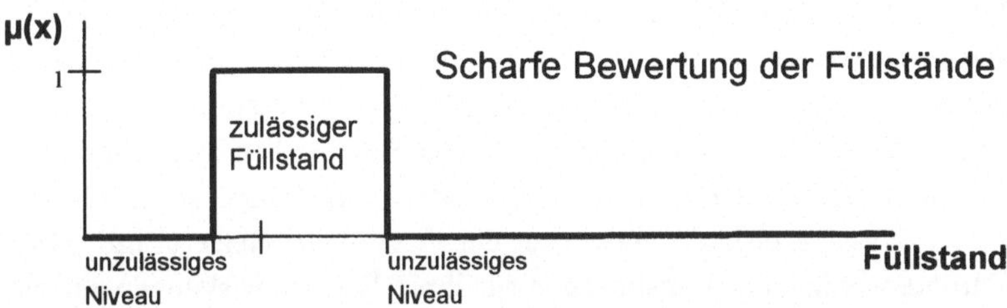

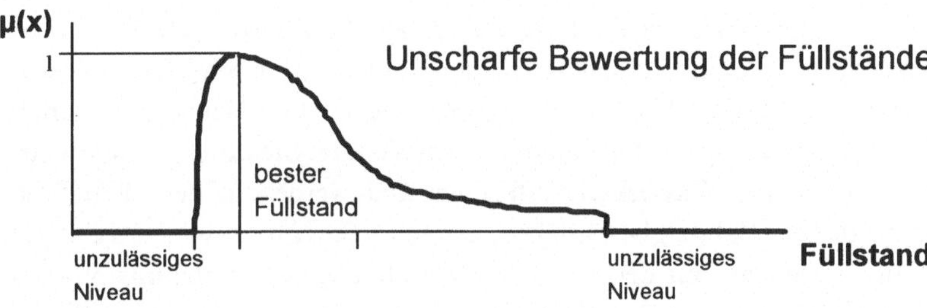

Bild 7-13: Unscharfe Bewertung der Füllstände

In Abhängigkeit von der augenblicklichen Prozeßsituation werden Füllstände mit unterschiedlichem Zughörigkeitsgrad zur Entkopplung der lokalen Bilanzräume zugelassen, so daß Störungen sich nur reduziert auf den Prozeßablauf auswirken. Für die Steuerung besteht immer das Ziel, optimale Büttenfüllstände nahe am Zugehörigkeitswert 1 zu realisieren.

Werden Abwasser- oder Dichteschwankungen in den Bruchpulpern erkannt, wird man nicht starr auf den nur für ideale Produktionsbedingungen geltenden Büttenfüllständen beharren, sondern mit präventiven Steuereingriffen die Störungen kompensieren und situationsbezogene Abweichungen entsprechend der unscharfen Zugehörigkeitsfunktionen zulassen. Die Steuerung der Wasserkreisläufe kann durch diese "weichen" flexiblen Steuerreaktionen zu einem gleichmäßigeren Produktionsablauf in der Fabrik beitragen.

7.7.4 Fuzzy-Petri-Netze steuern Füllstände und Stoffdichten

Wenn der Arbeitsfortschritt in einem komplexen System durch asynchrones Zusamenwirken mehrerer parallel arbeitender Teilprozesse bestimmt wird, sind Petri-Netze zur Auswahl von Steueroperationen besonders geeignet. Petri-Netze drücken das Prozeßverhalten eines Systems durch die Folge von möglichen Prozeßsituationen aus, die durch das Schalten von Steueroperationen verändert werden. Fuzzy-Petri-Netze [7-11] verbinden das Beschreiben von parallelen Vorängen durch Petri-Netze mit der Unschärfe von Fuzzy Control. Die Steuerung der Wasserkreisläufe verwendet ein Fuzzy-Petri-Netze (Bild 7-14). Die Stoffströme werden situationsbezogen aus ihren Wechselwirkungen auf die Füllstände der Bütten bestimmt.

Die Füllstände der Bütten charakterisieren dabei Prozeßbedingungen, die für den störungsfreien Stofffluß einzuhalten sind. Sie werden durch Plätze (Kreise) in dem Modell gekennzeichnet und sind, abhängig vom Füllstand, mit Marken gefüllt. Zur Veränderung der Füllstände dienen Ventile. Sie drücken die Steuermöglichkeiten in den Wasserkreisläufen aus und werden in dem Petri-Netz durch Transitionen (Balken) beschrieben, die einen Stoffstrom vom vorgelagerten Behälter in einem von der Ventilstellung abhängigen Verhältnis auf den nachgelagerten übertragen. Dieser Übertragungsvorgang ist flexibel und vom Öffnungsgrad des Ventils abhängig. Er wird als unscharfes Schalten der Transitionen bezeichnet. Durch das Schalten der Transitionen entsteht zwischen den Plätzen ein Markenstrom, der wie der Stoffstrom in den Wasserkreisläufen zwischen den Behältern wirkt.

In den Plätzen wird der Markeninhalt durch unscharfe Zugehörigkeitsfunktionen bewertet. Diese Unschärfe signalisiert mit unterschiedlicher Dringlichkeit, den Füllsand des betreffenden Behälters zu verbessern. Der Zugehörigkeitswert 1 beschreibt das Einhalten des Soll-Füllstandes und verlangt deshalb keine Stoffstromänderungen.

Ein Wert kleiner als 1 drückt dagegen Abweichungen vom Sollwert aus und verlangt Stoffstromänderungen, die jedoch nur dann von der zugehörigen Transition (Ventil) ausgeführt werden, wenn dadurch keine weitere Verschlechterung eines anderen Behälters verursacht wird. In dem Fuzzy-Petri-Netz können somit Steuerhandlungen ausgewählt werden, die kooperativ in allen Behältern der Wasserkreisläufe eine Verbesserung bewirken.

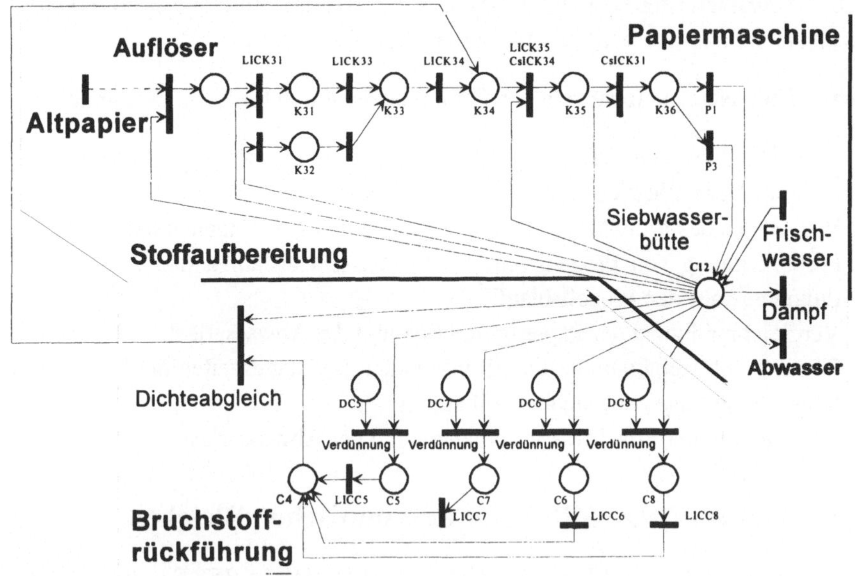

Bild 7-14: Fuzzy-Petri-Netz für die Wasserkreisläufe einer Papiermaschine K= Stoffbütten, C = Wasserbütten, DC = Dichteregelung, LIC = Füllstandsregelung

Die unscharfe Bewertung von Ventilstellungen bzw. des Aussteuergrades von Transitionen soll dabei nur Stoffströme zur Verbesserung der Behälterniveaus zulassen. In Abhängigkeit vom Grad der Störung sind unscharfe Kompromisse zwischen den Füllständen in den Bütten und der Größe der zu verstellenden Stoffströme möglich.

Die Form der Zugehörigkeitsfunktionen an den Plätzen (Bütten) und Transitionen (Ventilen) erlauben die Berücksichtigung von Expertenwissen bei der Auswahl von Steuerhandlungen in den Wasserkreisläufen. Enge, steil abfallende Zugehörigkeitsfunktionen kennzeichnen Behälterniveaus oder Stoffströme, die unbedingt bei der Fahrweise der Papiermaschine einzuhalten sind, während breite, flach abfallende Funktionen eine hohe Variabilität der entsprechenden Komponenten des Wasserkreislaufes ausdrücken.

7.7.5 Wirtschaftlicher Nutzen der Fuzzy-Petri-Netze

Mit Fuzzy-Petri-Netzen wird der zukünftige Prozeßablauf simuliert. Damit kann auf mögliche Störungen der Wasserkreisläufe zeitig genug reagiert werden. Erhöhte Abwasserlasten werden auf diese Weise schon in ihrem Ansatz erkannt. Es entsteht Handlungszeitraum für notwendige Korrekturen.

Fuzzy-Petri-Netze unterstützen den Papiermacher durch folgende Leistungen:

- Vorschlag von Steuerhandlungen für die optimale Fahrweise der Wasserkreisläufe im Normalbetrieb,
- Vorhersage des Produktionsablaufs zur Bestätigung der eigenen Fahrweise,
- Früherkennung von Prozeßstörungen in Wasserkreisläufen und sichere Einflußnahme auf den Prozeßablauf,
- Vergleichmäßigung der Papierproduktion und der Abwasserlast,
- Planung von Reparaturen, die mit minimalen Stillstandszeiten die Produktivität der Papiermaschine sichern sollen und
- Reduzierung der Frischwasseraufnahme und der Abwasserlast.

7.8 Neuro-Fuzzy hilft beim enzymatischen Bleichen

7.8.1 Enzymatisches Bleichen - Ziel des EU-Projektes BEST

Der Zellstoff, wenn er die Kocherei verläßt, enthält noch Reste von Lignin und hat deshalb nicht den gewünschten Weißgrad. Bisher wurde im Anschluß an die Kochung mit Chemikalien, die Chlor und Chlorverbindungen enthielten, gebleicht. Das dabei anfallende Abwasser belasten die Umwelt.

Eine Möglichkeit, umweltfreundlich zu bleichen, bieten Enzyme. Behandelt man ungebleichten Zellstoff mit bestimmten Enzymen, lockert sich das Gefüge des Zellstoffes auf, das Restlignin löst sich leichter und Bleichchemikalien werden eingespart. An die Behandlung mit Enzymen schließen sich umweltfreundliche Bleichstufen an, die Sauerstoff und Peroxid als Bleichchemikalien benutzen. Das Abwasser kann eingedampft und verbrannt werden.

Die Aufgabe von Fuzzy Control und neuronalen Netzen ist in diesem Zusammenhang die Übertragung der Ergebnisse von Laborversuchen in den industriellen Maßstab.

Die zur Zeit noch nicht abgeschlossenen Arbeiten unterstützt die Europäische Union [7-12]. Laborversuche führt das britischen Zellstoffinstitut PIRA durch, großtechnische Versuche finden in der portugiesischen Zellstoff-Fabrik Celulose do Caima statt. Nachfolgend wird über den Einsatz von Neuro-Fuzzy in diesem Projekt berichtet.

7.8.2 Neuro-Fuzzy mit strukturierten Netzen - hilfreich beim Lernen von Fuzzy Reglern

Erfahrungsgemäß erfüllen lernende Systeme die ihnen gestellten Anforderungen um so besser, je mehr Vorwissen in ihnen steckt. Vorwissen in neuronale Netze einbringen geschieht durch die Netzstruktur und verschiedene Neuronentypen, die sich wahlfrei verbinden lassen. Die Gewichte an den Verbindungen können als "lernbar" oder "fest" definiert werden.

Das Vorwissen stammt aus der Kenntnis mathematischer oder physikalischer Zusammenhänge des zu lösenden Problems. Je nach Umfang und Verfügbarkeit des Wissens werden Teilbereiche eines Netzes gezielt vorstrukturiert während andere unstrukturiert bleiben.

Strukturierte neuronale Netze eignen sich zum Lernen von Zugehörigkeitsfunktionen und Fuzzy-Regeln aus Beispieldaten [7-13, 7-14]. Das Bild 7-15 zeigt die prinzipielle Vorgehensweise.

Mit dem vorhandenen a priori und heuristischen Wissen wird Fuzzy Control projektiert und anschließend in ein strukturiertes neuronales Netz umgewandelt. Die Netzstruktur ist so angelegt, daß jeder Rechenschritt bei Fuzzy Control seine Entsprechung auf der Ebene des neuronalen Netzes hat, wodurch die Transformationsbeziehungen eineindeutig werden. In diesem neuronalen Netz, ein Beispiel zeigt Bild 7-16, werden spezielle Neuronentypen eingesetzt, die das Fuzzifizieren, das Abarbeiten der Fuzzy-Regeln und das Defuzzifizieren abbilden [7-15].

In einem dritten Schritt wird das Neuro-Fuzzy-Netzwerk mit den Prozeßdaten trainiert. Der Lernprozeß führt zu einer Modifikation der Fuzzy-Regeln und zu Veränderungen bei den Zugehörigkeitsfunktionen. Nach Abschluß des Trainings wird im vierten Schritt schließlich in die Fuzzy-Ebene zurücktransformiert. Der Fachmann kann in der Fuzzy-Ebene die Änderungen überprüfen, gegebenenfalls korrigieren und einen weiteren Lernzyklus aktivieren. In jedem dieser Optimierungszyklen ist die Prozeßführung sowohl mit Fuzzy Control als auch mit neuronalen Netzen möglich.

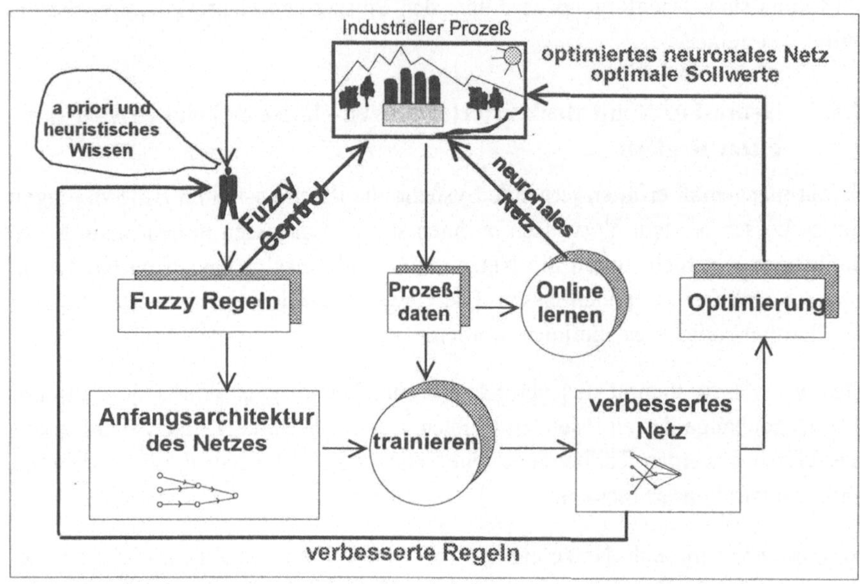

Bild 7-15: Prozeßmodellierung, Optimierung und Regelung mit Neuro-Fuzzy

7.8.3 Strukturierte neuronale Netze unterstützen die Maßstabsübertragung Labor - Pilotanlage - Industrie

Interessant ist diese Vorgehensweise bei der Übertragung von Ergebnissen aus dem Labor über eine Pilotanlage in den industriellen Einsatz. Ausgangspunkt sind aus der Literatur oder allgemein bekannte Sachzusammenhänge mit denen Fuzzy Control aufgestellt wird.

Eine erste Bestätigung und Erweiterung erfahren die Fuzzy-Regeln und die Zugehörigkeitsfunktionen durch das Training mit den Daten aus Laborversuchen. Die Interpretation der Laborergebnisse und das Einbringen von neuem Wissen, aber auch von Vereinfachungen für die Industrieanwendung, sind in jeder Ebene möglich. Eine zweite Modifikation erhalten sie durch die Meßwerte der Pilotanlage. Letztendlich findet Neuro-Fuzzy seine industrielle Bestätigung in der Fabrik.

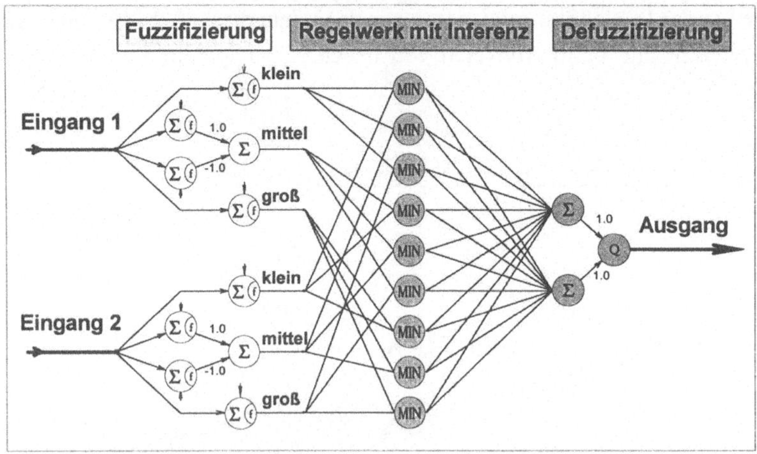

Bild 7-16: Abbildung eines Fuzzy-Systems durch ein neuronales Netz

7.9 Zusammenfassung

Seit mehreren Jahren gibt es stabil arbeitende Anwendungen von Fuzzy Control in der Zellstoff- und Papierindustrie. Der erste industrielle Einsatz war die Optimierung der Kocherei in der portugiesischen Zellstoff-Fabrik Celulose do Caima. In der Vergangenheit legten die Anlagenfahrer auf Grund ihrer Erfahrung wichtige Sollwerte fest. Jetzt übernimmt Fuzzy Control diese Aufgabe. Dazu wurden die Produktionsregeln des Bedienpersonals in Fuzzy Control umgesetzt. Innerhalb weniger Monate flossen die investierten Mittel zurück.

Die Flächengewichtsregelung einer Papierbahn erfolgt bereits bei mehreren Papiermaschinen mit Fuzzy Control. Die Schrumpfung des Papiers beim Durchlaufen der Trockenpartie wird mit Minibumps markiert. Fuzzy Control identifiziert diese Minibumps, die sich im Bereich des statistischen Rauschens des Meßsignales bewegen. Damit ist eine Zuordnung zwischen Meßstelle und Stelleinrichtung möglich. Aufwendige Identifikationsverfahren entfallen.

Die Energieverteilung innerhalb einer Fabrik wird mit Fuzzy Control optimiert. Die minimalen und maximalen Bezüge für die Verbraucher werden festgelegt und einzelne Dampferzeuger zu- und abgeschaltet.

Mit der Zielstellung, minimieren der Abwasserlast wird über den Einsatz von Fuzzy-Petri-Netzen in der Papierfabrik berichtet. Vereinzelt eingesetzte neuronale Netze bei der Prozeßführung zeigten nur dann dauerhafte Erfolge, wenn sie online überwacht und beim Auftreten von neuen Arbeitspunkten nachtrainiert werden.

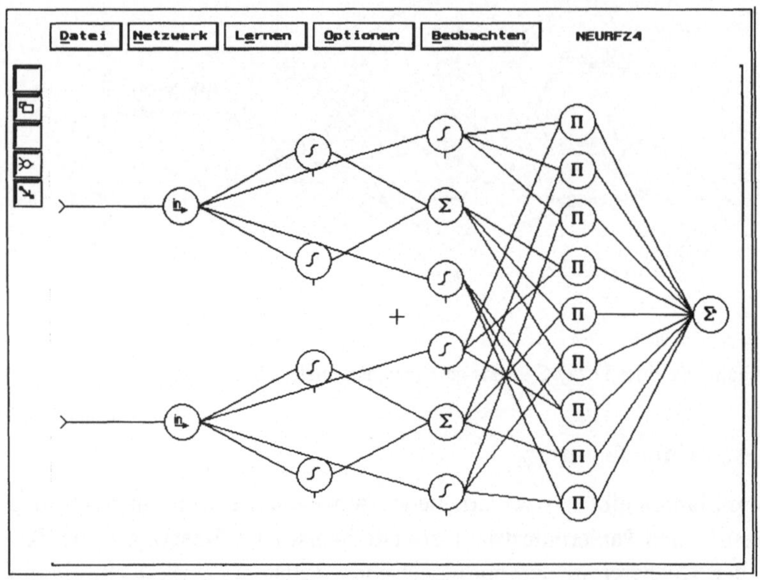

Bild 7-17: Erstellen eines strukturierten neuronalen Netzes mit dem Entwicklungstool SuperNet der Siemens AG

Ausgangspunkt für den erfolgreichen Einsatz von Fuzzy Control ist Prozeßwissen in Form verbale Produktionsregeln. Fuzzy Control hat seine Stärke in der Verarbeitung unscharfen Wissens. Weiß man dagegen, es sind Abhängigkeiten zwischen den Prozeßgrößen vorhanden, kann aber dieses Wissen nicht konkret formulieren, sind neuronale Netze erfolgversprechend. Neuronale Netze haben ihre Stärke in der Lernfähigkeit. Voraussetzung dafür sind aussagekräftige, repräsentative Prozeßdaten, die das typische Verhalten des Prozesses beschreiben. Am Beispiel des enzymatischen Bleichens wird demonstriert, wie man die Vorteile beider Methoden vereint.

8 Methoden und Anwendungen der Fuzzy Datenanalyse und Neuro-Fuzzy Systeme

Dipl.-Math. Dipl.-Wirt.Math. Karl Lieven, Dr. Willi Meier, Dr. Richard Weber, Prof. Dr. Dr. h.c. Hans Jürgen Zimmermann, Aachen

8.1 Einleitung

Die Fuzzy Set Theorie erlebte in der letzten Dekade einen wahren Applikationsboom in der Verfahrens- und Produktionstechnik. Diese Anwendungen wurden unter dem Namen Fuzzy Control bekannt [8-1]. Darüber hinaus hat die Kombination von Fuzzy Logik und Neuronalen Netzen ein hohes Interesse gefunden.

In jüngster Zeit werden Applikationen dieser Technologien realisiert, die weit über den eigentlichen regelungstechnischen Bereich hinausgehen. Dabei werden Methoden der Fuzzy Datenanalyse und der Neuro-Fuzzy Datenanalyse im Zusammenspiel mit klassischen statistischen Verfahren zur Lösung übergreifender Aufgaben eingesetzt.

Bei Anwendungen dieser neuen Ansätze, beispielsweise bei der Störungserkennung und Störungsvorhersage verfahrenstechnischer Anlagen oder der optischen und akustischen Qualitätskontrolle, konnten diese Ansätze gegenüber herkömmlichen Methoden überzeugen [8-2].

Im folgenden werden einige Grundlagen der Fuzzy Datenanalyse und der Neuro-Fuzzy Systeme dargestellt und einige industrielle Anwendungen vorgestellt.

In der Fuzzy Datenanalyse werden verschiedene methodische Ansätze zur Lösung der betrachteten Problemstellungen verfolgt. Dazu gehören u.a. Techniken der Fuzzy Clusterung, die regelbasierte Fuzzy Datenanalyse, die auf dem Konzept der unscharfen Wenn-Dann-Regeln aufbaut, und verschiedene Verfahren der unscharfen Statistik. In diesem Beitrag erfolgt eine ausführliche Darstellung der Fuzzy Clusterung und der regelbasierten Fuzzy Datenanalyse. Weitere Fuzzy Methoden zur Datenanalyse findet man beispielsweise bei [8-3, 8-4]. Darüber hinaus wird ein Neuro-Fuzzy Ansatz mit einer Anwendung vorgestellt. Den Abschluß dieses Kapitels bildet die Darstellung des Software Tools DataEngine, in dem die hier dargestellten Methoden neben den Neuronalen Netzen (Multi-Layer Perceptron mit Backpropagation und Kohonen Netze) integriert sind.

8.2   Methoden und Anwendungen der Fuzzy Clusterung

Schon früh wurde das Anwendungspotential der Fuzzy Set Theorie zur Erweiterung klassischer Datenanalysemethoden erkannt [8-5]. Seit Ende der sechziger Jahre sind zahlreiche statistische Methoden um diese Komponente erweitert und so deren Anwendungsbreite vergrößert worden [8-6].

Die Fuzzy Set Theorie ermöglicht die Berücksichtigung von Unsicherheiten von gemessenen oder erhobenen Daten. Einflüsse von Meßfehlern und statistischen Ungenauigkeiten können so besser traktiert werden. Für eine weitergehende Einführung in diese Theorie sei auf die angegebene Literatur verwiesen [8-7, 8-8].

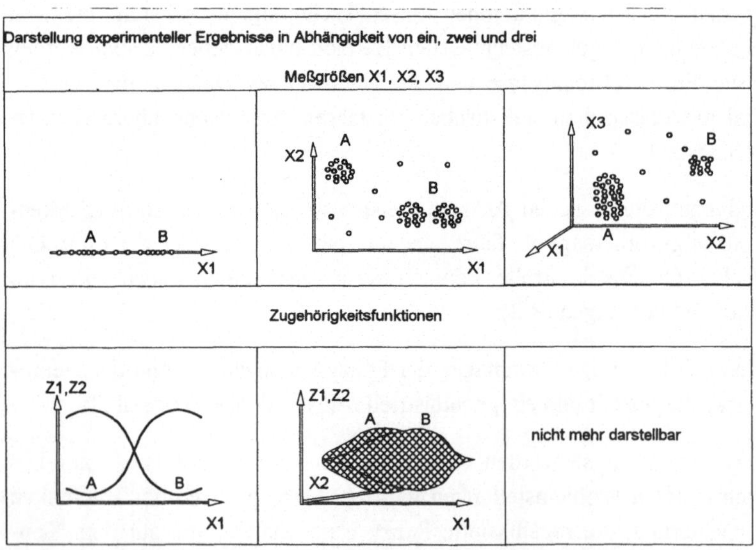

Bild 8-1: Darstellung experimenteller Ergebnisse in verschiedenen Merkmalsräumen

In Bild 8-1 sind experimentelle Resultate für ein niederdimensionales Problem dargestellt. Der menschliche Betrachter kann sehr schnell zwei Klassen A und B unterscheiden, obwohl die Klassenformen jeweils unterschiedlich sind. Weiterhin kann er Ausreißer identifizieren und sie je nach Lage mehr der einen oder der anderen Klasse zuordnen.

Mathematische Verfahren, die zur Auffindung solcher Klassen herangezogen werden können, sind Clustermethoden. Objekte (Punkte in Bild 8-1), die durch Merkmale x_i (Koordinaten im Merkmalsraum) beschrieben sind, werden zu Klassen zusammengefaßt. Objekte können Zustände von Anlagen und Prozessen oder auch Produktqualitäten sein. Die beschreibenden Merkmale sind Größen wie Temperaturen, Drucke oder Volumendurchflüsse.

Durch die Klassenbildung wird die Information, die in den Daten steckt, in ihrer Komplexität reduziert und einer Interpretation zugänglich. Wie eingangs schon erwähnt, ist der menschliche Betrachter beim Erkennen der Klassen in niederdimensionalen Merkmalsräumen nahezu unschlagbar. Bei höherdimensionalen Problemen ist er jedoch überfordert. Die Fuzzy Clusterung versucht, diese menschliche Eigenschaft der graduellen Zuordnung von Objekten zu Klassen nachzubilden, um so zu besseren Klassifikationsergebnissen zu gelangen, als bei Anwendung der klassischen Verfahren.

Klassische Clusterverfahren verlangen eine scharfe Zuordnung der Objekte zu genau einer Klasse. Fuzzy Clusterverfahren hingegen arbeiten mit Zugehörigkeitswerten, die die Grade der Zugehörigkeit eines Objekts zu verschiedenen Klassen angeben. Die Ausreißerwerte in Bild 8-1 werden bei diesen Verfahren nicht scharf der einen oder anderen Klasse zugeordnet, sondern werden je nach ihrer Lage im Merkmalsraum der einen oder anderen Klasse in unterschiedlichem Maße zugewiesen.

Dies ermöglicht eine viel feinere Interpretation der Ergebnisse gegenüber Resultaten aus klassischen Clusterverfahren und damit eine Anwendung von Clusterverfahren auf kontinuierliche Prozesse, wo beispielsweise eine Anlage im Laufe der Zeit von einem guten Produktionszustand (kostengünstige Klasse) aufgrund einer Störung in einen ungünstigeren Zustand (kostenungünstige Klasse) driftet.

8.2.1 Methoden

Die im folgenden vorgestellten Clusterverfahren gehören sämtlich zur Klasse der 'Prototype-Based' Verfahren. Unter Prototyp einer Klasse wird hier ein Objekt oder geometrisches Konstrukt verstanden, das die betrachtete Klasse repräsentiert. Zum Studium der hier nicht vorgestellten hierarchischen Fuzzy Clusterverfahren sei auf die Literatur verwiesen [8-9, 8-10, 8-11].

8.2.1.1 Das Fuzzy C-Means Verfahren [8-12]

Dieser Algorithmus, der auf dem klassischen Isodata Verfahren von Ball und Hall [8-13] aufbaut, ist selbst heute, fast 20 Jahre nach seiner Entwicklung, noch Gegenstand zahlreicher Veröffentlichungen [8-14, 8-15]. Das Verfahren hat sich in zahlreichen Aufgabenstellungen bewährt und vermeintlich neuere Verfahren bestehen lediglich aus einer geringfügigen Modifikation des Fuzzy C-Means (FCM).

Der Algorithmus

Ziel des Algorithmus ist es, folgende Funktion $J_m(U,v)$ zu minimieren:

$$(8\text{-}1) \qquad J_m(U, v) = \sum_{j=1}^{J}\sum_{i=1}^{c} (u_{ij})^m (d_{ij})^2 \qquad i = 1,...,c \ ; \ j = 1,...,J$$

u_{ij} sind die Zugehörigkeitswerte des j-ten Objekts zur i-ten Klasse und d_{ij} sind die Abstände von einem Objekt j von einer Klasse i, wobei dieser Abstand sich auf das Klassenzentrum der Klasse i bezieht. Dabei bezeichnet c die Anzahl der Klassen und J die Anzahl der Objekte. Der Exponent m ist ein algorithmusspezifischer Parameter. In vielen Applikationen hat sich ein Wert von m=2 bewährt. Im folgenden werden die einzelnen Schritte des Verfahrens beschrieben.

1. Schritt

Man gibt die Klassenzahl c vor, wobei c größer gleich zwei und kleiner gleich als die Objektzahl J sein muß. Weiterhin müssen die Zugehörigkeiten u_{ij} des j-ten Objekts X_j zur i-ten Klasse angegeben werden. Der Merkmalsvektor zu Objekt X_j sei mit x_j bezeichnet. Außerdem muß der Parameter m für die Gleichungen (8-2) und (8-3) bestimmt werden. Auf dessen Bedeutung wird später noch eingegangen.

2. Schritt

Mit Gleichung (8-2) werden aus den vorgegebenen Zugehörigkeiten u_{ij} die Klassenzentren v_i der Klassen bestimmt.

$$v_i = \frac{\sum\limits_{j=1}^{J} (u_{ij})^m x_j}{\sum\limits_{j=1}^{J} (u_{ij})^m}, \qquad \forall i = 1,\dots,c$$

(8-2)

3. Schritt

Aus den neu berechneten Klassenzentren v_i werden mit (8-3) die neuen Zugehörigkeiten berechnet.

$$u_{ij} = \frac{1}{\sum\limits_{k=1}^{c} \left(\dfrac{d_{ij}}{d_{kj}}\right)^{\frac{2}{m-1}}}, \qquad \begin{array}{l} \forall i = 1,\dots,c \\[4pt] \forall j = 1,\dots,J \end{array}$$

(8-3)

4. Schritt

Durch den Vergleich der neuen Zugehörigkeitsmatrix $U^{(l+1)}$, deren Elemente die neuen Zugehörigkeitswerte u_{ij} sind, mit der alten Matrix $U^{(l)}$ nach (8-4) wird der Abbruch des Verfahrens gesteuert. Babei bezeichnet l die Anzahl der Iterationen. Ist der Euklidische Abstandswert der Matrizen kleiner als ein vorgegebener Wert e, so stoppt der Algorithmus. Im anderen Fall wird beginnend bei Schritt zwei ein neuer Iterationszyklus gestartet.

(8-4) $\qquad \left\| U^{(l+1)} - U^{(l)} \right\| \leq e$

Nebenbedingungen

Um die Konvergenzeigenschaft des Algorithmus sicherzustellen, müssen zwei Nebenbedingungen erfüllt sein. Die Summe der Zugehörigkeitswerte eines Objekts zu allen Klassen muß eins ergeben. Der Zugehörigkeitswert muß Element des [0,1]-Intervalls sein. D. h.

(8-5) $\qquad \sum\limits_{i=1}^{c} u_{ij} = 1, \quad \forall j = 1,\dots,J$

Für die Zugehörigkeitswerte muß außerdem gelten:

$$(8\text{-}6) \qquad u_{ij} \in [0,1], \quad i = 1,\dots,c \text{ und } j = 1,\dots,J.$$

Dieser Clusteralgorithmus liefert neben der Lage der Klassenzentren mit Hilfe von (8-3) Zugehörigkeitswerte der einzelnen Objekte zu den verschiedenen Klassen. Diese Resultate können dann als Grundlage einer Klassifikation neuer unbekannter Objekte dienen.

Das Ergebnis des Algorithmus kann mit den zwei Parametern e und m beeinflußt werden. Das Abbruchkriterium (8-4) bestimmt die Zahl der Iterationen und damit verbunden die Genauigkeit des Ergebnisses. Die Zahl der Iterationen und damit die Rechenzeit steigt mit der Verkleinerung von e spürbar an.

Der Parameter m in den Exponenten der Gleichungen (8-2) und (8-3) bestimmt den Grad der Unschärfe der Resultate. Für $m \to 1$ nähert man sich dem scharfen Clusterergebnis, das auch der klassische Isodata liefert. Für $m \to \infty$ streben die Zugehörigkeitswerte u_{ij} der Objekte gegen den reziproken Wert $1/c$ der Klassenzahl.

In Bild 8-1 sind die mit diesem Algorithmus aus den Zugehörigkeitswerten zu den einzelnen Objekten generierten Zugehörigkeitsfunktionen für die dort vorgestellten Beispiele dargestellt.

Nachteile des Verfahrens

Ein Nachteil des Verfahrens ist es, daß bei Verwendung der Euklidischen Distanz nur bei einer hyperkugeligen Struktur der Klassen sinnvolle Ergebnisse erzielt werden. Langgestreckte Klassen werden dann durch diesen Algorithmus nicht erkannt. Liegen solche Klassenformen vor, empfiehlt sich die Verwendung verallgemeinerter Distanzmaße (z. B. euklidische Distanz oder das Distanzmaß nach Mahalanobis) oder Cluster-Algorithmen.

Verfahren, die Hyperflächen als Klassenformen erkennen können, werden im nächsten Abschnitt vorgestellt.

8.2.1.2 Shell Clustering

Das FCM Verfahren beruht auf der Berechnung der Abstände von Objekten zu Klassenzentren. Deshalb konnten mit diesem Verfahren nur kompakte Klassen erkannt werden.

Sollen flächenartige Klassenformen, z. B. im 2-D Fall ringförmige Klassen, erkannt werden, so werden die Abstände zu entsprechenden Prototypen oder Repräsentanten dieser Klassen berechnet. Diese Repräsentanten sind, wie schon erwähnt, im zweidimensionalen Fall Kreisringe, im dreidimensionalen Kugeloberflächen und für höhere Dimensionen entsprechend Hyperkugeloberflächen. Im folgenden wird ein Vertreter dieser als 'Shell Clustering Methods' bekannten Verfahren ausführlicher behandelt und weitere Algorithmen und deren Anwendungsgebiete vorgestellt.

Der Fuzzy C-Shell Algorithmus (FCS) [8-16]

Der Fuzzy C-Shell Algorithmus erkennt 'hypersphärische' Oberflächen, wobei 'Hyperkugeln' als Prototypen verwendet werden. Als Abstandsmaß d werden die Abstände der Objekte zur Schale der Kugel nach (8-7) verwendet.

$$(8\text{-}7) \qquad d_{ij}^{\ 2} = \left(\left\| x_j - v_i \right\| - r_i \right)^2$$

Dabei bezeichnet x_j den Merkmalsvektor von Objekt j, v_i das Klassenzentrum der Klasse i und r_i den Radius des Prototypobjekts i. Zunächst wird für die Berechnung des Abstandsmaßes der Abstand zum Zentrum des Prototyps bestimmt. Im zweidimensionalem Fall ist dies beispielsweise der Mittelpunkt des Kreisrings. Dann wird der Radius, also der Abstand dieses Mittelpunkts zum Kreisring abgezogen, und man erhält so den Abstand des Objekts zum betrachteten Prototyp. Diese Form der Abstandsberechnung hat den Vorteil, daß für die Berechnung nur die Koordinaten des Mittelpunkts des Prototypobjekts bekannt sein müssen und nicht die Koordinaten der gesamten Hyperkugelfläche des Prototypobjekts. Der Algorithmus versucht nun unter Verwendung des Abstandmaßes nach (8-7) die Bedingung nach (8-1) zu minimieren. Dabei erhält man gekoppelte nichtlineare Gleichungen (8-8, 8-9), deren Lösung sehr aufwendig ist.

$$(8\text{-}8) \qquad \sum_{j=1}^{J} \left(u_{ij} \right)^m \left[1 - \frac{r_i}{\left\| x_j - v_i \right\|} \right] \left(x_j - v_i \right) = 0, \ i = 1,...,c, \ j = 1,...,J$$

$$(8\text{-}9) \qquad \sum_{j=1}^{J} \left(u_{ij} \right)^m \left[\left\| x_j - v_i \right\| - r_i \right] = 0, \quad i = 1,...,c, \ j = 1,...,J$$

Die Notwendigkeit eines aufwendigen Lösungsverfahrens (z. B. nach Newton) ist ein großer Nachteil dieses Algorithmus'. Eine Weiterentwicklung des FCS, der

154

Fuzzy C-Spherical Shell Algorithmus (FCSS), ist unter Verwendung eines anderen Distanzmaßes bei ähnlicher Leistungsfähigkeit weniger aufwendig und wurde sogar um eine adaptive Komponente erweitert, die selbständig die optimale Klassenzahl für das betrachtete Problem herausfindet [8-17]. Mit Hilfe dieses Verfahrens lassen sich sehr gut ringförmige Klassen erkennen. Bild 8-2 gibt ein Beispiel für die Erkennung eines Bildes mit Hilfe dieses Clusterverfahrens.

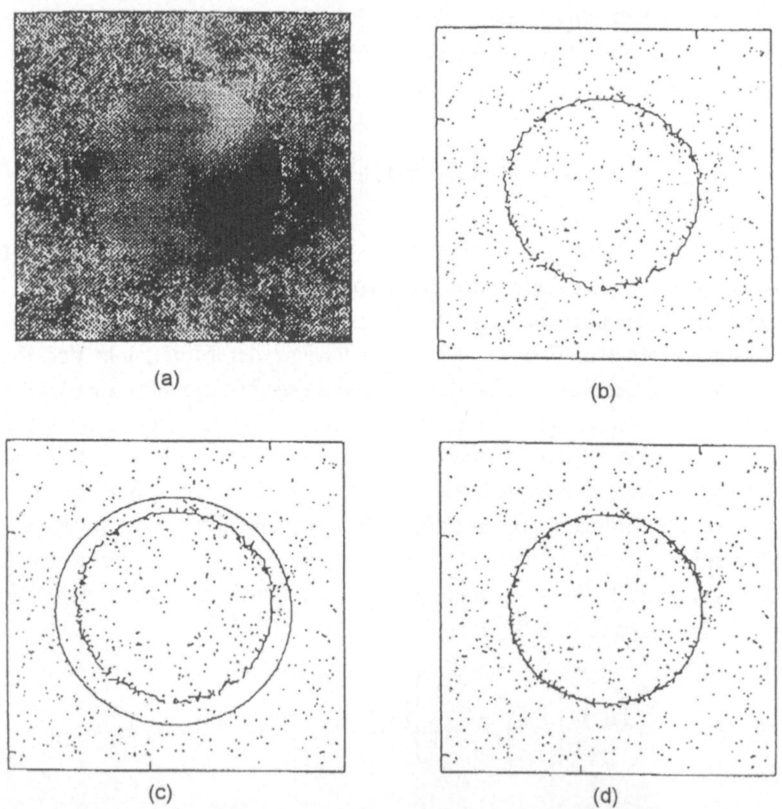

Bild 8-2: Anwendungsbeispiel für den Fuzzy C Spherical Shell Algorithmus:
a) Originalbild, b) Input des Bildes für die Algorithmen, c) Gefundene Klasse nach Anwendung des FCSS, d) Gefundene Klassen nach Anwendung eines modifizierten FCSS.

Weitere Shell Clusteralgorithmen

Der FCS-Algorithmus ermöglicht die Erkennung ringförmiger Klassen. Mit dem Fuzzy C Quadric Shell Algorithmus (FCQS) können auch elliptisch geformte Klassen erkannt werden [8-18].

In Bild 8-3 sind Kurvenformen und die durch die Clusterung erhaltenen Prototypen dargestellt. In 1a sind drei Kurven dargestellt, die vom Algorithmus erkannt werden sollen. In 1b erkennt man die durch den Algorithmus gefundenen Klassen. Sowohl die kreisförmige als auch parabel- und ellipsenförmige Klassen werden erkannt und separiert.

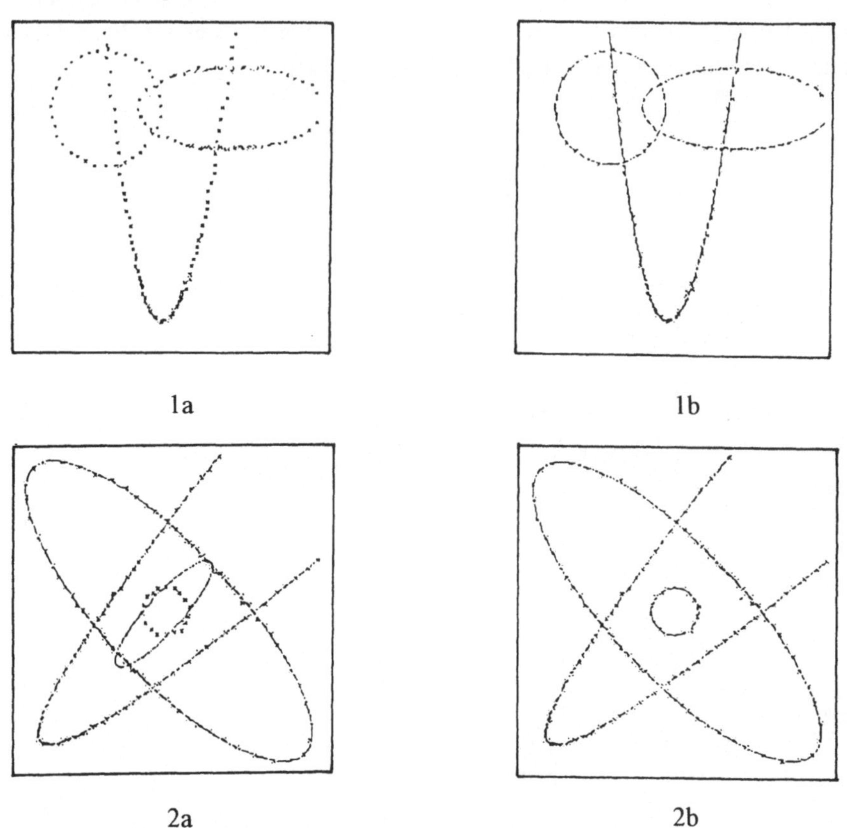

1a   1b

2a   2b

Bild 8-3: Anwendungsbeispiele für den Fuzzy C Quadric Shell Algorithmus (FCQS) bzw. MFCQS): 1a) Computerinput, 1b) Klassifikationsergebnisse des FCQS, 2a) Computerinput 2b) Klassifikationsergebnisse des MFCQS

156

Der FCQS wurde bereits in einer verbesserten Form vorgestellt [8-19]. Der Modified Fuzzy C Quadric Algorithmus (MFCQS) lieferte in einigen Anwendungen deutlich bessere Ergebnisse (Bild 8-3). In den letzten Jahren sind eine Fülle weiterer Shell Clusteralgorithmen entwickelt worden. Für ein eingehenderes Studium sei auf die Literatur verwiesen [8-20].

8.2.2 Anwendung bei der Prozeßanalyse einer petrochemischen Anlage

In thermischen Krackanlagen wird Naphtha, ein Bestandteil des Erdöls, hauptsächlich zu Ethylen, einer bedeutenden Grundchemikalie der chemischen Industrie, umgesetzt. Fuzzy Methoden wurden zur Prozeßanalyse an einer petrochemischen Anlage verwendet Diese Anlage hat eine Kapazität von 360.000 Jahrestonnen. Der Aufbau der Anlage ist in Bild 8-4 dargestellt.

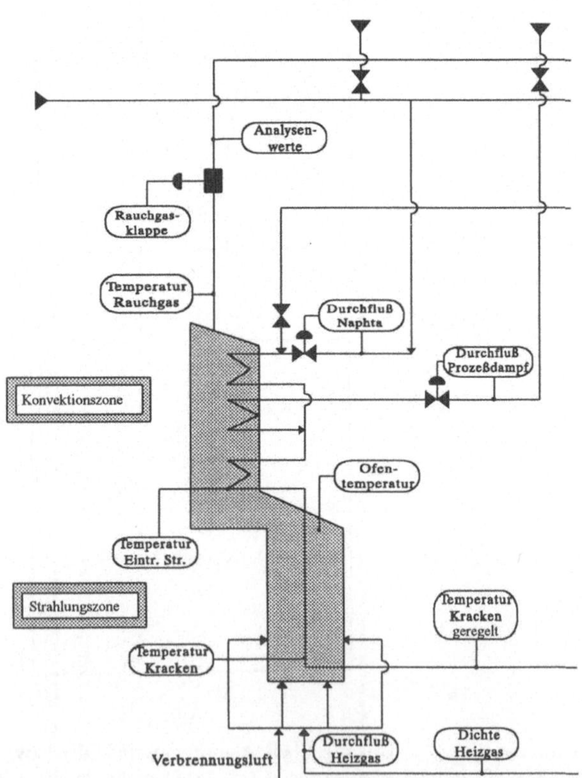

Bild 8-4: Schematischer Aufbau eines Krackofens

Das Naphtha wird in Röhren durch Kracköfen geleitet und auf 820°C bis 845°C erhitzt, wobei die Umsetzung zu Ethylen erfolgt. Anschließend wird das Produktgemisch destillativ und extraktiv aufgearbeitet.

Während des Krackprozesses entsteht als Abfallprodukt Koks, der sich an der Innenseite der Rohrwände abscheidet. Durch die Abscheidung wird der Wärmeübergang von der durch Gasbrenner beheizten Außenwand der Krackrohre auf das Naphtha beeinträchtigt. Deshalb muß der Ofen etwa alle 60 Tage vom Verfahrensfluß getrennt und durch Einblasen von Luft und Wasserdampf entkokt werden.

Bei der Problemlösung sollte der Verkokungsgrad aus den on-line gemessenen Prozeßgrößen bestimmt werden, um so den Operator bei der Beurteilung des Anlagenzustandes und der Entscheidung, einen Entkokungsvorgang anzusetzten, zu unterstützen.

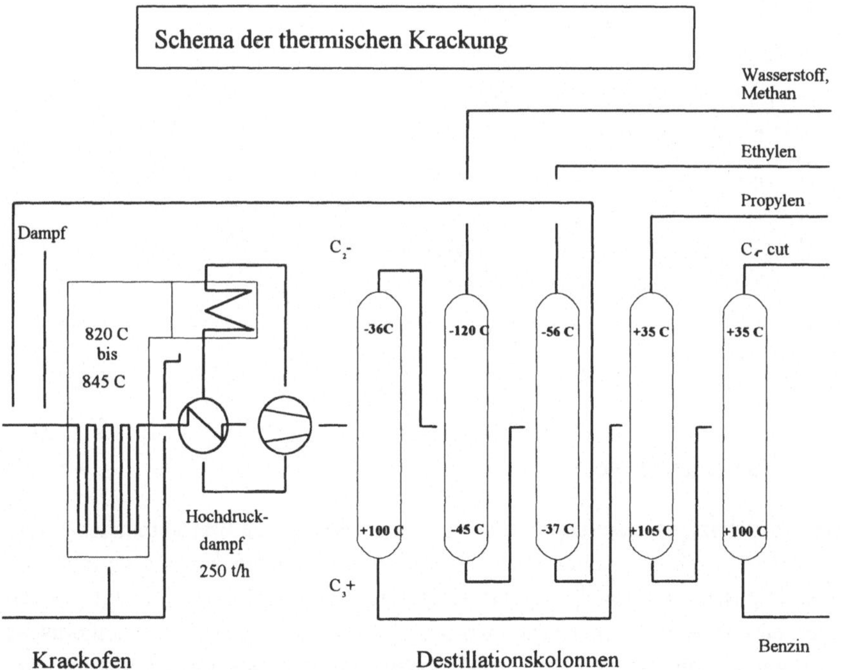

Bild 8-5: Verfahrensschema der thermischen Krackung

158

In Bild 8-5 ist der schematische Aufbau eines Krackofens gezeigt. Die dort dargestellten Prozeßgrößen wurden verwendet, um mittels Fuzzy Klassifikation Zugehörigkeitswerte zu erhalten, die den Grad des momentanen Anlagenzustandes zur Klasse der verkokten bzw. entkokten Zustände beschreiben.

In Bild 8-6 ist das Ergebnis der Klassifikation der jeweiligen Prozeßzustände einer Produktionsperiode dargestellt. Man erkennt einen graduellen Anstieg des Verkokungsgrades während der Produktionsperiode. Bei zehn parallel geschalteten Öfen hat der Operator nun schnell einen Überblick über den momentanen aktuellen Ofenzustand und kann frühzeitig Entscheidungen über Rohmaterialbedarf etc. treffen.

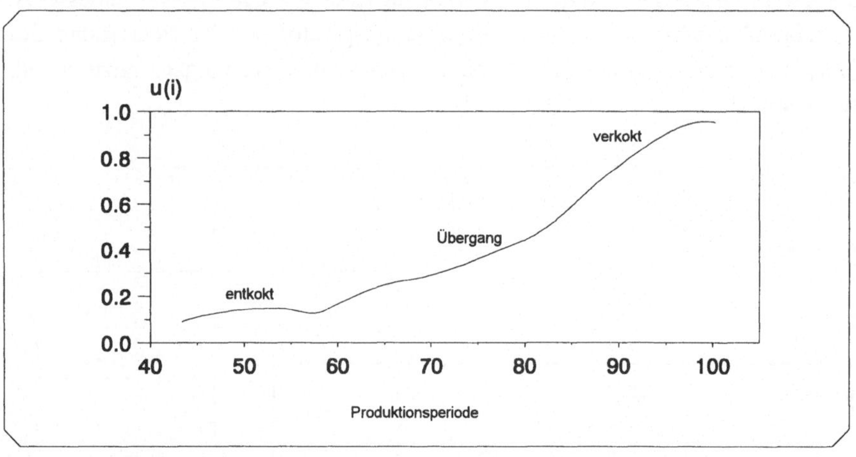

Bild 8-6: Zugehörigkeitswerte der Ofenzustände zu der Klasse verkokter Zustände während einer Produktionsperiode

8.3 Methoden und Anwendungen der regelbasierten Fuzzy Datenanalyse

Neben der Fuzzy Clusterung, die zu den algorithmischen Verfahren der Fuzzy Datenanalyse gehört, können auch regelbasierte Techniken zur Auswertung von Daten eingesetzt werden. Diese sind im Bereich des Fuzzy Control in zahlreichen Projekten erfolgreich eingesetzt worden [8-21] und bilden die methodische Grundlage für die meisten der am Markt angebotenen Software-Werkzeuge [8-22].

Mit den regelbasierten Ansätzen der Fuzzy Datenanalyse läßt sich Expertenwissen, das u. U. unscharf formuliert ist, in Form von Wenn-Dann-Regeln abbilden. Dies stellt eine Grundlage für die Verarbeitung von Expertenwissen mittels EDV-Anlagen dar. Im folgenden wird gezeigt, welche methodischen Ansätze zur Abbildung von Expertenwissen zur Verfügung stehen und welche Anwendungen im Bereich der Datenanalyse existieren.

8.3.1 Methoden

Die ausführlichen Grundlagen der regelbasierten Fuzzy Systeme sind beispielsweise in [8-23, 8-24] dargestellt. Besitzt ein Anwender Wissen über bestimmte Zusammenhänge, die bei der Auswertung von Daten relevant sind und er darüber hinaus dieses Wissen explizit formulieren kann, so lassen sich die entsprechenden Verfahren zur regelbasierten Datenanalyse einsetzen.

Falls in einer bestimmten Situation zur Datenanalyse jedoch kein explizit formuliertes Wissen angegeben werden kann, sondern nur die entsprechenden Daten vorliegen, so können dennoch die oben beschriebenen Techniken der regelbasierten Fuzzy Datenanalyse verwendet werden. Allerdings müssen die anzuwendenden Regeln aus den zur Verfügung stehenden Daten generiert werden. Ansätze zur Lösung dieser Aufgaben stammen beispielsweise aus dem Bereich des maschinellen Lernens; siehe z. B. [8-25]. Ein Ansatz zur automatischen Erzeugung von Wenn-Dann-Regeln aus Beispielen und dessen Verallgemeinerung um Fuzzy Konzepte wurde beispielsweise in [8-26, 8-27] beschrieben.

Zur Lösung einer Problemstellung, die auf unsicheren oder unscharfen Beobachtungen bzw. Zusammenhängen beruht, ist es notwendig, die Einflußfaktoren unscharf zu beschreiben, abzubilden, zu verarbeiten und das Ergebnis des Verarbeitungsprozesses in nutzbarer Form wieder zur Verfügung zu stellen. Aus diesen Anforderungen ergeben sich die Grundbausteine eines wissensbasierten Fuzzy Systems:

- Aufbereitung der Einflußgrößen
- Wissensbasis
- Inferenz
- Ergebnisaufbereitung

Aufbereitung der Einflußgrößen

Die Aufbereitung der Einflußgrößen hat, abhängig von einer speziellen Problemstellung unterschiedliche Ausprägungen. Liegen Meßwerte oder scharfe Beobachtungen vor, so ist dies in unscharfen Termini darzustellen. Die Übereinstimmung des Eingangswertes mit einem unscharfen Zustand wird durch die **Fuzzyfizierung** festgestellt. Hierzu wird die Zugehörigkeit des scharfen Wertes zu jedem Term der entsprechenden linguistischen Variablen bestimmt, die wiederum vorher festzulegen sind. In dieser Phase sind die linguistischen Variablen und deren Terme in der Wissensakquisition zu definieren.

Wissensbasis

Die gewählte Form der Wissensrepräsentation ist ein wichtiger Aspekt wissensverarbeitender Systeme. Mögliche Arten der Darstellung von Wissen sind Produktionsregeln, semantische Netze, Frames und Prädikatenlogik [8-23]. Von diesen hat die Darstellungstechnik in Form von Regeln die weiteste Verbreitung gefunden. Die dabei verwendeten Regeln haben die Form:

Wenn (Prämisse ist erfüllt) **Dann** (Konklusion ist gültig).

Die Wissensbasis enthält das Wissen eines erfahrenen Anwenders, der mit der durchzuführenden Problemlösung vertraut ist. Dabei dienen unscharfe Produktionsregeln zur Wissensdarstellung. In den Prämissen dieser Regeln werden unscharfe Ausdrücke zur Beurteilung des aktuellen Zustandes verwendet. Da - wie oben bereits erwähnt - menschliche Vorgehensweisen zur Prozeßregelung, Diagnose, Erkennung oder Klassifikation herangezogen werden sollen, ist es notwendig, diese Einschätzung der aktuellen Situation durch den Experten zu erfassen.

Andererseits müssen auch die Handlungsempfehlungen (Konklusionsteil der Regel) eine möglichst gute Repräsentation der menschlichen Handlungen darstellen. Zu diesem Zweck werden auch in der Konklusion unscharfe Formulierungen auf Basis linguistischer Variablen oder auch in Form von **Symbolen** verwendet. Das Wissen in einem Problemlösungsbereich kann daher durch eine Vielzahl solcher Regeln repräsentiert werden. Dabei wird hier unter Symbolen eine spezielle Art der linguistischen Variablen verstanden.

Im Gegensatz zu Regelungsentscheidungen, bei denen eine "scharfe" Stellgröße als Ergebnis erwartet wird, reicht z. B. für Diagnoseaufgaben die Angabe des Zugehörigkeitsgrades aus, zu dem ein spezieller Fehler auftritt. Dies bedeutet, daß zu einem Symbol "Fehler" die Terme (z. B. Kurzschluß, hohe Temperatur, etc.) nicht über einheitliche Basisvariablen definiert sein müssen.

Die Wissensbasis eines Fuzzy Systems kann aus Gründen der Übersichtlichkeit, der Wartbarkeit oder auch zur Generierung von wichtigen Zwischengrößen in mehrere kleinere Regelmengen unterteilt werden.

Inferenz

In regelbasierten Fuzzy Systemen stellt sich das Problem der Verarbeitung der Regeln. Diesen Prozeß, bei dem Schlußfolgerungen aus bestehenden Fakten und vorhandenem Wissen gezogen werden, nennt man **Inferenz** [8-23]. Die Grundlagen von Inferenzverfahren in konventionellen wissensbasierten Systemen sind beispielsweise in [8-28] dargestellt und werden hier nicht mehr explizit wiedergegeben. Im wesentlichen legt man dabei fest, in welcher Reihenfolge die Regeln der Wissensbasis untersucht werden.

Die Inferenz erfolgt nach der Fuzzyfizierung und besteht aus den drei Schritten **Aggregation, Implikation** und **Akkumulation**. Zuerst wird für jede Regel aus der Wissensbasis festgestellt, zu welchem Grad die Prämisse erfüllt ist. Die Prämisse jeder Regel besteht aus einer Verknüpfung von unscharfen Ausdrücken, deren Erfülltheitsgrad durch die Fuzzyfizierung bestimmt wird. Ein solcher Ausdruck wäre etwa

Wenn "Temperaturabweichung ist positiv" **und** Änderung der Temperaturabweichung ist null" **dann** ...

Die **Aggregation** der Einzelwerte ergibt den Erfülltheitsgrad der gesamten Prämisse der betrachteten Regel. Um diese Verknüpfung durchzuführen, kann prinzipiell jeder der in Kapitel 1 dieses Buches angegebenen Operatoren eingesetzt werden. Ein Überblick möglicher Operatoren ist in [8-8] dargestellt. Die Auswahl eines konkreten Operators ist dabei abhängig vom jeweiligen Anwendungsfall. Ausgehend von den verwendeten Eingangsgrößen ist zu beachten, daß der Operator die sprachlich formulierte Verknüpfung tatsächlich abbilden kann. Für bestimmte Klassen von Eingangsgrößen ist es notwendig, die Aussagen der Prämissen gegeneinander abwägen zu können. Zu diesem Zweck werden mittelnde (kompensatorische) Operatoren eingesetzt.

In der Aggregation können daher verschiedenartige Verknüpfungen einzelner Ausdrücke vorgenommen werden. Dazu gehören u. a. die "und"-Verknüpfung, die "oder"-Verknüpfung und kompensatorische Aggregationen.

162

Im nächsten (zweiten) Schritt wird - aufbauend auf dem zuvor errechneten Erfülltheitsgrad der Prämisse - der Erfülltheitsgrad der zugehörigen Konklusion ermittelt. Dieser Schritt bildet den Schluß "Wenn A **dann** B" ab (**Implikation**).

Bei der Implikation können zusätzlich zu den Abhängigkeiten in der Prämisse auch die Regeln unscharf bewertet werden. Dies heißt, daß regelhafte Zusammenhänge der Form "WENN A=x DANN B=y" nicht uneingeschränkt gelten müssen, sondern auch mit Unsicherheit behaftet sein können. So soll z. B. der Sicherheitswert 0.9 in der unscharfen Regel "WENN Spulenwiderstand=2.5 DANN Fehler=Kurzschluß-in-der-Wicklung (0.9)" ausdrücken, daß auch bei Erfülltheit der Prämisse (Bedingung) die Konklusion (Schlußfolgerung) nicht mit Sicherheit gilt, sondern nur zu einem gewissen Sicherheitsgrad (hier 0.9).

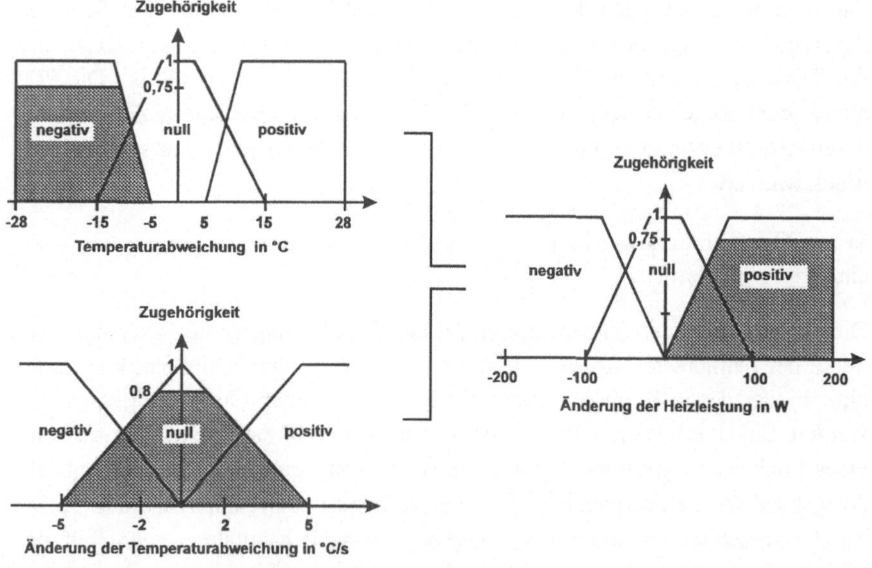

Bild 8-7: Inferenz innerhalb einer Regel

In Bild 8-7 ist ein Beispiel für die Auswertung einer Regel, die aus linguistischen Variablen zusammengesetzt ist, dargestellt. Diese Regel lautet:

Wenn "Temperaturabweichung ist negativ" **und** "Änderung der Temperaturabweichung ist null" **dann** "Änderung der Heizleistung ist positiv" (1.0).

Dabei seien als Meßgrößen ermittelt: Temperaturabweichung = -12 °C und Änderung der Temperaturabweichung = +1 °C/s.

Zur Aggregation der Regelprämissen wird der Minimum-Operator und zur Implikation der Produkt-Operator benutzt.

Bei der Erstellung eines regelbasierten Fuzzy Systems ist es möglich, die gleiche Konklusion in mehreren Regeln zu haben. Dies hat zur Folge, daß in einer Inferenzstufe für eine Konklusion mehrere Ausprägungen gefolgert werden können. Diese Werte müssen, nachdem das Inferenzergebnis einer jeden Regel aus der Wissensbasis feststeht, vor dem Ende oder vor der nächsten Inferenzstufe aggregiert werden. Dieser (dritte) Schritt der Inferenz führt die Einzelresultate einer linguistischen Variablen zusammen (**Akkumulation**). Das Gesamtergebnis entsteht aus der Vereinigung der Einzelergebnisse, d. h. die Regeln werden über "oder"-Operatoren verknüpft.

Ergebnis der Inferenz (bzw. eines Inferenzschrittes bei mehrstufiger Inferenz) ist eine unscharfe Menge für die Outputgröße (unscharfe Ausgangsmenge). Im Fall einer Temperaturregelung kann ein unscharfes Ergebnis für die einzustellende Heizleistung wie in Bild 8-8 angegeben sein.

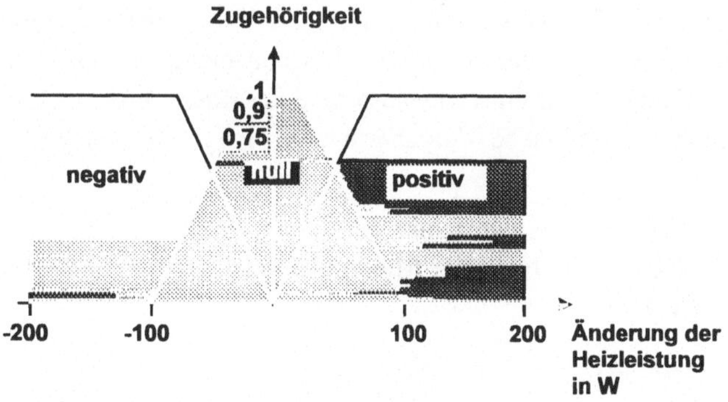

Bild 8-8: Unscharfes Ergebnis der Inferenz

Damit sind die allgemeinen Schritte einer Auswertung von Fuzzy Regeln dargestellt. Diese Form der Inferenz in ihrer jeweiligen Ausgestaltung in Abhängigkeit der gewählten Operatoren findet prinzipiell sowohl bei der wissensbasierten Datenanalyse als auch bei der Regelung mit wissensbasierten Fuzzy Methoden

(Fuzzy Control) Eingang. Bei der wissensbasierten Datenanalyse können am Ausgang der Regeln darüber hinaus ebenfalls Symbole definiert sein.

Ergebnisaufbereitung

Das unscharfe Inferenzergebnis muß nun in einen linguistischen Ausdruck (z.B. Handlungsempfehlung bei Diagnoseaufgaben (Diagnose)) oder einen scharfen Wert (z.B. Stellgröße bei Regelungsaufgaben (Regelung)) zurücktransformiert werden.

Soll der Output in einem linguistischen Ausdruck dargestellt werden, so muß der Benutzer eine linguistische Variable zur Output-Repräsentation, angeben. Sind Symbole bei der Inferenz als Ausgangsgröße verwendet worden, so ist es in den meisten Fällen ausreichend, den Term mit dem höchsten Zugehörigkeitsgrad als Ergebnis zu folgern.

Soll ein linguistischer Ausdruck gefolgert werden, wobei als Ausgang der Inferenz eine linguistische Variable gewählt war, so kann mit Hilfe der Linguistischen Approximation die Ähnlichkeit des Inferenzergebnisses mit dieser linguistischen Variablen ermittelt werden [8-8].

Soll ein scharfer Wert als Ergebnis folgen, wird der Vorgang der Ermittlung als **Defuzzyfizierung** bezeichnet. Ziel ist es, eine scharfe Zahl zu finden, die eine möglichst gute Repräsentation der in der unscharfen Ausgangsmenge der Inferenz enthaltenen Information darstellt. Zur Operationalisierung der Rücktransformation wurden in der Vergangenheit zahlreiche Vorgehensweisen vorgeschlagen [siehe dazu 8-8]. Dies sind z.B.:

- Center Of Area (COA): Flächenschwerpunkt
- Mean Of Maxima (MOM): Mittelwert der Maximalwerte
- Maximum-Methode (MAX)
- Median-Methode

In Bild 8-9 sind als Beispiele für die Defuzzifizierung die Mean of Maxima-Methode (oben) und die Methode des Flächenschwerpunktes (unten) dargestellt.

Es gibt keine allgemeingültige Aussage darüber, welche Strategie zur Defuzzyfizierung "die Richtige" ist [8-29]. Die Entscheidung wird im allgemeinen unter Berücksichtigung rein praktischer Gesichtspunkte getroffen. Hier spielen vor allem Rechenzeitaspekte eine wesentliche Rolle. In neueren Veröffentlichungen zu diesem Thema wurden sowohl Ansätze zur adaptiven Defuzzyfizierung vorgeschlagen als auch Untersuchungen zur Güte dieser Methoden durchgeführt [8-30].

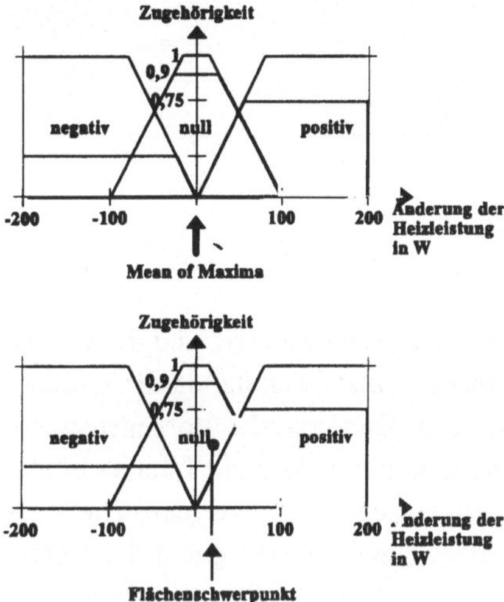

Bild 8-9: Defuzzyfizierungsmethoden

8.3.2   Einsatz wissensbasierter Fuzzy Systeme

Die oben dargestellte Vorgehensweise ist in verschiedenen Bereichen einsetzbar (Fuzzy Control, wissensbasierte Fuzzy Datenanalyse). Durch die unterschiedlichen Anforderungen einerseits und die unterschiedliche Art von Input und Output andererseits ist folgende Fallunterscheidung möglich:

Input:

- scharfe Meßgrößen
- Einschätzung des Experten

Output:

- scharfe Stellwerte
- Symbole mit Zugehörigkeiten als Repräsentanten für die Entscheidung

Bei Fuzzy Control sind sowohl Input als auch Output scharfe Werte und das Wissen des Experten wird in unscharfen Produktionsregeln abgelegt, die vollständig als linguistische Variablen definiert sind.

166

Dazu ist folgende Struktur notwendig:

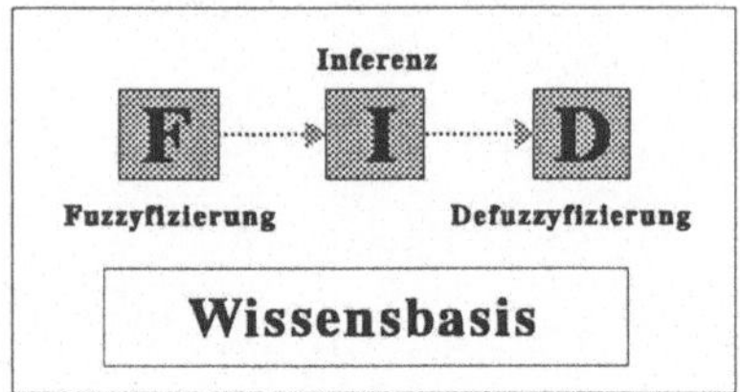

Bild 8-10: Struktur Fuzzy Control

Für den Fall, daß der Input des Fuzzy Systems scharfe Meßwerte und der Output der Inferenz Symbole sind, benötigt man keine Defuzzyfizierung, da diese immer eine linguistische Variable als Output voraussetzt. Diese Art der Vorgehensweise ist z.B. für die medizinische Diagnose notwendig. Fuzzy Systeme können in vielen Bereichen zur wissensbasierten Datenanalyse angewendet werden. Dazu gehören u. a. die Gebiete der Prozeßanalyse, der Signalauswertung und der technischen Diagnose.

Prinzipiell ist folgende Systemstruktur gegeben (Bild 8-11):

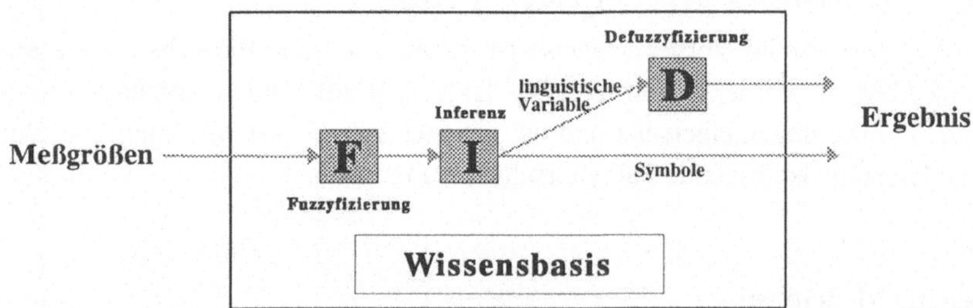

Bild 8-11: Struktur Wissensbasierte Datenanalyse

Dabei ist je nach Art der Problemstellung die Inferenz und die Wissensbasis aufzubauen.

Der nächste Abschnitt des Kapitels enthält eine Anwendung zur Fehlerdiagnose eines Gleichstrommotors. Dabei wird die wissensbasierte Fuzzy Datenanalyse auf der Basis des zweiten Weges dargestellt, d.h. es erfolgt eine Nutzung von Symbolen als Output der Inferenz.

8.3.3 Anwendung zur Fehlerdiagnose eines Gleichstrommotors

Im Bereich der Instandhaltung ist die technische Diagnose, d.h. die Untersuchung etwaiger Maschinenfehler und daraus abgeleiteter Handlungsanweisungen, eine wichtige Aufgabenstellung. Die dabei zu berücksichtigenden Eingangsgrößen können Meßwerte der jeweiligen Anlage oder charakteristische Größen der damit hergestellten Produkte (z. B. Qualitätskenngrößen) sein. Beispielhaft für solche Anwendungen aus dem Bereich der Instandhaltung wird das Problem der Diagnose eines Gleichstrommotors kurz erläutert [8-24, 8-31].

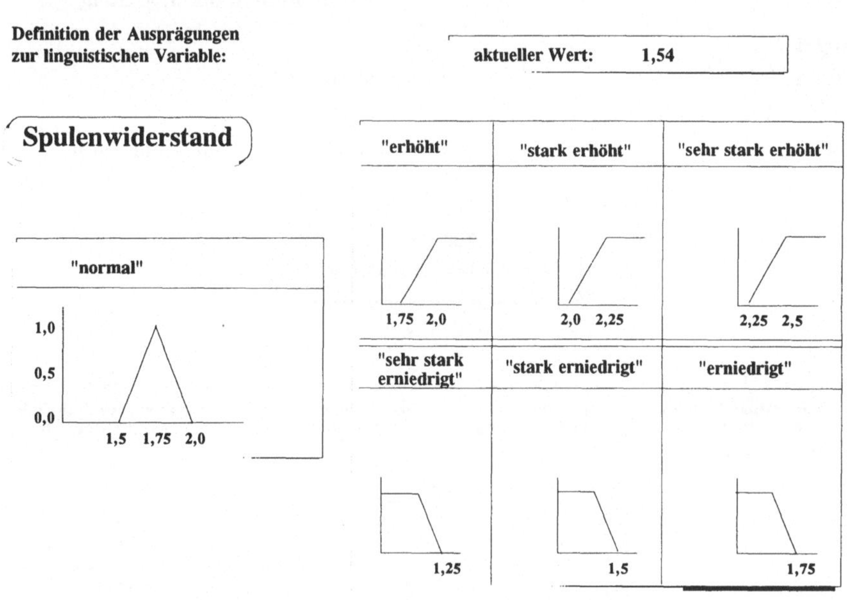

Bild 8-12: Linguistische Terme der Variablen "Spulenwiderstand"

Bei der Untersuchung eines solchen Motors können unterschiedliche Fehler festgestellt werden. Hierzu gehören u. a.: Kurzschluß in der Wicklung, Kurzschluß in der Spule, usw. Ein erfahrener Experte hat Wissen über die Ursache-Wirkungs-Zusammenhänge der möglichen Fehler. Nachfolgend seien beispielhaft die Beziehungen zwischen einem Fehler und dessen Ursachen dargestellt. Die dabei auftretende Variable V_i ist keine gemessene Kenngröße des Motors, sondern eine

168

intern berechnete Größe. Die linguistische Variable "Spulenwiderstand" ist im folgenden Beispiel wie in Bild 8-12 dargestellt, modelliert.

Die in Bild 8-13 enthaltenen Zusammenhänge können folgendermaßen in Form von Wenn-Dann-Regeln angegeben werden:

Regel 1:

Wenn	Spulenwiderstand	erniedrigt
und	Spuleninduktion	stark erniedrigt
und	Kurzschlußstrom	aufgetreten
und	magnetisches Ungleichgewicht	aufgetreten
dann	Fehler =	Kurzschluß in der Wicklung

Regel 2:

Wenn	V_i	stark erhöht
und	Temperatur	erhöht
dann	Fehler =	Kurzschlußstrom aufgetreten

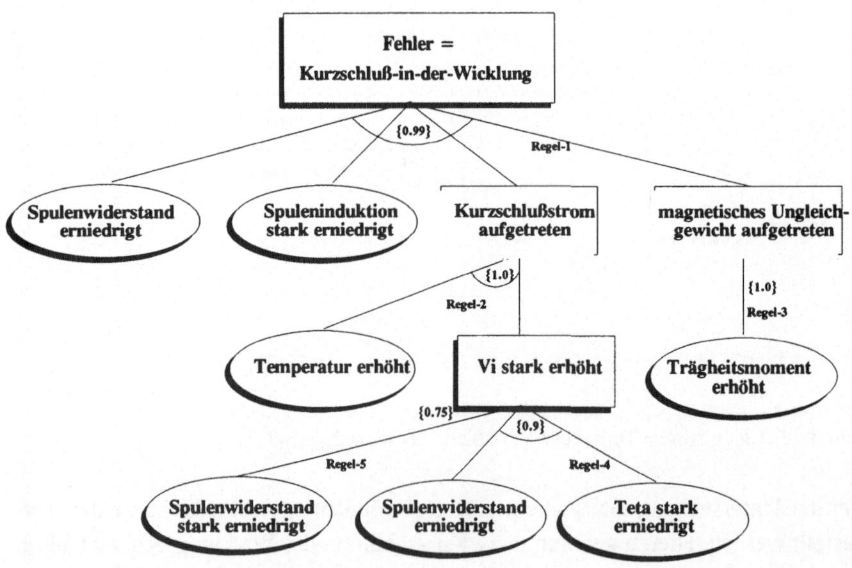

Bild 8-13: Fehlerbaum zu "Kurzschluß in der Wicklung

Regel 3:

Wenn	Trägheitsmoment	erhöht
dann	Fehler =	magnetisches Ungleichgewicht aufgetreten

Regel 4:

Wenn	Spulenwiderstand	erniedrigt
und	Teta	stark erniedrigt
dann	$V_i =$	stark erhöht

Regel 5:

Wenn	Spulenwiderstand	stark erniedrigt
dann	V_i	stark erhöht

Diese Zusammenhänge erscheinen auf den ersten Blick plausibel und könnten in der angegebenen Form auch von mehreren Fachleuten aus dem mit solchen Aufgaben betrauten Bereich akzeptiert werden. Da das so beschriebene Wissen jedoch nicht mathematisch exakt sondern mit unscharfen Formulierungen vorliegt, ergibt sich ein Problem bei der wissensbasierten Analyse der den Motor beschreibenden Daten. Im Bereich der regelbasierten Fuzzy Datenanalyse gibt es Methoden und Software-Tools zur adäquaten Behandlung dieser Problematik. Dabei kann die Fuzzy Inferenz, wie sie beispielsweise in dem Datenanalyse-Tool DataEngine implementiert ist, angewendet werden [8-24].

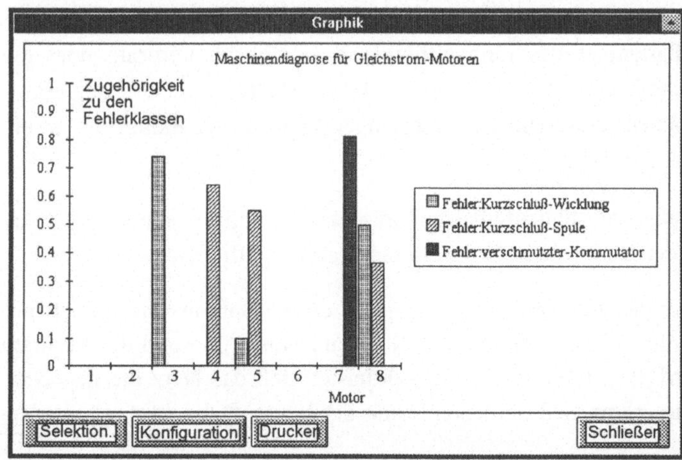

Bild 8-14: Graphische Ausgabe der Fehlerdiagnose für acht verschiedene Motoren

Die vollständige Modellierung und Implementierung [8-32] führt für ein Beispiel mit acht zu überprüfenden Motoren zu dem in Bild 8-14 gezeigten Ergebnis.

Neben der kurz skizzierten technischen Diagnose sind u. a. auch im medizinischen Bereich und im Umweltschutzsektor Anwendungspotentiale von regelbasierten Systemen zur Datenanalyse zu nennen; vgl. [8-21].

8.4 Neuro-Fuzzy Systeme

8.4.1 Fuzzy Kohonen Clustering Network

Im folgenden wird das Fuzzy Kohonen Clustering Network (FKCN) [8-33] vorgestellt sowie seine Vor- und Nachteile erläutert.

Es handelt sich hierbei um ein Neuro-Fuzzy Modell, bei dem Fuzzy Logik und künstliche Neuronale Netzwerke nicht mehr selbständig nebeneinander existieren, sondern in einem Gesamtmodell ineinander übergehen. Im speziellen sind dies die selbstorganisierenden Karten von Kohonen [8-34] und der Fuzzy C-Means Algorithmus [8-12], der bereits oben ausführlich dargestellt wurde.

Das vorrangige Ziel dieser Symbiose ist es, die Vorteile der einzelnen Verfahren zu kombinieren und deren Unzulänglichkeiten zu kompensieren. Insbesondere die selbstorganisierenden Karten von Kohonen weisen algorithmisch bedingte Schwächen auf, die sich ungünstig auf den Lernerfolg auswirken können. So gilt für diese, daß

- verschiedene Parameter des Lernverfahrens wie z.B. die Lernrate oder die Größe der Nachbarschaft für die Adaption der Gewichte nur heuristisch ermittelt werden können, daß heißt bei ungünstiger Wahl dieser Parameter ist ein Lernerfolg nicht garantiert,

- das Ergebnis von der Reihenfolge der präsentierten Muster abhängig ist, da eine Adaption der Gewichte nach jeder Präsentation stattfindet,

- die Konvergenz des Lernverfahrens nicht auf einem Optimierungsmodell basiert, sondern durch Verminderung der Nachbarschaftsgröße und der Lernrate erzwungen wird. Es ist somit nicht gewährleistet, daß das Netz die gegebene Problemstellung erlernt und die Komplexität der Lernaufgabe passend wiedergibt.

Da C-Means Algorithmen im Gegensatz zu Kohonen-Netzen Optimierungsprozeduren sind, ist die Integration des Fuzzy C-Means in den Kohonen Algorithmus ein möglicher Weg, die o. a. Unzulänglichkeiten zu umgehen. Dahinter steckt die Idee, die Lernrate durch Zugehörigkeitswerte zu ersetzen [8-35] und die Parallelität des Fuzzy C-Means mit der Struktur und der Adaptionsregel des Kohonen Netzes zu kombinieren. In diesem Fall wird die Netzstruktur des Kohonen Netzes übernommen und der Fuzzy C-Means in die Adaptionsregel miteingebaut.

Der Algorithmus kann dabei wie folgt beschrieben werden:

Schritt 1

Lege die Netzstruktur durch Angabe der Neuronenanzahl c fest, wobei als Mindestanzahl zwei Neuronen gefordert werden und stelle eine Konvergenzschwelle $\varepsilon > 0$ ein. Auf die Bedeutung dieser Konvergenzschwelle wird später noch eingegangen. Außerdem ist ein Distanzmaß vorzugeben wie z.B. die euklidische Distanz.

Schritt 2

Initialisiere alle Gewichtsvektoren $v_{i,t}$ der Neuronen mit Zufallszahlen und wähle geeignete Werte für den Exponenten $m_0 > 1$ und die Exponentenschrittweite Δm.

Schritt 3

Ermittle aus den Gewichtsvektoren $v_{i,t}$ und den Merkmalsvektoren x_k der K Objekte mit (8-10) die Zugehörigkeiten $u_{ik,t}$ zum Zeitschritt t. Aus diesen Zugehörigkeiten und dem aktuellen Exponentengewicht m_t wird für jedes Neuron eine individuelle Lernrate $\alpha_{ik,t}$ in Bezug auf jedes einzelne Objekt K mittels (8-11) und (8-12) berechnet.

$$(8\text{-}10) \qquad u_{ik,t} = \frac{1}{\sum_{j=1}^{c} \left(\frac{\|x_k - v_{i,t}\|}{\|x_k - v_{j,t}\|} \right)^{\frac{2}{m_t-1}}}, \qquad \begin{array}{l} \forall i = 1,....,c \\ \forall k = 1,....,K \end{array}$$

$$(8\text{-}11) \qquad \alpha_{ik,t} = \left(u_{ik,t} \right)^{m_t}$$

$$(8\text{-}12) \qquad m_t = m_0 - t\Delta m$$

Diese Berechnungsweise erhält den Selbstorganisationscharakter des Kohonen-Netzes. Statt einer expliziten Angabe von Nachbarschaften für die Adaption der

Gewichte wird über das aktuelle Exponentengewicht, welches auch als Unschärfeparameter bezeichnet werden kann, eine individuelle Lernrate für jedes Neuron berechnet und somit eine Fokussierung auf das Winner Neuron erreicht. Die Verminderung des Exponentengewichts um die Exponentenschrittweite nach jedem Lernschritt hat nämlich zur Folge, daß $m_t \rightarrow 1$ strebt und somit der Anteil der Lernrate an der Gesamtlernrate für das Winner Neurons anwächst. Für den Exremfall $m_t = 1$ wird nur noch das Winner Neuron adaptiert.

Schritt 4

Adaptiere alle Gewichtsvektoren $v_{i,t}$ mittels (8-13).

$$(8\text{-}13) \qquad v_{i,t} = v_{i,t-1} + \frac{\sum_{k=1}^{K} v\,\alpha_{ik,t}(x_k - v_{i,t-1})}{\sum_{s=1}^{c} \alpha_{is,t}}, \qquad \forall i = 1,....,c$$

Anmerkung:

Die Neuronengewichte werden erst nach Berücksichtigung aller Merkmalsvektoren angepaßt, so daß die Abhängigkeit von der Präsentationsreihenfolge, wie sie im Kohonennetz auftritt, entfällt.

Schritt 5

Ermittle die Änderungen der Zugehörigkeitsmatrix in bezug auf den letzten Lernschritt nach (8-14).

$$(8\text{-}14) \qquad E_t = \sum_{i=1}^{c} \sum_{k=1}^{K} \left\| u_{ik,t} - u_{ik,t-1} \right\|^2$$

Schritt 6

Beende den Lernprozeß, falls für eine geeignet gewählte Matrixnorm der Abstand E_t zwischen der alten und neuen Zugehörigkeitsmatrix kleiner als ein vorgegebener Wert ε, der sogenannten Konvergenzschwelle wird. Anderenfalls fahre bei Schritt 3 fort und starte einen neuen Lernschritt.

Bedeutung der verwendeten Größen:

$v_{i,t}$: Gewichtsvektor des Neurons i während des Lernschritts t

$u_{ik,t}$: Zugehörigkeit des Objekts k zum Neuron i während des Lernschritts t

$\alpha_{ik,t}$: Lernrate des Neurons i bezogen auf das Objekt k während des
Lernschritts t

x_k: Merkmalsvektor des Objekts k

ε: Konvergenzschwelle

t: aktueller Lernschritt

m_t: Exponentengewicht während des Lernschritts t

m_0: Startwert des Exponentengewichts

Δm: Exponentenschrittweite

E_t: Änderung der Zugehörigkeitsmatrizen zwischen zwei aufeinander
folgenden Lernschritten

c: Anzahl Neuronen

K: Anzahl Objekte

Anmerkung:
Die oben erwähnten Schwächen des Kohonen Netzes werden also durch die Integration des Fuzzy C-Means in das Netz umgangen. Zudem zeigt sich, daß auch die Konvergenzeigenschaften des Netzes wesentlich verbessert werden, da nun deutlich weniger Trainingszyklen zur Erlernung der Aufgabenstellung erforderlich sind [8-33]. Dieser Zeitgewinn in der Trainingsphase des Netzes allein ist schon ein bedeutender Vorteil gegenüber dem Kohonen Netz.

Des weiteren läßt sich feststellen, daß der Algorithmus sehr stabil gegenüber Änderungen der Parameter Exponent und Exponentenschrittweite ist [8-33].

Für den Fall, daß die Exponentenschrittweite $\Delta m = 0$ gewählt wird und die Anzahl der Neuronen auf der Kohonen Karte mit der Anzahl der erwarteten Klassen übereinstimmt, geht der Algorithmus in den Fuzzy C-Means über. Werden jedoch mehr Neuronen als erwartete Klassen verwendet, so hat dies gegenüber dem Fuzzy C-Means den Vorteil, daß nun mehrere Neuronen für eine Klasse zuständig sind und somit auch komplexere Klassengrenzen nachgebildet werden können. In diesem Fall werden die hyperkugelförmigen Klassengrenzen der einzelnen Neuronen bei Verwendung des euklidischen Abstandsmaßes zu einer resultierenden Klassengrenze zusammengefaßt. In diesem Fall kann natürlich nicht mehr von Klassenzentren gesprochen werden, vielmehr handelt es sich um Klassenrepräsentanten.

Im folgenden wird eine Anwendung mit dem Fuzzy Kohonen Clustering zur akustischen Qualitätskontrolle vorgestellt.

8.4.2 Akustische Qualitätskontrolle mit dem Fuzzy Kohonen Netz

Bei der Produktion von Fliesen werden die Fliesenrohlinge in Öfen gebrannt. Dabei können durch Einschlüsse im Rohmaterial beim Brennen Risse in der Fliese auftreten, die zu einer Qualitätsminderung führen. Bisher wird die Qualitätskontrolle der Fliese durch einen Mitarbeiter am Fließband durchgeführt. Dieser klopft mit einem Hammer auf die vorbeifahrenden Fliesen und beurteilt durch den dabei entstehenden Klang deren Qualität.

Ziel der Untersuchung war es, diesen Kontrollprozess zu automatisieren. Dabei wird mit Hilfe eines Mikrophons der Klang des Schlaggeräuschs aufgenommen und mit einer entsprechenden Meßmimik in auswertbare Daten transformiert (Bild 8-15).

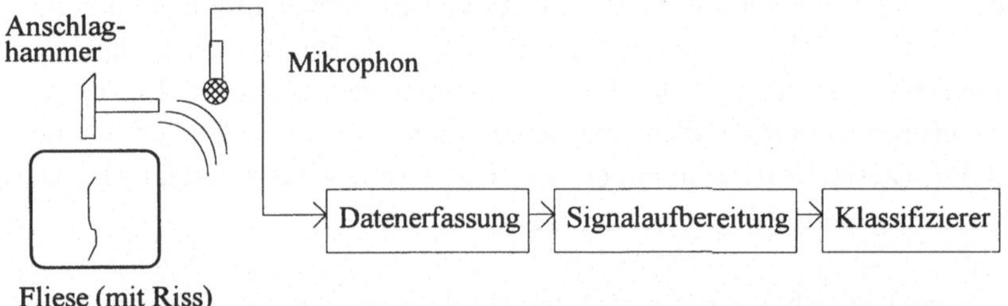

Bild 8-15: Prinzipieller Aufbau der Meßstrecke zur akustischen Qualitätskontrolle von Fliesen

Mittels des Fuzzy Kohonen Netzes, das oben bereits dargestellt wurde, werden nun anhand von Trainingsbeispielen Klassen für gute bzw. weniger gute Produktqualität gefunden. Dabei wurden die in Bild 8-16 dargestellten Parametereinstellungen gewählt.

Der so erhaltene Klassifikator kann nun genutzt werden, um Fliesen aus dem aktuellen Produktionsprozeß zu klassifizieren und daraus die Produktqualität automatisch zu bestimmen.

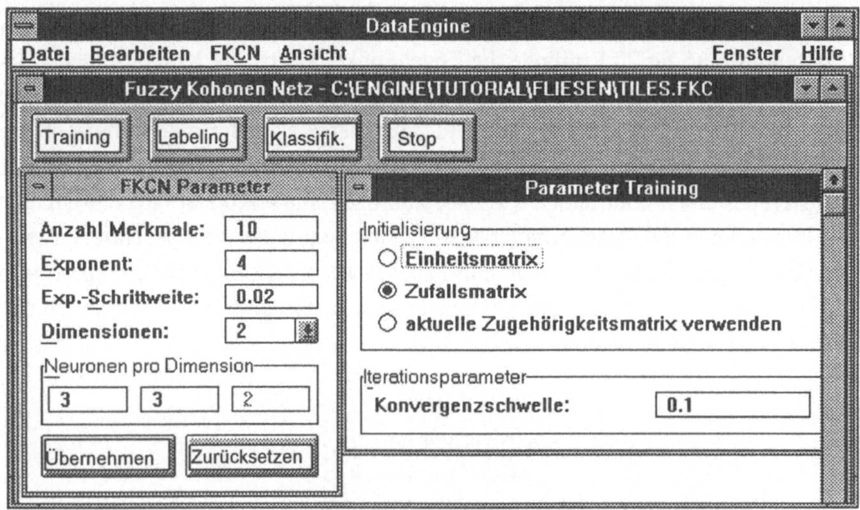

Bild 8-16: Einstellparameter des Fuzzy Kohonen Netzwerkes [8-32]

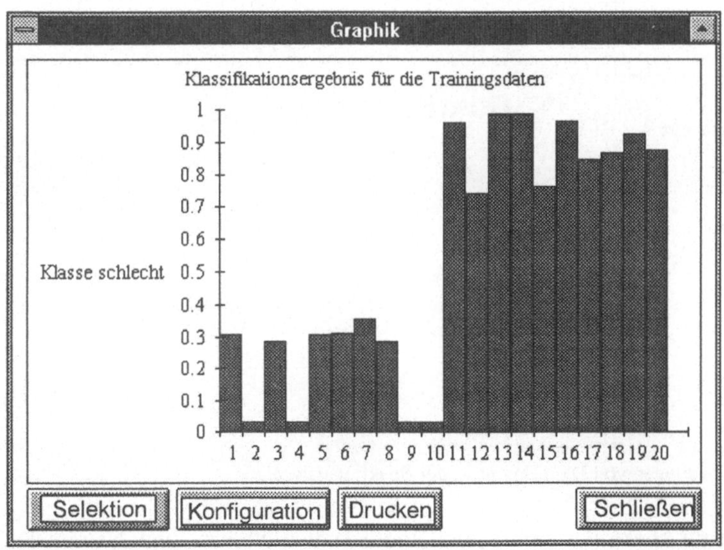

Bild 8-17: Klassifikationsergebnis für 20 Prüflinge

In Bild 8-17 ist das Klassifikationsergebnis für einige Fliesen dargestellt. In der Darstellung sind für 20 Prüflinge die Zugehörigkeitswerte zur Klasse schlecht abgebildet. Man erkennt hier die nicht scharfe Zuordnung in die Klasse schlecht bzw. gut. Eine Fliese wird je nach Grad des Defektes mehr oder weniger in die entsprechende Klasse eingestuft. Gegenüber klassischen Verfahren, die Objekte gänzlich der einen oder anderen Klasse zuordnen müssen, kann hier die Qualität der Fliese durch die Zugehörigkeitswerte sehr schön quantitativ beschrieben werden. Eine Klassifiaktion in bestimmte Fehlerklassen wird möglich und so können auch bestimmte Qualitätsnormen beispielsweise 1. Wahl, 2. Wahl, etc. durch den Algorithmus erkannt werden.

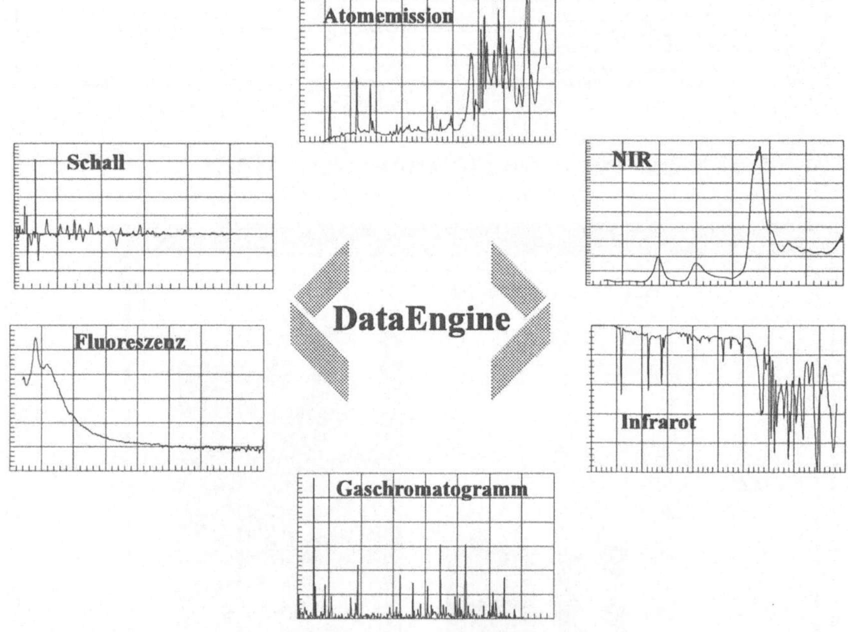

Bild 8-18: Anwendungen von Data Engine in der Spektralanalyse

Die Auswertung spektraler Information mit Fuzzy Methoden und Neuronalen Netzen ist nicht auf Frequenzspektren beschränkt. In der chemischen Analytik werden sehr viele verschiedenartige Spektren aufgenommen, die zur Analyse chemischer Stoffe verwendet werden. Auch hier stellt sich die Frage nach der

Interpretation der enthaltenen Informationen. Zwar wurden in den letzten Jahren die Meßmethoden immer weiter verfeinert, jedoch werden zur Auswertung dieser Spektren weiterhin klassische statistische Methoden verwandt. Die Berücksichtigung unterschiedlicher Meßbedingungen bleibt auch hier außen vor. Fuzzy Methoden können hier ähnlich wie bei der Akustik wertvolle Hilfe leisten, die die Interpretation dieser Spektren verfeinern. Eine Auswahl von bereits untersuchten Spektrentypen ist in Bild 8-18 zu sehen. Diese Untersuchungen können mit DataEngine durchgeführt werden. Das Software Tool ist im folgenden Abschnitt näher beschrieben.

8.5   DataEngine

Das Software Tool DataEngine [8-24] enthält verschiedene Methoden zur intelligenten Datenanalyse. Dazu gehören neben Neuronalen Netzen und wissensbasierten Ansätzen auch Verfahren der Fuzzy Cluster-Analyse. Neben diesen Methoden zur Datenanalyse umfaßt DataEngine auch Verfahren zur Datenvorverarbeitung. Dazu zählen u.a. die Filterung von Eingangssignalen (z.B. Bessel, Butterworth, Tschebyscheff, Cauer), Fourier-Transformation, inverse Fourier-Transformation, Datenvervollständigung und statistische Verfahren wie beispielsweise Korrelations- und Regressionsrechnungen.

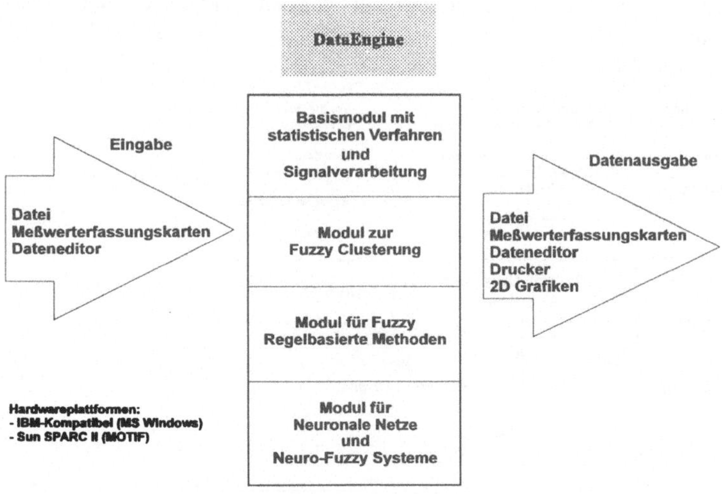

Bild 8-19: Aufbau des Datenanalyse Tools DataEngine

Bei den neuronalen Techniken sind die nachfolgend angegebenen Lernstrategien in DataEngine implementiert. Mittels Backpropagation kann aus Trainingsdaten überwacht gelernt werden. Das Kohonen Netz ermöglicht das unüberwachte Lernen. Mit dem Fuzzy Kohonen Netz ist ein Ansatz aus dem Bereich der Neuro-Fuzzy Systeme in DataEngine integriert.

Der wissensbasierte Teil enthält verschiedene Strategien zur Fuzzy Inferenz. Hier ist insbesondere die mehrstufige Inferenz zu nennen, die eine Erweiterung gegenüber den herkömmlichen Fuzzy-Tools darstellt.

Damit stellt DataEngine insgesamt eine sehr umfassende Toolbox zur intelligenten Datenanalyse dar, die u.a. auch die Erstellung von hybriden Systemen erlaubt. Dabei können verschiedene der angegebenen Verfahren miteinander kombiniert werden.

Aufgrund der großen Vielfalt bei möglichen Problemstellungen aus dem Bereich der Datenanalyse enthält DataEngine unterschiedliche Module, die je nach Anforderung aufgabenspezifisch auf einer sogenanten Karte zusammengestellt werden können. Diese Karte repräsentiert eine vollständige Anwendung der Datenanalyse, die vom Einlesen der Daten über die Datenvorverarbeitung und Verfahren der Klassenbildung bis hin zur Ergebnisdarstellung reicht.

Anwendungen, die mit DataEngine durchgeführt wurden, sind beispielhaft in Bild 8-20 dargestellt.

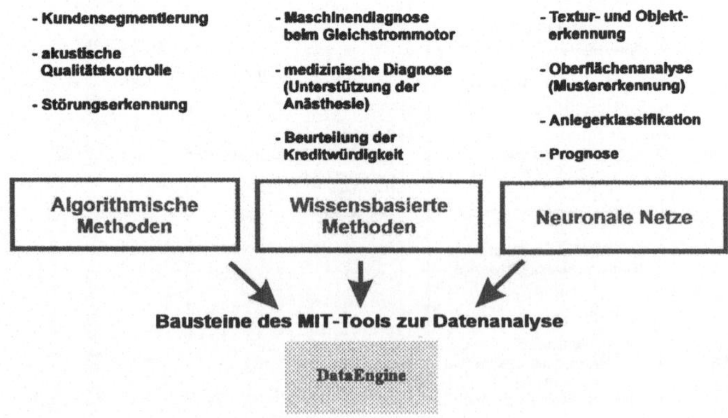

Bild 8-20: Anwendungsmöglichkeiten von DataEngine

Damit diese Anwendungen in effizienter Weise durchgeführt werden können und in den Prozeßablauf miteingebunden werden können, wurde die Bibliothek DataEngine ADL (Application Development Library) entwickelt. Hiermit ist es möglich, in DataEngine erstellte Klassifikatoren in bestehende Anwendungen direkt einzubinden. Der Ablauf ist schematisch in Bild 8-21 dargestellt.

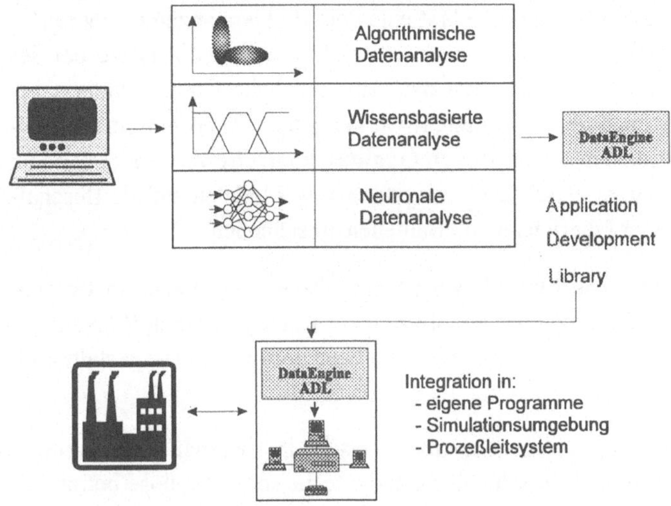

Bild 8-21: Integration eines Klassifikators mit DataEngine ADL [8-36]

8.6 Zusammenfassung und Ausblick

Die Forschung auf dem Gebiet der Fuzzy und Neuronalen Datenanalyse hat in den letzten Jahren eine gewaltige Dynamik erhalten. Es vergeht kaum ein Monat, wo nicht ein neuer Algorithmus bzw. eine Modifkation eines bereits bekannten Verfahrens publiziert wird. Dabei muß jedoch beachtet werden, daß ein großer Teil dieser Verfahren auf sehr spezielle Anwendungen beschränkt ist.

Die vorgestellten industriellen Anwendungen haben jedoch gezeigt, welches Anwendungspotential in den gezeigten Verfahren steckt. Dabei ist es erforderlich, daß für die betrachtete Aufgabenstellung der richtige Algorithmus verwendet wird. Die hier vorgestellten Algorithmen eignen sich hervorragend für Datenanalyseaufgaben. Aktuelle Arbeiten der MIT GmbH auf diesem Gebiet lassen eine sehr große Anwendungsbreite dieser Verfahren vermuten [8-37].

Die Qualitätssicherung ist eine wesentliche Aufgabe in Unternehmen des produzierenden Gewerbes. Die **akustische Qualitätskontrolle** bei der Prüfung von Glas-, Porzellan- und Keramikprodukten ermöglicht die Beurteilung unterschiedlicher Fehlerklassen, die auftreten können. Eine Automatisierung dieses Vorgangs scheiterte bislang oft daran, daß die verschiedenen Fehlerklassen sich nicht eindeutig voneinander trennen lassen und daher oft falsche Zuordnungen vorgenommen wurden. Die Fuzzy Datenanalyse läßt eine dem Problem angemessenere Beurteilung der entsprechenden Produkte zu. Damit tragen Fuzzy Ansätze bei der Auswertung von Meßergebnissen dazu bei, daß eine hohe Qualität unter wirtschaftlichen Gesichtspunkten sichergestellt werden kann. Datenanalyse kann neben der akustischen auch in der **optischen Qualitätskontrolle** verwendet werden. Das Ziel dabei ist es u. a., durch die Auswertung von Bilddaten auf die Beschaffenheit und Qualität der Oberfläche von Bauteilen zu schließen.

Ähnlich wie in der Qualitätskontrolle kann Fuzzy Datenanalyse auch in **Prozeßleitsysteme** integriert werden. Dies könnte zu einer Unterstützung in Störsituationen führen und die Bedienung solcher Systeme benutzerfreundlicher gestalten [8-38].

Eine weitere Anwendung der Datenanalyse besteht im Bereich der **Diagnose**. Dabei wird sowohl die medizinische als auch die technische Diagnose betrachtet. Technische Diagnosen können u.a. zur **Maschinenüberwachung** eingesetzt werden. Liefert ein Hersteller von Werkzeugmaschinen eine Unterstützung zur Maschinendiagnose mit, so vereinfacht dies die Wartung der Anlage. Ein japanischer Anbieter solcher Maschinen konnte beispielsweise durch die wissensbasierte Fuzzy Datenanalyse zeigen, daß die mittlere Stillstandszeit um über 20% gesenkt werden konnte.

Neben den genannten mehr technischen Bereichen kann eine intelligente Datenanalyse auch in verschiedenen nicht-technischen Gebieten erfolgversprechend angewendet werden. Dazu gehört die bereits angesprochene **medizinische Diagnose**.

Weitere Anwendungspotentiale bestehen im Bereich der **Finanzdienstleistungen**. Beispielsweise kann durch eine geeignete **Anlegerklassifikation** auf spezielle Werbemaßnahmen für die jeweilige Anlegerschicht geschlossen werden. Damit wird ein gezielteres Vorgehen bei der Kundenbetreuung möglich. Im Bereich der **Kreditwürdigkeitsbeurteilung** wurden mit Fuzzy und Neuronaler Datenanalyse bereits vielversprechende Erfolge erzielt. Das gleiche gilt für die Auswertung von Aktiendaten zur **Kursprognose** mittels Neuronaler Netze.

Im Bereich des **Marketing** sind vergleichbare Aussagen für die Absatzprognose möglich. Dabei wird durch die Auswertung von unscharf formulierten und qualitativen Marktinformationen auf das zu erwartende Absatzpotential bestimmter Produkte geschlossen.

Damit ist gezeigt, welche Potentiale die Fuzzy und Neuronale Datenanalyse in den verschiedensten Bereichen haben kann. Nun kommt es darauf an, daß mögliche industrielle Anwendungen rechtzeitig erkannt und effizient realisiert werden.

9 Einsatz von Neuronalen Netzen zur Aktienmarktanalyse

Dipl.-Volkswirt Jürgen Graf, Karlsruhe

In diesem Beitrag wird der Versuch unternommen, die Möglichkeiten des Einsatzes Neuronaler Netze zur Aktienmarktanalyse zu beschreiben. Nach einer kurzen allgemeinen Einführung in die Thematik Neuronale Netze, werden kurz verschiedene Einsatzgebiete im Bankbereich erläutert. Danach werden nach einer knappen Einführung in das Themengebiet Aktienanalyse die verschiedenen unterschiedlichen Prognosemethoden vorgestellt. Es wird gezeigt, inwieweit Neuronale Netze als integrierendes Element in bestehende Analysesysteme zu verwenden sind. Insbesondere wird dargestellt, daß mit Neuronalen Netzen die Modellierung von Nicht-Linearitäten, wie sie auf Kapitalmärkten gegeben sind, möglich ist. Abschließend wird im Resümee das Potential Neuronaler Netze zur Aktienmarktanalyse kritisch beleuchtet.

9.1 Einleitung

In vielen Problembereichen sieht man sich vor die Aufgabe gestellt, auf der Grundlage unsicherer oder unvollständiger Informationen zu handeln. Da in diesen Gebieten oftmals die Zusammenhänge noch nicht theoretisch erforscht sind, bedient man sich neuerdings moderner Verfahren der Künstlichen Intelligenz zur Modellierung von noch unbekannten Wirkungszusammhängen. Mit dem möglichen Finden neuer Gesetzmäßigkeiten werden auf diese Weise künstliche Systeme erzeugt, die den Experten bei Routinetätigkeiten ersetzen und ferner bei komplexen Entscheidungsprozessen unterstützen sollen. Neben den bereits lange bekannten Expertensystemen haben sich dabei in der jüngeren Vergangenheit Neuronale Netze sowie Verfahren des Maschinellen Lernens in den Vordergrund gedrängt. Während ein Expertensystem verlangt, daß das zu beschreibende Problem hinreichend adäquat gelöst ist zwecks Umsetzung in einfache 'Wenn-dann'-Regeln, wird ein Neuronales Netz aus Beispielfällen trainiert. So hat sich auf dem Gebiet der Finanzmarktanalyse bis heute kein überzeugender theoretischer Lösungsweg gefunden, mit dem das Problem von Kapitalmarktprognosen zu lösen wäre. Da die Realisierung von 'guten' Prognosen auf Finanzmärkten nicht mit der These der Markteffizienz auf Kapitalmärkten vereinbar ist, erscheint es dabei aus wissenschaftlicher Sicht nicht möglich, eine saubere theoretische Lösung zu erarbeiten. Aus Sicht der Praxis zeigt sich allerdings in dieser Frage ein sehr starker Forschungsbedarf, der zur paradoxen Situation führt, daß in der Praxis Methoden gesucht werden, die es nach weitverbreiteter wissenschaftlicher Sicht gar nicht geben dürfte. Erst in den letzten Jahren hat hier auch im wissenschaftlichem Bereich ein Umdenkungsprozeß begonnen, der die Analyse und den möglichen Einsatz moderner Prognoseinstrumente nicht mehr länger negiert. Insbesondere in dem genannten Bereich erscheinen Neuronale Netze prädestiniert, durch ihre Lernfähigkeit Lösungswege zu finden, die sich bereits in der Vergangenheit bewährt hatten.

9.2 Neuronale Netze

9.2.1 Einführung

Generell ist unter einem Neuronalen Netz ein, in Analogie zum menschlichen Gehirn, aus vielen einfachen Einheiten aufgebautes Geflecht zu vestehen, wobei die 'units' über Gewichte miteinander verbunden sind. Unter der Vielzahl an verschiedenen Netzwerktypen ist besonders das 'Backpropagation'-Netzwerk - auch 'Multilayer-Perceptron' genannt - hervorzuheben.

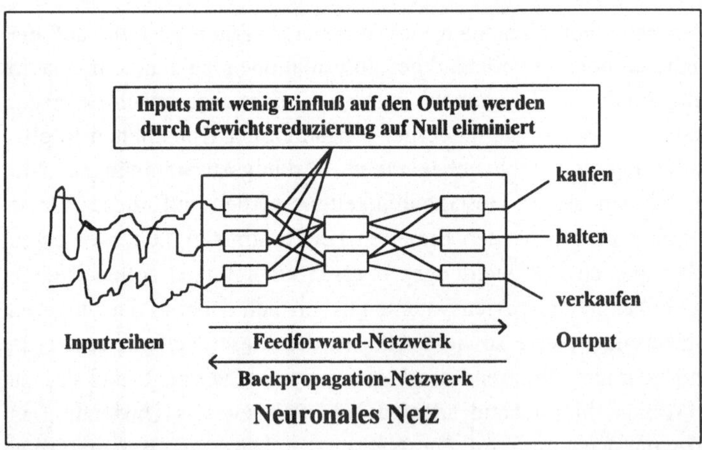

Bild 9-1: Neuronales Netz

Ausgehend von Informationen, die an die Inputschicht angelegt werden, wird über die Gewichte der Neuronen ein Output erzeugt, der dann mit dem tatsächlich realisierten und bereits bekannten Ergebnis verglichen wird. Durch den

Vergleich von gewünschtem und realisiertem Output kann ein Fehler berechnet werden, der dann zur Anpassung der Gewichte benützt wird, wobei die Fehlerminimierung über ein Gradientenverfahren erreicht wird. Nach Abschluß des Konvergenzverfahrens ist in den Gewichten die gesamte Struktur zwischen In- und Output repräsentiert, wobei durch den Einsatz von Zwischenschichten sowie von nicht-linearen Aktivierungsfunktionen auch nicht-lineare Zusammenhänge modelliert werden können. Diese Eigenschaft macht insbesondere die Wirksamkeit der Neuronalen Netze auf dem Gebiet der Finanzmarktanalyse aus.

Darüber hinaus sorgt die Adaptivität Neuronaler Netze dafür, daß keine Struktur zwischen den In- und Outputdaten vorgegeben werden muß. Bei Fragestellungen ohne bereits bekannten theoretischen Hintergrund ist diese Eigenschaft besonders wertvoll. Gleichzeitig können auf diesem Wege nicht eindeutig festgelegte Lösungen über Assoziativspeicher oder Interpolationsfunktionen approximiert werden. Darüber hinaus ist durch die Lernfähigkeit die Möglichkeit vorgegeben, relativ häufig eine Anpassung an die aktuell bestehende Datenstruktur vorzunehmen. Dies hat vor dem Hintergrund eines schnellebigen Kapitalmarktes mit vielen Veränderungen ein starkes Gewicht.

9.2.2 Anwendungsgebiete

Eines der interessantesten Einsatzgebiete Neuronaler Netze dürfte im Bankbereich zu finden sein. Der Grund liegt in der Fülle von Daten, die für viele Entscheidungsprozesse in der bankbetrieblichen Praxis erhoben und benötigt werden. Da die Stärke von Neuronalen Netzen in der Analyse von Zusammenhängen zwischen verschiedenen Faktoren liegt, die über Daten abgebildet werden, ist der Bankbereich besonders geeignet für den Einsatz von Neuronalen Netzen.

Eine Reihe von Banken arbeitet an Prognosemodellen, die neben klassischen statistischen Verfahren auch mit der Technologie von Neuronalen Netzen ausgestattet sind. So ist es heute für jede Bank unerläßlich, die zukünftige Entwicklung der Aktien-, Renten- und Devisenmärkte einigermaßen zuverlässig abzuschätzen und frühzeitig das Risiko finanzieller Verluste zu begrenzen. Neben dem Eigenhandel wird auch das Bilanzstrukturmanagement wesentlich von der Prognose zukünftiger Zinsstrukturen determiniert. Der Geschäftserfolg einer Bank hängt somit wesentlich von der Qualität der Prognose relevanter ökonomischer Größen und Zusammenhänge ab. Um eine rationale Entscheidungsfindung zu ermöglichen, die es zwingend erforderlich macht, aus einer Vielzahl an

Daten die relevanten Informationen herauszufiltern, wird mit Hilfe von statistischen Verfahren sowie Methoden der künstlichen Intelligenz versucht auf quantitative Art aus Daten der Vergangenheit eine Beziehungsstruktur zu extrapolieren und mit dem gewonnenen Wissen Prognosen für die Zukunft zu erstellen. Dabei stellen Neuronale Netze aufgrund ihrer nicht-linearen Lern- und Glättungsfähigkeit eine interessante Alternative zu klassischen statistischen Methoden in Problemlösungsbereichen der Finanzanalyse dar. Die Fähigkeit aus verfügbaren Daten zu lernen bedingt allerdings das Vorhandensein von sehr vielen Lernmustern und beschränkt auf diese Weise die Einsatzgebiete von Neuronalen Netzen. Aus diesem Grund sind im Bankbereich vorwiegend zwei Teilgebiete für den Einsatz von Neuronalen Netzen prädestiniert. Neben der schon oben angesprochenen und später am Beispiel von Aktienkursen ausführlich vorgestellten Finanzmarktanalyse, bietet sich darüber hinaus noch der Entscheidungsprozeß über die Kreditvergabe an Privatkunden an.

Selbst kleinere Bankinstitute sind aufgrund von gesammelten historischen Kundenakten in der Lage genügend Beispiele für solvente und insolvente Privatkunden zu finden. Anhand dieser Daten kann nun ein Neuronales Netz trainiert werden, Antragssteller danach zu unterscheiden, ob sie voraussichtlich zukünftig solvent bleiben oder insolvent werden. Das Neuronale Netz versucht den Zusammenhang zwischen einer Reihe von Merkmalsausprägungen wie Alter, Einkommen, Beruf, usw. sowie der Güte der Kreditvergabe zu ermitteln und nach dem abgeschlossenen Lernprozeß selbständig anhand von präsentierten Merkmalsdaten eine Klassifikation in 'akzeptiert' oder 'abgelehnt' vorzunehmen.

Im Prinzip arbeiten Neuronale Netze damit auch nicht wesentlich anders als menschliche Experten mit Scoringsystemen, jedoch mit dem Unterschied, daß das Neuronale Netz keine fest vorgegebenen Regeln bzgl. der Wertigkeit der Merkmale hat, sondern lediglich aus den Daten die optimale Struktur im Sinne einer Fehlerminimierung ermittelt. Einen Überblick über durchgeführte Untersuchungen auf diesem Gebiet gibt z.B. Rehkugler [9-9]. Die überwiegend erzielten Ergebnisse lassen dabei den Schluß zu, daß Neuronale Netze zumindest in der Lage sind, vergleichbare Ergebnisse wie Methoden der Statistik sowie des Maschinellen Lernens zu erzielen. Ein Mangel stellt jedoch beim Einsatz zur Kreditwürdigkeitsanalyse das Fehlen guter Erklärungskomponenten dar. Da die Ablehnung eines Kredits dem Kunden gegenüber auch eine Begründung für diese Entscheidung beinhalten muß, stellt sich die Frage, ob aus diesem Grunde mit anderen Verfahren als mit Neuronalen Netzen ein Praxiseinsatz leichter möglich ist. Zu nennen wären hier die erwähnten Verfahren des maschinellen Lernens, die sich ebenfalls gut bewährt haben, vgl. Graf/Nakhaeizadeh [9-5].

9.3 Aktienanalyse

9.3.1 Einführung

Seit den Analysen Fama's [9-2] in den sechziger und siebziger Jahren ist in akademischen Kreisen die Theorie der Markteffizienz auf Kapitalmärkten in ihren verschiedenen Formen immer wieder kontrovers diskutiert worden, wobei die durchgeführten empirischen Untersuchungen zu diesem Thema bis heute keine eindeutigen Aussagen für oder gegen die Markteffizienzhypothese machen konnten. Neben der Subjektivität solcher empirischer Aussagen ergab sich das Problem der unterschiedlichen Ergebnisse, das es bis in die achtziger Jahre unmöglich machte, die Random-Walk-Theorie und damit die Unprognostizierbarkeit von Kapitalmarktpreisen in Frage zu stellen. Aus heutiger Sicht muß allerdings bemängelt werden, daß diese Untersuchungen zum einen von einfachen linearen Wirkungszusammenhängen ausgingen und demzufolge auch nur die Existenz solcher überprüft wurde und zum anderen mit nicht genügend großen Datenmengen gearbeitet wurde, da nicht wie heutzutage Hoch-Frequenz-Datenbanken zur Verfügung standen.

Erst mit der Bereitstellung schneller Computertechnologien konnten auch sehr komplizierte und komplexe Wirkungszusammenhänge untersucht und überprüft werden, so daß die Theorie der Markteffizienz heute neu diskutiert werden muß. Man kann insofern in der heutigen Zeit von einer Revolution im Bereich von Kapitalmarktprognosen sprechen und muß sich fragen, ob die ökonomische Theorie über Finanzmärkte unter dem Einsatz komplizierter mathematischer Methoden nicht völlig neu zu entwerfen ist.

9.3.2 Methoden der Aktienanalyse

Unter den verschiedenen Konzepten stellt die Fundamentalanalyse diejenige Methode dar, die unter längerfristigen Aspekten am häufigsten eingesetzt wird. Es wird dabei angenommen, daß der Kurs einer Aktie um ihren inneren Wert schwankt. Zur Ermittlung werden alle relevanten fundamentalen Daten miteinbezogen. Als sinnvoll erwiesen hat es sich, nach der Top-Down-Technik vorzugehen. Hierbei wird zuerst eine globale konjunkturelle und monetäre Analyse vorgenommen, in der die gesamtwirtschaftlichen Rahmendaten für die Aktienkursentwicklung untersucht werden. An die dann folgende Branchenanalyse wird schließlich in einem letzten Schritt die einzelne Unternehmensanalyse angeschlossen.

Der Vorteil der fundamentalen Analyse liegt in ihrer logischen Nachvollziehbarkeit, während ihr größter Nachteil in der Beschaffung der großen Datenmenge zu sehen ist. Darüber hinaus ist die unregelmäßige Datenveröffentlichung zumindest im kurzfristigen Prognosebereich ein Hindernis für den Einsatz der Fundamentalanalyse. Daher wird sie zwangsläufig vorwiegend zur Langfristbetrachtung eingesetzt.

Mit dem Begriff 'Technische Analyse' wird ein Instrumentarium angesprochen, das den Börsenkurs beobachtet, aufzeichnet, damit rechnet und i.a. nur mit Hilfe der vergangenen Kursentwicklung den zukünftigen Kurs prognostiziert. Die technische Analyse fragt nicht danach, weshalb ein Kurs ein bestimmtes Niveau hat, fragt nicht nach den Bestimmungsfaktoren und steht damit in grundsätzlicher Konkurrenz zur fundamentalen Kapitalmarktanalyse. Der Vorteil liegt hierbei in der einfachen Beschaffung und Verarbeitung aktueller Daten und Informationen.

Wird das Verhältnis von fundamentaler und technischer Analyse näher betrachtet, so wird überwiegend die Kombination beider Verfahren als die beste Möglichkeit angesehen. Es wird heute technische Intermarket-Analyse betrieben, wobei unter Verwendung technischer Methoden fundamentale Zusammenhänge analysiert werden. Des weiteren wird eine Kombination aus beiden Methoden zur Optimierung der Anlagestrategie vorgeschlagen. Dabei wird die technische Analyse zum kurzfristigen Timing und die Fundamentalanalyse zur längerfristigen Prognose eingesetzt. "Wertpapieranalyse ist ein solch schwieriges Geschäft, daß man jede Informationsmöglichkeit nutzen sollte, und zweifellos kann man sowohl aus fundamentalen wie aus markttechnischen Konstellationen Erkenntnisse gewinnen", vgl. [9-8].

9.4 Aktienkursprognose mit Neuronalen Netzen

Zur Veranschaulichung, weshalb gerade Neuronale Netze für die Aktienkursprognose geeignet sein könnten, sei folgender simpler theoretischer Ansatz gewählt. Es sei angenommen, daß auf die Teilnehmer eines Aktienmarktes laufend Informationen einströmen, die verarbeitet und in Entscheidungen umgesetzt werden. Die von diesem System Aktienmarkt verarbeiteten Informationen werden dabei der Einfachheit halber als exogene Impulse von außen definiert, d.h. auf eine eigendynamische Betrachtungsweise wird verzichtet. Es wird folglich von einem 'Black-Box-Modell' ausgegangen, in welches Einflußfaktoren eingespeist werden und welches daraufhin mit einer gewissen Zeitverzögerung eine resultierende Größe, wie z.B. das Kursniveau des Aktienmarkts, bestimmt, vgl. zu dieser Annahme auch die folgende Abbildung:

Informationen fließen von außen in das System (z.B. Unternehmensnachrichten, Wirtschaftsnachrichten, monetäre Entwicklung u.ä.)

entspricht der input-Schicht bei Neuronalen Netzen

Informationen werden vom System (d.h. den Marktteilnehmern) aufgenommen und intern verarbeitet

Verarbeitungsschicht (hidden layer bei Neuronalen Netzen)

Umsetzung der Informationen in Kauf-, Halten- oder Verkaufsentscheidungen am Aktienmarkt mit daraus resultierenden Veränderungen des Kursniveaus

entspricht der output-Schicht bei Neuronalen Netzen

Bild 9-2: Vergleich Neuronales Netz und Kapitalmarkt

Prinzipiell liegen dabei zwei mögliche Arten von Zusammenhängen vor, zum einen können lineare Zusammenhänge existieren, d.h. steigende Zinsen führen weitgehend linear zu fallenden Aktienkursen. Sollte diese Annahme zutreffen, so müßte sich der Aktienmarkt mittels einfacher statistischer Methoden beschreiben lassen. Die andere mögliche Annahme geht von nicht-linearen, auf einer Art von Schwellenwertlogiken basierenden, Zusammenhängen aus. So wurde in Hillmer/ Graf [9-6] gezeigt, daß der Rentenmarkt den Aktienmarkt erst nach Abschluß des Zinssteigerungsprozesses belastet, d.h. bei Erreichen des Zinshöhepunkts springt das System Aktienmarkt abrupt in einen neuen Zustand und beginnt genau dann zu fallen. Diese Vermutung der Nichtlinearität ist seit einiger Zeit zentrales Untersuchungsthema in der wissenschaftlichen Forschung auf dem Gebiet der Kapitalmarktanalyse. So konnte z.B. Hsieh [9-1] den Beweis führen, "... that exchange rate changes are nonlinearly dependent." Zur

190

Analyse und Extraktion dieser Nichtlinearitäten wird eine Reihe von Tests benutzt. In Frage kommt z.B. der BDS-Test oder ein Test mittels Neuronaler Netze, wie ihn White [9-12] vorschlägt. Dabei werden, vereinfacht dargestellt, die Verbindungen zwischen Hidden und Output Layer als Darstellungsform für die nicht-linare Modellierung eines Neuronalen Netzes auf ihre Signifikanz getestet. Sind diese Gewichte nicht signifikant von null verschieden, so spricht das Lösungsverhalten des Neuronalen Netzes überwiegend für lineare Zusammenhänge, die direkt über linare Verbindungen zwischen Input und Output Layer dargestellt werden.

9.4.1 Technische Analyse

Der Versuch, kurzfristige autoregressive Aktienkursprognose mit Neuronalen Netzen durchzuführen, kann mit dem Ziel der Formalisierung der heuristischen technischen Aktienanalyse beschrieben werden. Bei der technischen Analyse kann dabei zwischen der klassischen Chartanalyse sowie der technischen Indikatorenanalyse unterschieden werden. Während die Chartanalyse aus Kursbildern Trendbestätigungs- und Trendwende-formationen abzuleiten versucht, arbeiten die technischen Indikatoren mit Hilfe mathematischer Berechnungsmethoden und sollen trendfolgende oder antizyklische Strategien anzeigen. Zum gegenwärtigen Zeitpunkt muß der Ansatz der Formalisierung stark in Frage gestellt werden. So resultiert eine Untersuchung von White [9-11] in den USA mit dem Ziel der autoregressiven Prognose der Ein-Tages-Rendite der IBM-Aktie in der Feststellung: "...the present neural network is not a money machine". Vielversprechender dürfte der Einsatz von Neuronalen Netzen bei der Kombination von einfachen technischen Indikatoren, wie dem Relativen-Stärke-Index nach Welles Wilder (RSI), dem Stochastik-Indikator, usw. sein, wobei diese Vorgehensweise einer einfachen additiven Verknüpfung, wie sie heutzutage in vielen Handelsmodellen realisiert ist, vorzuziehen sein sollte. So zeigen Fishman et al. [9-3], daß auf diese Weise verbesserte Systeme erzeugt werden können. Des weiteren können Neuronale Netze als Klassifikator zur Entscheidung zwischen Trend- und Tradingphasen eingesetzt werden, wie es z.B. in Siriopoulos et al. [9-10] gezeigt wird. Der dort vorgestellte Ansatz soll im weiteren in erweiterter und modfizierter Form dargestellt werden.

Betrachtet man die verschiedenen Formen der technischen Analyse, so fällt auf, daß die dort zugrunde liegende Denkweise von Nicht-Linearitäten dominiert wird. So erfolgt in den jeweiligen Indikatorensystemen immer ein abrupter

Wechsel zwischen einem neutralen und einem aktiven Signalzustand. M.a.W. springt ein solches System immer direkt von einem neutralen Zustand in eine Kauf-/ Verkaufssituation wenn gewisse Bedingungen erfüllt sind. Es finden also keine langsamen linear dominierten Übergänge zwischen den verschiedenen Zuständen statt.

Es kann gezeigt werden, daß die verschiedenen unterschiedlichen technischen Ansätze wie Trendfolgesysteme oder Oszillatoren gegensätzliche Vorteile haben. Während Oszillatoren wie der RSI oder der Stochastik für Seitwärtsphasen hervorragend geeignet sind, eignen sich Trendfolgemodelle wie der Moving/ Average-Convergence/Divergence-Indikator (MACD) hervorragend für längere Auf- und Abschwungphasen. Zu einer Einführung bzgl. der unterschiedlichen Ansätze vgl. [9-7]. Dies bedeutet, daß man je nach zu erwartender Börsenphase den optimalen Indikator auswählen muß, ohne jedoch im vorhinein zu wissen, ob sich eine Seitwärts- oder eine Trendphase anschließen wird.

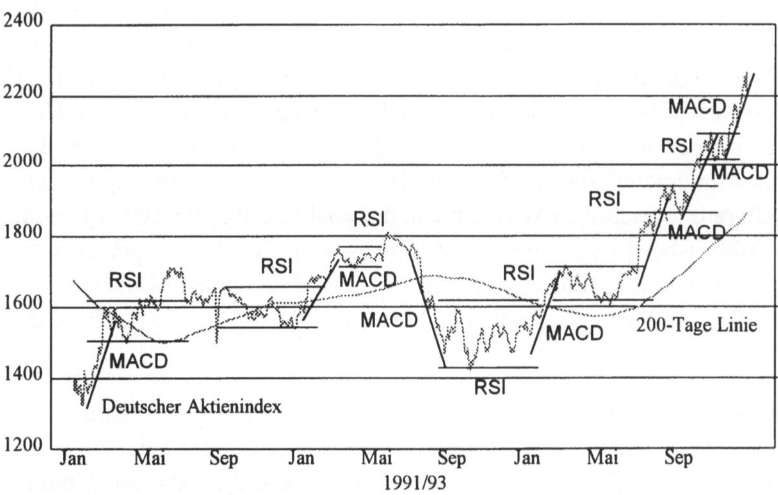

Bild 9-3: DAX-Indikator MACD oder RSI

In Bild 9-3 ist für den DAX (Deutscher Aktienindex) für den Zeitraum der Jahre 1991 bis 1993 dargestellt, zu welchem Zeitpunkt welcher Indikator optimal hätte eingesetzt werden sollen. Es stellt sich so gesehen täglich die Frage, ob man lieber einen Oszillator oder ein Trendfolgeinstrument einsetzen soll. Es bleibt die Frage, durch welche Hilfsmittel diese Frage zufriedenstellend gelöst werden kann. Neben dem Einsatz von Alpha-Beta-Bändern (vgl. [9-7]) kommt dabei die Verwendung der Standardabweichung in Betracht.

Setzt man ausschließlich auf einen Indikator, so ergibt sich das Problem, daß die Oszillatoren in Trendphasen völlig versagen und eine unbefriedigende Performance liefern. Umgekehrt geben Trendfolgesysteme in Seitwärtsphasen laufend Signale, ohne daß sich tatsächlich ein Trend ausbildet. Dies führt zu hohen Transaktionskosten, ohne daß nennenswerte Renditen erzielbar sind.

Typischerweise ist beim MACD das Verhältnis Gewinntrades zu Verlusttrades nur bei etwa 1:2 bis 1:3, während der durchschnittliche Gewinn deutlich höher als der durchschnittliche Verlust liegt. Bei den Oszillatoren liegt dagegen das Verhältnis der Trades bei etwa 2:1, wofür allerdings der durchschnittliche Verlust deutlich höher als der durchschnittliche Profit liegt.

Unter Risikoaspekten ist sicherlich ein Trendfolgesystem vorzuziehen, da größere Schieflagen vermieden werden. In Bild 9-4 sind die erzielbaren Renditen mit dem MACD-System für den DAX von 1991 bis 1993 ausgewiesen, wobei keine Short-Position bei der Berechnung der Performance in der Handelsregel zugelassen wurde. Hinter den Renditen findet sich in Klammern das Verhältnis Gewinn- zu Verlusttrades. Als Besonderheit ist noch zu erwähnen, daß der Indikator im unteren Teil der Graphik das MACD-Histogramm ist, das sich aus der Differenz zwischen MACD-Linie und Signallinie ableiten läßt, vgl. zum MACD ausführlicher [9-7]. Vereinfacht gesagt ist ein Kaufsignal genau dann gegeben, wenn das Histogramm von unten kommend die Null-Linie schneidet, während analog ein Verkaufssignal bei einem Schnittpunkt von oben kommend vorliegt.

In Tabelle 9-1 ist die Performance des RSI-14 für den Zeitraum der Jahre 1991-93 wiedergegeben. Während der Prozentsatz der Gewinntrades bei 70% liegt, beträgt das Ratio der Durchschnitte nur 0.678. Insbesondere die Ausbildung größerer Trendbewegungen führt bei diesem Indikator zu einer signifikanten Reduzierung der Performance.

Für den MACD liegt dagegen, wie in Tabelle 9-2 dargestellt, das Ratio der Durchschnitte bei 2.011, während das Verhältnis der Gewinntrades bei hier doch vergleichsweise hohen 42.86% liegt.

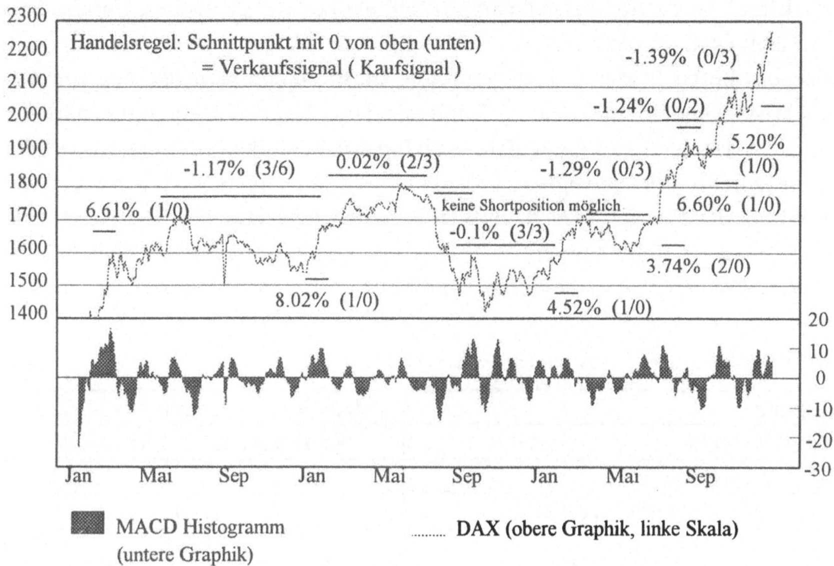

Bild 9-4: Performance DAX mit MACD-Indikator

Tabelle 9-1: Resultate RSI-14 für den DAX 1991-93

Indikator:	RSI-14, 1991-1993
Handelsregel:	Kauf/Verkauf bei SP ⇑ 30 / ⇓ 70
Zahl der Signale	10
Verteilung Gewinner/Verlierer	7/3
Prozentsatz Gewinner	70.00%
Durchschnittliche Rendite	1.15%
Durchschnittliche Rendite p.a.	11.35%
durchschnittlicher Gewinn	4.48%
durchschnittlicher Verlust	-6.60%
Ratio der Durchschnitte	0.678

Es ist nun darzustellen, inwieweit am Beginn einer neuen Bewegung hinreichend sicher klassifiziert werden kann, ob sich ein neuer Trend oder eine Seit wärtsphase anschließen wird. Dazu muß als erstes ein aussagekräftiger Indikator gebildet werden, der hinreichend sicher zwischen diesen beiden Zuständen unterscheiden kann. Es bietet sich dabei an den Schnittpunkt zwischen der

Kurs-Linie und einem 20 Tage exponentiell geglätteten gleitenden Durchschnitt zu wählen (vgl. zu exponentieller Glättung auch [9-8]). Je mehr Schnittpunkte zwischen diesen beiden Linien auftreten, umso stärker wird es sich um eine Seitwärtsbewegung und keinen Trend handeln. Kennzeichen eines stärkeren Trends ist dagegen, daß die Kurslinie sich permanent über oder unter dem gleitenden Durchschnitt bewegt. Als Kodierung wurde folgendes Schema verwendet, wobei der Bereich nahe 1 ein klares Kennzeichen für eine Seitwärtsbewegung ist und ein Indikatorwert bei 0 für einen klaren Trend spricht. Die Häufigkeitsverteilung wie auch die durchschnittliche Performance zeigen klar, daß

Tabelle 9-2: Resultate MACD für den DAX 1991-93

Indikator:	MACD-Histogramm 1991-1993
Handelsregel:	Kauf/Verkauf bei SP mit 0
Zahl der Signale	35
Verteilung Gewinner/Verlierer	15/20
Prozentsatz Gewinner	42.86%
Durchschnittliche Rendite	0.48%
Durchschnittliche Rendite p.a.	-27.51%
durchschnittlicher Gewinn	3.35%
durchschnittlicher Verlust	-1.67%
Ratio der Durchschnitte	2.011

Tabelle 9-3: Schema für Outputkodierung

Zahl der SP	Kodierung	Häufigkeit	Performance 4W
> 8	1.2	7 x	0,69 %
5-8	1.0	91 x	2.26 %
3-5	0.8	61 x	2.17 %
3	0.5	162 x	3.48 %
2	0.3	169 x	2.98 %
1	0.0	88 x	4.37 %
0	-0.2	149 x	4.99 %

Trendbewegungen auch immer den höchsten Return auf Sicht von 4 Wochen versprechen. In der Analyse wurde ein Durchschnitt der Länge 20 Tage gewählt, da die Betrachtungsweise, wie auch aus der Periodenlänge der technischen Indikatoren erkennbar ist, eine kurz- bis mittelfristige sein soll. Es geht bei der Modellerstellung nun darum, geeignete Einflußgrößen zu finden, die eine Indikation für die berechnete Größe geben können.

In Bild 9-5 Anfang 1992 eine typische ausgeprägte Trendphase dargestellt, in der der DAX längere Zeit am Stück über dem 20 Tages Gleitenden Durchschnitt exponentieller Glättung liegt. Im unteren Schaubild ist zu sehen, daß zu Beginn der Trendbewegung auf Sicht von 4 Wochen die größte Performance zu erzielen war und folglich dies der optimale Einstiegszeitpunkt gewesen wäre.

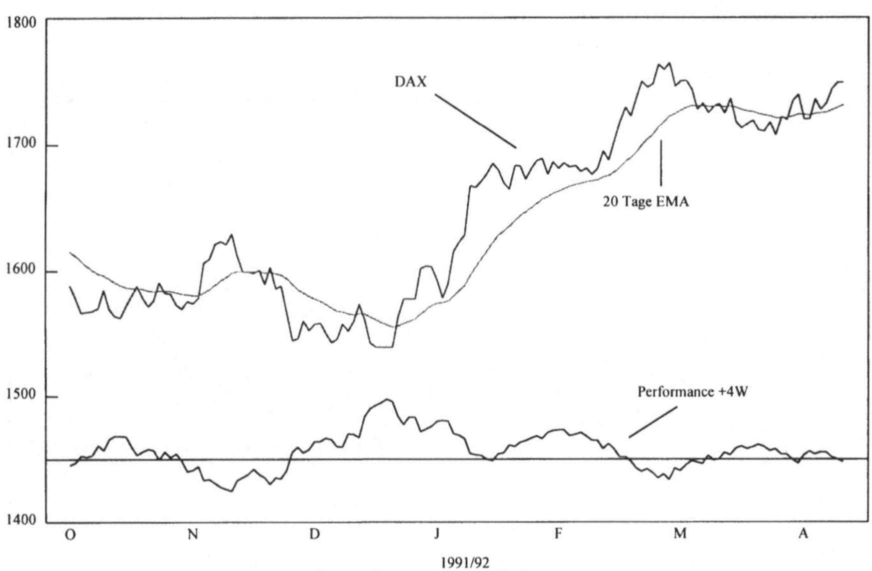

Bild 9-5: DAX Anfang 1992 in einer Trendphase mit Performance

Als Inputgröße zur Erkennung dieses Indikators wird die Standardabweichung als Maß für die Schwankungsbreite der Kurse über verschiedene Zeiträume benutzt. Es wird hierbei der Umstand berücksichtigt, daß nach einer länger fallenden Standardabweichung, was einer abnehmenden Schwankungsbreite gleichzusetzen ist, der Aktienmarkt i.d.R. vor einer größeren Trendbewegung steht. Daneben fließen als weitere Einflußgrößen mathematische Transformationen der Standardabweichung als Inputs in das Modell ein.

In Bild 9-6 ist die 20 Tage Standardabweichung samt DAX zu sehen, wobei zu erkennen ist, daß sich gewisse Verlaufsmuster immer wiederholen. So setzt immer dann ein neuer stärkerer Trend ein, wenn die Standardabweichung auf tiefem Niveau verharrt, während sich in kurzfristigen Seitwärtsphasen die Schwankungsbreite wieder abbauen kann. Man sollte sich dabei allerdings vor Augen halten, daß es bei einer solch kurzfristigen Betrachtungsweise auch zu Fehlinterpretationen kommen kann, so daß es zu empfehlen ist, die Standardabweichung über weitere Zeiträume zu kalkulieren und in das Modell miteinzufügen. Durch diese Integration können die verschiedenen sich überlagernden Zyklen erfaßt werden. Es ist dadurch möglich, die Wahrscheinlichkeit der korrekten Klassifikation der zu erwartenden Bewegung weiter zu erhöhen.

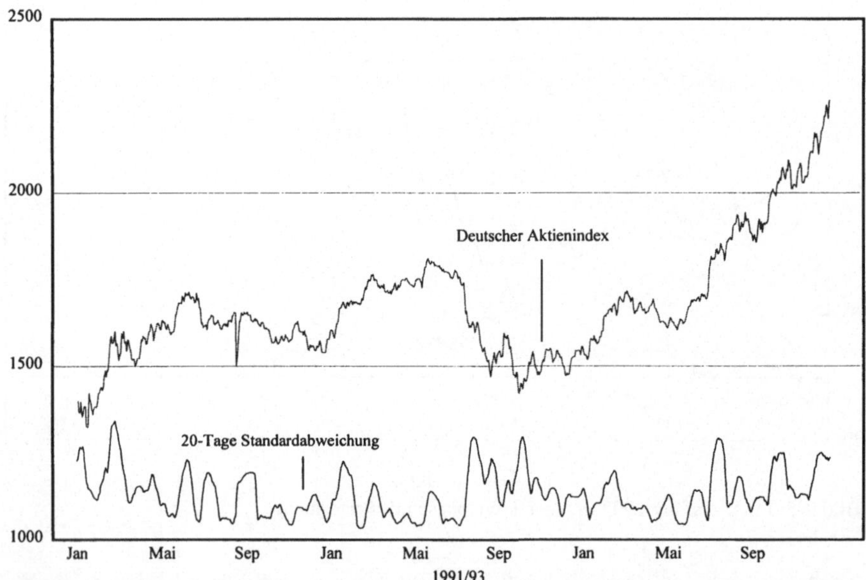

Bild 9-6: Deutscher Aktienindex mit Standardabweichung 20 Tage im Zeitraum von 1991 bis 1993

Wenn das Neuronale Netz die Zuordnung zwischen Inputs wie Standardabweichung, Variationskoeffizient sowie mathematischen Transformationen dieser Größen trainiert, so kann nach Abschluß der Lernphase das Prognosemodell hinreichend sicher eine Aussage dahin gehend machen, ob mit einer Seitwärts- oder einer Trendbewegung zu rechnen ist. Da das Backpropagation-Netz quantitativ ausgeprägte reelle Zahlen verarbeiten kann und nicht ausschließlich auf Binärkodierungen beschränkt ist, verbleibt zu klären, ab welchem Schwellwert ein Zustand als eindeutig klassifiziert ist. Wird der Schwellwert 0.5 gewählt, so bedeutet ein Output kleiner als 0.5, daß mit einer Trendbewegung zu rechnen ist, während ein Wert über 0.5 eine Seitwärtsbewegung anzeigt. In diesem Fall kann das Netz 100% aller Daten klassifizieren, es wird jedoch zu Fehlern kommen, da z.B. ein Wert von 0.51 zu einer klaren Entscheidung führt, obwohl dies in Frage zu stellen ist. Läßt man hingegen hohe Indifferenzbereiche zu, so führt dies dazu, daß zwar nur ein kleiner Prozentsatz klassifiziert wird, dies jedoch i.d.R. mit einer höheren Trefferwahrscheinlichkeit. Betrachtet man diese Besetzung des Schwellwertes als Handelsregel in einem implementierten Modell, so kann über diese Festlegung die Risikobereitschafts des Systems gesteuert werden.

Wählt man in der vorliegenden Fragestellung ein Backpropagation-Netz mit 10 Inputzellen, 10 Zellen in der ersten Zwischenschicht, 5 Zellen in der zweiten Zwischenschicht und 1 Outputzelle und als Datensample den Zeitraum von 7.1.1991 bis 8.10.1993 (720 Lernmuster), so resultiert als Ergebnis Tabelle 9-4:

Tabelle 9-4: Ergebnisse einer kombinierten Strategie

Datum	Output	RSI	MACD-H.	DAX	Rendite
23.03.93	0.99	34.78		K: 1648.44	
15.04.93	0.41	57.19		V: 1675.21	+ 1.62%
11.06.93	0.04		7.30	K: 1680.98	
15.07.93	0.57		9.48	V: 1807.66	+ 7.54%
20.08.93	0.91	83.94		V: 1922.68	
17.09.93	0.41	39.55		K: 1855.67	+ 3.61%

Zur Vermeidung von Overfitting (vgl. dazu näher das nächste Kapitel 9.4.3), werden die ersten 60% als Lerndaten, die nächsten 20% als Validierungsmenge und die letzten 20% als wirklich unbekannte Testmenge benutzt, für die in Tabelle 9-4 die Resultate gezeigt werden. Als Handelsregel wurde der Bereich zwischen 0.1 und 0.9 als Indifferenzzone festgelegt. Der Bereich über 0.9 bedeutet eine Klassifizierung einer Seitwärtsphase und löst bis zu dem Zeitpunkt,

198

an dem der Output unter 0.5 fällt das Verwenden des RSI als Oszillator aus. Ein Wert unter 0.1 zeigt eine Trendphase an und führt zur Verwendung des MACD-Histogramm als Trendfolgesystem, bis der Klassifikationsindikator über 0.5 wieder ansteigt.

Die erzielten Ergebnisse zeigen, daß es durch die intelligenten Kombination zweier unterschiedlicher technischer Indikatoren möglich ist, die Performance einfacher monokausaler Handelssysteme zu verbessern. Es sollte jedoch nicht verschwiegen bleiben, daß die Handelsregel in diesem Fall ein weiterer zu bestimmender Faktor ist, der die Performance nachhaltig beeinflussen kann. Wichtig ist die Tatsache, daß das Neuronale Netz in diesem Ansatz ausschließlich zur Klassifizierung der zu erwartenden Bewegung benutzt wird. M.a.W. wird hier gezeigt, daß der Einsatz von Neuronalen Netzen neben globalen Einsatzmöglichkeiten auch in partiellen Lösungen liegen kann und es insofern häufig möglich ist, eine Integration verschiedener Systeme durchzuführen.

9.4.2 Fundamentale Analyse

Ebenfalls interessant ist ein Ansatz bei welchem mit gemischt fundamental/technischen Daten eine Tendenzprognose für den deutschen Aktienmarkt auf Sicht von einem Tag durchgeführt werden kann. Wie Graf/Nakhaeizadeh [9-4] zeigen, kann ein solches Modell mit einer Trefferquote von fast 70 Prozent die richtige Tagestendenz im Sinne von 'Steigt oder fällt der Aktienmarkt' vorhersagen. Neben diesen mehr technisch orientierten kurzfristigen Modellansätzen besteht aber genauso die Möglichkeit Neuronale Netze zur Modellierung von langfristigen Wirkungszusammenhängen zu benutzen. Hillmer/Graf [9-6] demonstrieren, daß Neuronale Netze ebenso wie statistische Kointegrationssansätze sowie Transferfunktionsmodelle zur fundamentalen Analyse des deutschen Aktienmarktes eingesetzt werden können. Sie zeigen dabei, daß mit Neuronalen Netzen unbedingte Prognosen möglich sind, die eine Trefferquote von etwa 70 Prozent bzgl. der richtigen Tendenz auf Sicht von einem Jahr in den Jahren 1980 bis 1990 erzielen konnten.

Als Einflußgrößen wurden dabei der Auftragseingang im Verarbeitenden Gewerbe, der DM/US-Dollar Wechselkurs sowie die Rendite von Bundesanleihen mit zehnjähriger Restlaufzeit extrahiert. Alle Größen wurden in Jahreswachstumsraten transformiert. Als endogene Variable wurde die Jahresperformance des DAX benutzt, wobei die exogenen Größen um 12 Monate verschoben wurden. Es mag überraschen, daß Größen mit einjähriger Vorlaufszeit für die Erklärung des deutschen Aktienmarktes existent sind. Die ökonomische Begründung geht dabei über die zentrale Größe der aggregierten Gewinnerwartungen aller Aktiengesellschaften, die im DAX vertreten sind.

Da die Gewinnerwartungen mit dem DAX parallel laufen, selber jedoch durch die obigen vorlaufenden Größen bestimmt werden, läßt sich auch ein funktionaler Zusammenhang zwischen den exogenen Größen und dem DAX herleiten. Zu einer ausführlichen Darstellung sei auf Hillmer/Graf [9-6] verwiesen.

9.4.3 Netzwerktopologie

Prinzipiell stellt sich bei Neuronalen Netzen die Frage der Entwicklung der Netzwerktopologie. Da Neuronale Netze aufgrund ihrer flexiblen Anpassungsfähigkeit zum 'Overfitting' tendieren, müssen geeignete Ausdünnungsalgorithmen zur Verfügung gestellt werden, um ein komplexes Netz mit diesen Eigenschaften wieder zu vereinfachen. In der folgenden Graphik sieht man die typische Fehlerentwicklung zweier Datenmengen im Laufe des Lernprozesses.

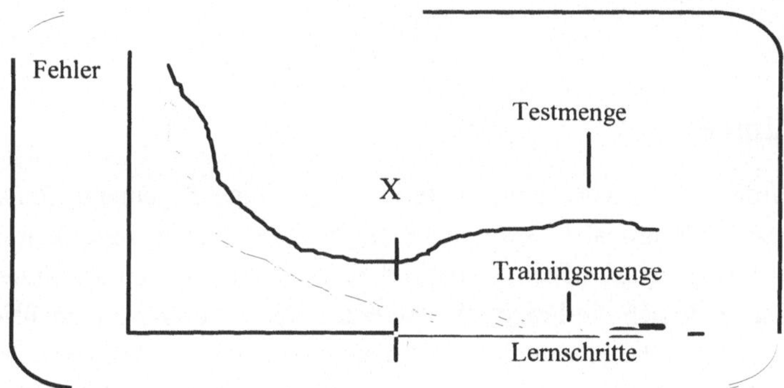

Bild 9-7: Overfitting

Am Punkt X beginnt das Neuronale Netz das Overfitting, indem es die Lerndaten zu exakt modelliert und damit die Generalisierungsfähigkeit für die unbekannte Testmenge verliert. Aus diesen Gründen sollte bei Neuronalen Netzen mit mehr als zwei Datenteilmengen gearbeitet werden. Neben der Trainingsmenge wird eine Validierungsmenge benötigt, die den Zeitpunkt des Beginns der Überanpassung bestimmen hilft. Die folgende Graphik zeigt eine vernünftige Aufteilungsmethode.

Es ist zur Zeit sicher noch eine offene Frage, ob solch mächtige Algorithmen zur Verfügung stehen, die ein automatisches Pruning ermöglichen. Glaubt man nicht an die Möglichkeit, daß das Neuronale Netz eine sinnvolle Komplexitätsreduzierung vornehmen kann, so bleibt der Weg, daß die Einflußgrößen durch einen Experten vorausgewählt werden, um das Problem der 'spurious regression', das, auch aus der Statistik bekannt ist, zu vermeiden.

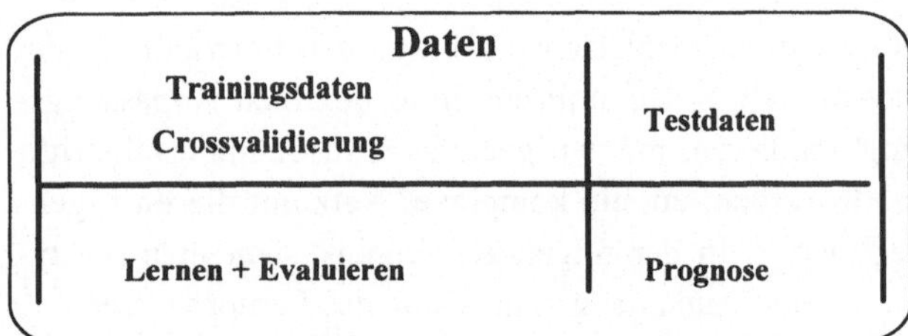

Bild 9-8: Dateneinteilung

9.5 Resümee

Ingesamt wurden in der vorliegenden Betrachtung einige allgemeine Punkte bzgl. des Einsatzes Neuronaler Netze im Kreditgewerbe sowie im speziellen zur Aktienmarktanalyse angesprochen. Insbesondere in der Applikation der Aktienmarktprognose stellt sich die Frage, ob Neuronale Netze eine neue Dimension bzgl. der Qualität von Prognosen einleiten können. Man sollte dabei, wenn über diesen Punkt diskutiert wird, deutlich machen, daß der Einsatz von Neuronalen Netzen zur Prognose eher mit der Statistik als mit der Künstlichen Intelligenz zusammenhängt. So ist das Verfahren des Adaptiven Filterns, welches ebenfalls einen Lernalgorithmus benutzt, seit vielen Jahrzehnten bekannt, ohne damit große Verbesserungen in der Genauigkeit der Prognose zu erzielen. Auch wenn sich Neuronale Netze durch ihre Zwischenschichten bereits wieder weit von diesem Verfahren entfernt haben, so müssen auch die nicht-parametrischen Verfahren bzw. nicht-linearen Regressionsmethoden in einen objektiven Vergleich einfließen. Trotzdem haben Neuronale Netze aufgrund ihrer selbständigen Arbeitsweise etwas an sich, das vor allem in der breiten Öffentlichkeit den Hauch des Besonderen hat. Durch die Publizierung besonders guter Ergebnisse wird dieser positive Eindruck noch verstärkt und eine sehr große Erwartungshaltung bzgl. der Möglichkeiten Neuronaler Netze aufgebaut. Auch wenn man der Meinung ist, Neuronale Netze seien ein faszinierendes Gebiet mit großen Möglichkeiten, so soll doch vor der Annahme gewarnt werden, daß gute Ergebnisse leicht erreichbar sind. Die Festlegung der optimalen Netzwerktopologie setzt eine große Erfahrung und viel Experimentierfreude voraus. Speziell auf dem Gebiet der Aktienkursprognose ist die Auswahl der präsentierten Informationen extrem wichtig. Da Neuronale Netze im Prinzip nur informationsverarbeitende Systeme mit einem hohem Grad an Lernfähigkeit sind, ist die gute Vorauswahl des In- und Outputs sehr wichtig. Bei den bisher veröffentlichten Untersuchungen vermißt man manchmal die ökonomische Plausibilität der erzielten Ergebnisse. Werden dem Neuronalen Netz unsinnige Zusammenhänge in den Lernmustern präsentiert, so ist das Neuronale Netz natürlich nicht in der Lage daraus etwas Sinnvolles zu erkennen, das sodann für unbekannte Datenmuster verwendbar wäre.

Trotzdem kann gezeigt werden, daß Neuronale Netze zur Erfassung nicht-linearer Zusammenhänge gut geeignet sind. Mit diesen Erkenntnissen können z.B. rein linear aufgebaute Modelle verbessert werden. Allerdings ist der Autor nicht der Meinung, daß die Vorauswahl der Einflußgrößen ausschließlich dem Neuronalen Netz überlassen werden sollte. Stattdessen sollten statistische Tests zur Optimierung der Datenauswahl herangezogen werden. Auch ist es denkbar, einzelne Daten sowie ökonomische Theorien auf ihre Wirkungszusammenhänge mittels Neuronaler Netze zu untersuchen. Damit könnte insbesondere der Frage von nicht-linearen Zusammenhängen im Detail nachgegangen werden. Als Fazit muß festgehalten werden, daß der Modellierungsaspekt ungeachtet der gewählten Technologie für die Güte eines Prognosemodells absolut entscheidend ist. Es sollte dabei im Sinne optimaler Resultate jede verfügbare quantitative Methodik oder Wissenschaftsrichtung zur Verbesserung der Modelle eingesetzt werden. So erscheint eine Kombination sehr vieler verschiedener methodischer Ansätze ein sinnvoller Weg zur Optimierung von Prognosesystemen.

10 Pensum - Ein Fuzzy Planungs- und Steuerungssystem für die operative Prozeßführung

Dipl.-Ing. Bernd Fischer, Dr. Willi Meier,
Dipl.-Ing. Hans-Jörg Minas

10.1 Einleitung

Die Erweiterung des Petri Netz Konzepts durch Fuzzy Logic ist Gegenstand zahlreicher Untersuchungen der letzten Jahre [10-1 bis 10-7]. Bemerkenswert sind dabei die vielfältigen Anwendungsmöglichkeiten dieser neuen Technologie, wobei einige zu konkreten Applikationen in der Stahl- oder der verfahrenstechnischen Industrie geführt haben [10-8 bis10-10].

In der folgenden Arbeit wird das Softwaresystem Pensum und einige Applikationsfälle beschrieben. Dieses System ermöglicht dem Anwender die komfortable und effiziente Anwendung dieser neuen Technologie, so daß komplexe Planungs- und Steuerungsaufgaben mit vertretbarem Aufwand gelöst werden können.

10.2 Modellbildung und Fuzzy Petri Netz Konzept

10.2.1 Grundlagen von Planungs- und Steuerungsaufgaben

Die Modellbildung wird im Produktionsbereich in vielfältiger Weise eingesetzt. Zur Anlagenauslegung, Prozeßsimulation oder auch für Steuerungsaufgaben werden mathematische Modelle erstellt. Dabei stellen diese Modelle ein Abbild eines interessierenden Bereichs dar, etwa einer Anlage oder eines Produktionsabschnitts. Diese Modelle sollen nur die als wichtig erachteten Eigenschaften des betrachteten Systems wiedergeben. In Bild 10-1 ist der Zusammenhang zwischen Realität und Modellbildung und das damit erzielte Ergebnis dargestellt.

Die Experten erfassen den Prozeß subjektiv. Jeder bildet sich seine eigene Meinung, wobei die Ansichten sicherlich in vielen Fragestellungen deckungsgleich sind. Jedoch in einigen wenigen Bereichen, vor allem wo kein sicheres Prozeßwissen über die Zusammenhänge vorhanden ist, sind meistens verschiedene Einschätzungen vorhanden. Diese verschiedenen Expertenmeinungen lassen sich durch eine Prozeßdatenanalyse objektivieren. Hierbei können ebenfalls Fuzzy Methoden zum Einsatz kommen.

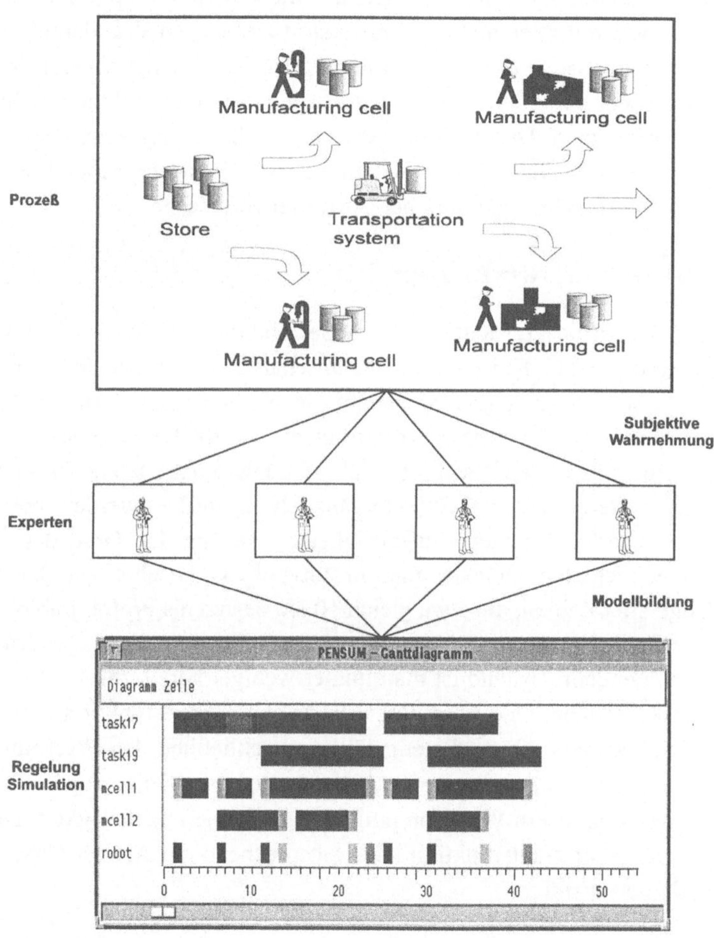

Bild 10-1: Stufen der Modellbildung

204

Idealerweise versucht man im Schritt der Modellbildung diese verschiedenen Expertenmeinungen zu einem Kompromiß zu fokussieren, um somit den wirklichen Sachverhalt möglichst genau im Modell abzubilden.

Oft ist ein solches mathematisches Modell, das beispielsweise aus einem System von Differentialgleichungen besteht, nicht verfügbar. Wichtige Prozeßeigenschaften sind mitunter nicht genau quantifizierbar, so daß deren strikte Fassung in mathematische Gleichungen unmöglich ist. Der betrachtete Prozeß ist oftmals auch sehr komplex, so daß der Aufwand der Modellbildung nicht gerechtfertigt werden kann. Das im folgenden vorgestellte Fuzzy Petri Netz Konzept ermöglicht eine schnelle Modellerstellung, wo klassische Modellierungskonzepte einen unverhältnismäßig hohen Aufwand verursachen.

10.2.2 Das Fuzzy Petri Netz Konzept

Die Theorie der unscharfen Mengen (Fuzzy Set Theorie) wurde 1965 von Lotfi Zadeh entwickelt [10-11]. Er versuchte, die unscharfen Ausdrücke des täglichen Lebens, wie "hoch" oder "ungefähr gleich", in mathematische Ausdrücke zu fassen, die dann von Auswertungsalgorithmen verarbeitet werden können. Diese unscharfen Ausdrücke beschrieb er als eine unscharfe Menge. Im Gegensatz zu scharfen Mengen, denen Objekte gänzlich zugeordnet werden, besitzen Objekte zu unscharfen Mengen Zugehörigkeitswerte, die den Grad der Ähnlichkeit des betrachteten Objekts zum Prototypobjekt beschreiben. Die unscharfe Menge aller Zahlen, die etwa gleich 10 ist, besitzt als Prototypobjekt die Zahl 10. Die Zahl 9 besitzt zu dieser Menge zum Beispiel die Zugehörigkeit 0.8. Mit zunehmendem Abstand ist man immer weniger bereit, die Zahl als ungefähr 10 zu bezeichnen. Dies wird durch die Zugehörigkeitsfunktion beschrieben, die mit steigendem Abstand stetig fällt und schließlich den Wert null erreicht. Ein Zugehörigkeitswert von eins bedeutet demnach volle Zugehörigkeit zur betrachteten Menge, ein Wert von null bedeutet keine Zugehörigkeit. Durch die Form der Zugehörigkeitsfunktion kann entsprechend die Art der Unschärfe beliebig modelliert werden.

Diese Fuzzy Sets wurden zunächst in den Siebziger Jahren im verfahrenstechnischen Bereich angewendet. Prozesse wurden aufgrund der Verwendung von Expertenerfahrungen in Fuzzy Reglern steuerbar. Diese Anwendungen wurden unter dem Stichwort Fuzzy Control bekannt.

Relativ neu sind steuer- und regelungstechnische Anwendungen, die über den klassischen Fuzzy Control Bereich hinausgehen. Methoden, die hierbei zum tragen kommen, sind beispielsweise Fuzzy Petri Netze.

Das klassische Petri Netz Konzept von Petri [10-12] wird dabei durch Fuzzy Logic erheblich erweitert.

Durch Petri Netze können Geschäftsvorgänge, betriebliche Organisationsstrukturen oder auch Produktionssysteme abgebildet werden. In Petri Netzen wird unterschieden zwischen Zuständen, Objekten, Bedingungen einerseits und Zustandsänderungen, Aktivitäten, Ereignissen andererseits. Die korrespondierenden Netzelemente dieser beiden Klassen bezeichnet man als Plätze bzw. Transitionen.

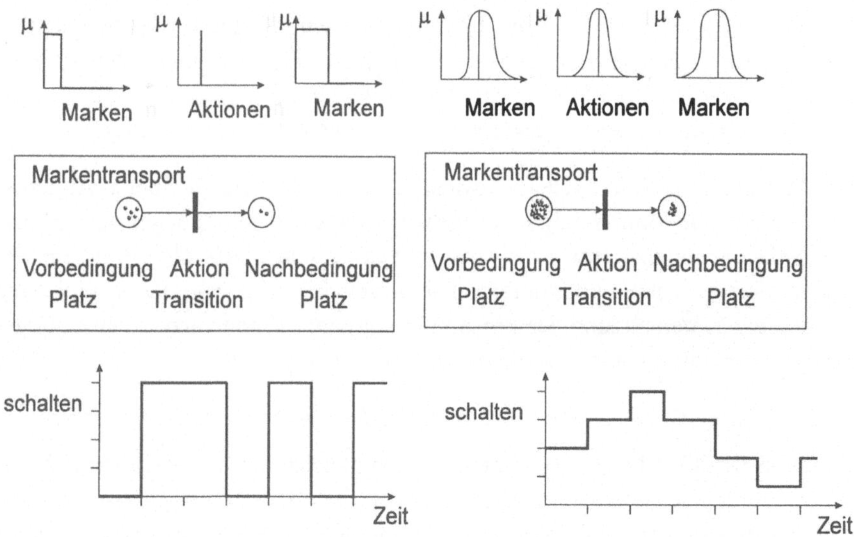

Bild 10-2: Funktionsweise eines scharfen Petri Netzes (links) und Fuzzy Petri Netzes (rechts)

In Bild 10-2 ist die Funktionsweise eines Petri Netzes gezeigt. Plätze sind als Kreise, Transitionen als Rechtecke dargestellt. Man erkennt, daß Transitionen je nach Erfüllungsgrad der Vor- bzw Nachbedingungen (Plätze) aktiv werden und einen Transport von virtuellen Objekten, Marken genannt, von einem Platz in einen anderen bewirken. Dieser Markentransport kann beispielsweise für einen

Stofffluß stehen, oder aber die Weitergabe von Informationen symbolisieren. Im scharfen Petri Netz kann die Transition nur mit einer definierten Markenzahl schalten oder nicht schalten. Im Fuzzy Petri Netz kann die Transition dagegen aufgrund der Bewertung der Plätze mit einer variablen Markenzahl schalten und somit können weitaus mehr Prozesse mit einem solchen Fuzzy Petri Netz als mit dem klassischen Petri Netz abgebildet werden. Für eine weiterführende Betrachtung der Petri Netze und deren Fuzzyfizierung sei auf die Literatur verwiesen [10-13, 10-14].

10.3 Anwendungen

10.3.1 Steuerung flexibler Fertigungssysteme mit Pensum

10.3.1.1 Problemstellung

Die Prozeßdynamik in flexiblen Fertigungssystemen erfordert leistungsfähige Entscheidungssysteme, mit denen es möglich ist, alle Ressourcen des Systems so einzusetzen, daß bei Störungen oder Einflüssen aus anderen Produktionsbereichen die formulierten Produktionsziele möglichst gut erfüllt werden.

Mit Pensum wurde ein System entwickelt, das als Bestandteil einer Fertigungssteuerung Produktionsstrategien ausgehend vom aktuellen Anlagenzustand und der Anlagenbelegung sowie der noch zu bearbeitenden Aufträge in einem flexiblen Fertigungssystem ermittelt. Die Ergebnisse des Simulationsprozesses werden zur Unterstützung der Prozeßführung dem Disponenten als Belegungsplan in Form eines Ganttdiagramms zur Verfügung gestellt.

10.3.1.2 Fuzzy Petri Netze zur Beschreibung fertigungstechnischer Prozesse

In einem flexiblen Fertigungssystem müssen gleichzeitig zu bearbeitende Fertigungsaufträge so aufeinander abgestimmt werden, daß bei möglichst geringen Lagerbeständen der Produktionsfluß termingerecht gewährleistet wird. Die bei der Koordinierung zu berücksichtigenden Produktionsziele werden unscharf durch Prioritätsregeln formuliert.

Um Produktionsstörungen zu kompensieren, müssen Werkstücke zwischengelagert werden. Die Werkstückzahl wird durch die Zuverlässigkeit der Operationen und die Priorität der beteiligten Aufträge beeinflußt. Die Vorgabe für die gespeicherte Werkstückzahl legt der Disponent aufgrund seiner Kenntnisse über den Produktionsprozeß fest. Er berücksichtigt dabei den Zustand der Bearbeitungsstationen und der Werkzeuge, indem er auch nicht meßbare Kriterien, wie Verschleißanzeichen und Störgeräusche, einbezieht.

Die determinierten Zeitvorgaben für die einzelnen Bearbeitungsvorgänge lassen in Fertigungsprozessen keine zeitvariablen Vorgänge erwarten. Bei der Koordinierung des Produktionsablaufs treten jedoch Wartezeiten auf, deren Länge die Produktionsziele unterschiedlich beeinflussen. Diese Variabilität der Fertigungsoperationen wird als Zeitunschärfe des Fertigungsprozesses betrachtet.

In Bild 10-3 ist der prinzipielle Weg dargestellt, wie ausgehend vom Produktionsprozeß, das Fuzzy Petri Netz Modell erstellt und darauf aufbauend die Belegung der Fertigungszellen in Form von Ganttdiagrammen dargestellt wird. In diesem Modell wird einerseits die ereignisabhängige Verkettung der Operationen eines Fertigungsauftrags und andererseits deren unscharfe zeitbewertete Bearbeitungsphase realisiert. Wechselwirkungen zwischen den Aufträgen ergeben sich durch die gemeinsam benutzten Systemressourcen.

In dem Petri Netz werden die Werkstücke eines Auftrages durch den Markenstrom bzw. die Markenbelegung in den Plätzen dargestellt. Der ereignisabhängige Start der Fertigungsoperation wird durch das Vorhandensein der Werkstücke in den Teilelagern bzw. Plätzen ausgedrückt. Für die Fertigungsoperationen stellen die Plätze der Teilelager Arbeitsbedingungen dar, die erfüllt sein müssen, wenn der entsprechende Arbeitsabschnitt ausgeführt werden soll. Zur Quantifizierung werden die Plätze unscharf bewertet. Die von der Markenzahl abhängige Zugehörigkeitsfunktion unterscheidet dabei in einer n-wertigen Stufung zwischen sehr guten und unzulässigen Arbeitsbedingungen. Mit Hilfe der so formulierten unscharfen Arbeitsfähigkeit sind unterschiedliche Störungen mit ihrem Einfluß auf den Produktionsfortgang vergleichbar geworden. Schlecht bewertete Plätze drükken schlechte Arbeitsbedingungen aus, die im Interesse eines stabilen Prozeßablaufs (z.B. durch Umverteilung von Ressourcen) vorrangig kompensiert werden müssen. Abweichungen von der Sollmarkierung in den Plätzen wirken so als Triebkräfte auf die Verbesserung der Arbeitsfähigkeit der beteiligten Operationen. Die Zugehörigkeitsfunktionen zur Bewertung der Arbeitsfähigkeit werden aus den Erfahrungen der Experten abgeleitet. Sie können den Lagerinhalt eines Platzes sehr eng bewerten, wodurch schon eine kleine Abweichung Reaktionen an den angrenzenden Operationen auslösen. Oder sie werden durch breite Funktionen bewertet, die dann zur Pufferung und damit zur Störungskompensation führen.

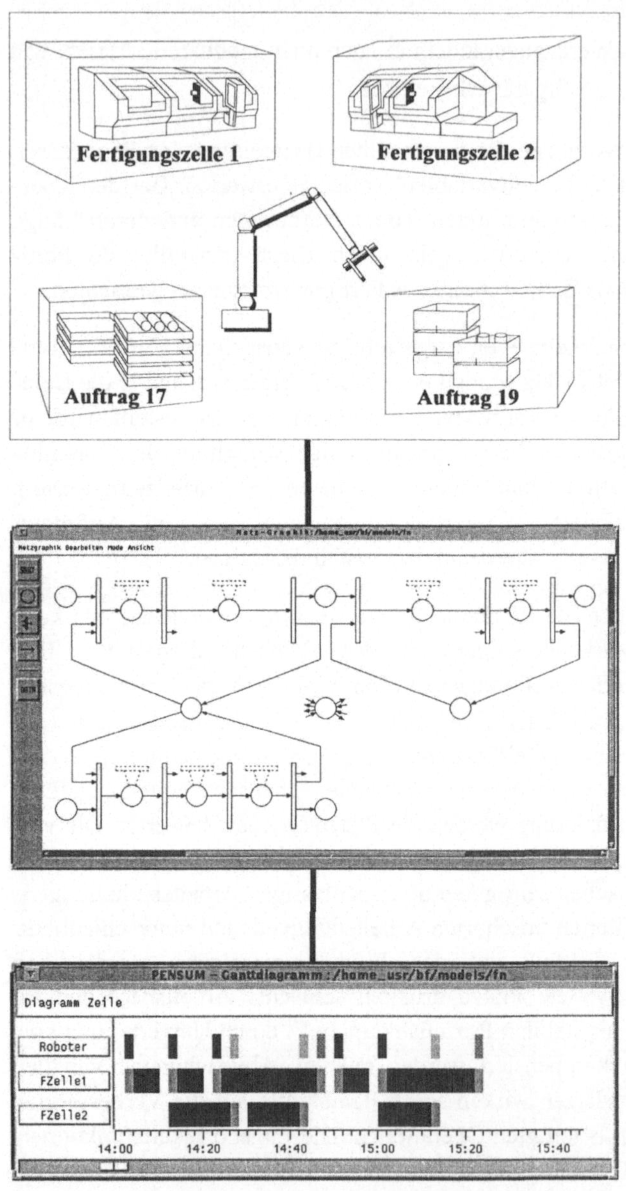

Bild 10-3:Modellierung eines Produktionsprozesses

Andere Arbeitsbedingungen, wie die Verfügbarkeit einer Bearbeitungsstation, des Transportssystems, spezifischer Werkzeuge oder NC-Programme, die lediglich die Ausführbarkeit der Operationen beeinflussen, werden im Netz als unbewertete Plätze realisiert. Von den unbewerteten Plätzen gehen keine Triebkräfte auf die Ausführung der Operation aus. Sie dienen deshalb nur zur Darstellung der Verfügbarkeit von Fertigungsressourcen. Ein Platz kann auch mit mehreren Operationen in Verbindung stehen. Er stellt dann eine globale Systemressource dar, die die Arbeitsfähigkeit mehrerer Transitionen beeinflußt. Durch solche global wirkenden Ressourcen ergibt sich eine Synchronisation der im System befindlichen Fertigungsaufträge.

Neben den ereignisabhängigen werden in dem Modell auch zeitabhängige Kriterien für die Koordinierung des Produktionsablaufs berücksichtigt. So ist es möglich, die Belegungszeiten der einzelnen Systemressourcen zu modellieren. Durch die zeitabhängigen Kriterien können Forderungen nach einer hohen Maschinenauslastung und Termintreue erfüllt werden.

Beispielsweise wird die Bearbeitungsoperation im Modell durch eine Belegungszeit beschrieben. Diese Größe beschreibt die Zeit, in der sich das Werkstück in der Fertigungszelle befindet. Durch die unscharfe Bewertung dieser Zeit ergibt sich der unscharfe Charakter der Fertigungsoperationen für die Ablaufplanung. Im Gegensatz zur ereignisabhängigen Modellierung, wo die Marken mit Werkstücken gleichgesetzt werden, wird bei der Zeitbewertung in den Plätzen die Markierung als Fortschreiten der Zeit interpretiert. Bei Wartezeiten des Werkstücks in der Maschine, z. B. infolge fehlender Transportmittel, kann so die nachfolgende Abschlußoperation mit verstärkter Priorität den Abtransport einleiten. Ein Überschreiten der geplanten Bearbeitungszeit stellt eine Triebkraft für den Abschluß der Operation dar.

Auf der Grundlage dieser unscharf bewerteten Netzmodelle können operative Produktionspläne entworfen werden, die eine hohe Prozeßstabilität, eine hohe Auslastung und eine hohe Termintreue zum Ziel haben. Ob das prozeßstabilisierende, das auslastungsfördernde oder das terminorientierte Kriterium berücksichtigt wird, kann durch die Schärfe der zugehörigen Platzbewertungsfunktion angegeben werden. Die Ermittlung von Koordinierungsvorschlägen erfolgt durch eine Inferenzstrategie, wobei die von den Experten eingebrachten Erfahrungen berücksichtigt werden.

10.3.2 Operative Steuerung eines Stahlwerkprozesses

Im Stahlwerk wird aus Roheisen beziehungsweise Altmaterial und Schrott durch verschiedene Verfahren Stahl erzeugt. Die beteiligten Prozesse laufen bei hohen Temperaturen ab (ca. 1600 °C), in denen das Produktgemisch flüssig ist. In Bild 10-4 ist ein Stahlwerksablauf mit seinen Hauptschritten schematisch dargestellt.

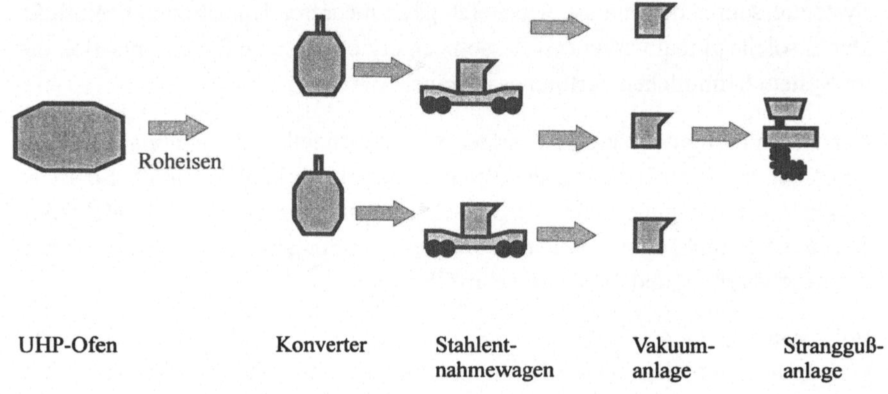

Bild 10-4: Produktionsablauf in einem Stahlwerk (Stahlwerksprozesse)

Das Rohmaterial, im konkreten Fall Alteisen und Schrott, werden in einem Elektroofen (UHP) aufgeschmolzen. Das aufgeschmolzene Material wird mittels Vormetallpfannen vom Ofen zum Konverter transportiert und dort durch Einblasen von Sauerstoff von Verunreinigungen befreit. Nach dem Ausblasen wird der Rohstahl in Pfannen abgefüllt und in der sogenannnten pfannenmetallurgischen Behandlung werden u.a. die Legierungsbestandteile für den zu produzierenden Werkstoff hinzugefügt. Anschließend wird das Produkt in einer Stranngußanlage zu Brammen vergossen.

Der gesamte Stahlwerksprozeß ist gekennzeichnet durch einen hohen Warmverbund der Teilprozesse. Deshalb bestehen hohe just-in-time Anforderungen.

Eine unzulässige Erkaltung einer Schmelze führt zu deren Verlust für die aktuelle Gießsequenz und zu einer notwendigen Wiederaufschmelzung dieser Charge. Durch die enge zeitliche Kopplung der Prozesse kann unter Umständen der gesamte Produktionsablauf im Stahlwerk beeinflußt werden.

Momentan wird durch die Disponenten sichergestellt, daß ein möglichst reibungsfreier Produktionsablauf gewährleistet ist. Der Disponent legt für seine Entscheidung alle notwendigen Informationen über technische Abläufe und Auftragssituationen zugrunde.

Um die Entscheidung des Disponenten zu objektivieren und den Disponenten bei der Entscheidungsfindung zu unterstützen, bietet sich die Anwendung des Fuzzy Petri Netz Konzepts an. Mit Pensum kann ein Modell des Stahlwerkablaufs entwickelt werden (Bild 10-5). Dieses Modell wird dann als Bibliothek zur Verfügung gestellt und kann auf jeder geeigneten Hardwareplattform in bestehende DV-Systeme integriert werden [10-15].

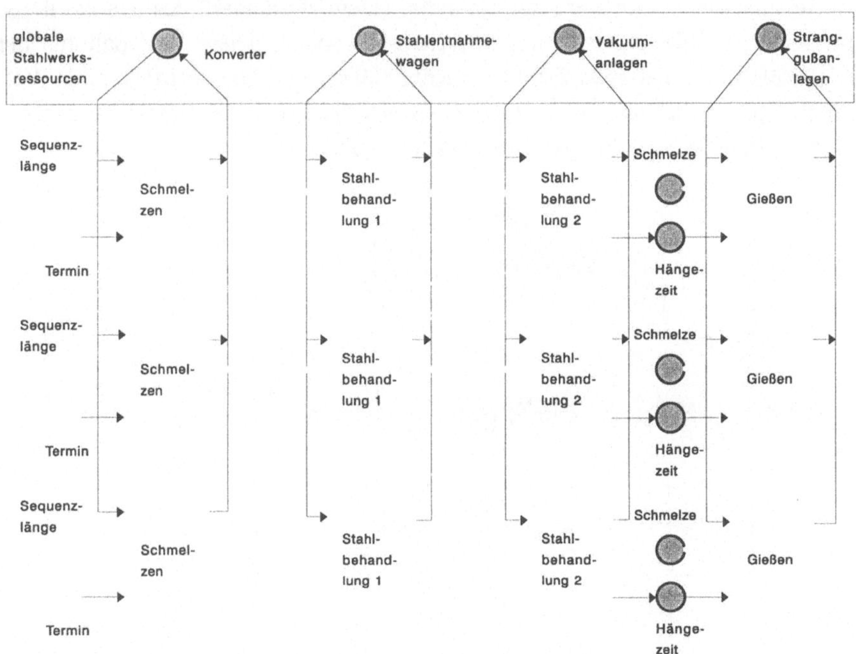

Bild 10-5: Fuzzy Petri Netz Modell eines ausgesuchten Stahlwerkprozesses

Die Nutzung eines solchen Modells schlägt dem Disponenten durch eine Simulation den Produktionsablauf vor und dieser kann so die Auswirkung seiner Entscheidung auf die Belegung der Ressourcen für eine oder mehrere Schichten erkennen. So kann er fühzeitig Konflikte ausmachen und einen optimalen Produktionsablaufplan erstellen.

Alternativ kann die Reihenfolgeplanung der Gießsequenzen auch von Pensum durchgeführt werden. Dabei werden Vorgaben, wie Reduktion der Wartezeiten der Gießpfannen vor der Stranggußanlage oder möglichst hohe Ressourcenauslastung bei der Wahl der Sequenzreihenfolge berücksichtigt. Durch diese automatisierte Auswahl, die sämtliche Produktions- und Auftragsparameter, wie Qualität, Menge und Dringlichkeit zur Planung heranzieht, wird eine Erhöhung der Produktion und eine Reduktion der Produktionskosten möglich.

10.3.3 Anwendung des Fuzzy Petri Netz Konzepts in der Verfahrenstechnik: Operative Prozeßführung einer Krackanlage zur Ethylenherstellung

In Steamkrackanlagen wird aus Naphtha, einem Bestandteil des Erdöls, durch thermische Molekülaufspaltung Ethylen gewonnen. Diese Aufspaltung der Moleküle findet bei etwa 820 °C in Röhrenöfen statt. Die nachfolgenden Aufarbeitungsschritte sind durch Quenchen des Gasgemisches sowie destillative Aufarbeitung des Produktgemischs gekennzeichnet.

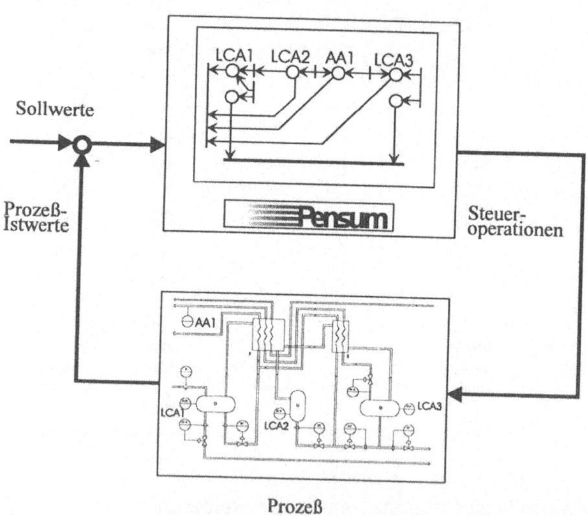

Bild 10-7: Fließbild und Fuzzy Petri Netz Modell der Tiefkühlung

In Bild 10-7 ist die Struktur eines Fuzzy Petri Netz dargestellt, welches zur Regelung der Tiefkühlung an dieser Krackanlage zum Einsatz kommt. Die Tiefkühlanlage besteht aus zwei Flüssigkeitsabscheidern, zwei Wärmetauschern sowie Ventilen und Meßinstrumenten. Das Modell wurde aus dem Fließbild des Prozesses abgeleitet, indem die wichtigsten Parameter als Netzelemente abgebildet wurden. Das in Bild 10-7 gezeigte Modell ist das komplette Modell, das zur Kontrolle und Regelung des Tiefkühlsystems nötig ist. Die Plätze repräsentieren Stoff- oder Energiebilanzen. Der aktuelle Wert des Platzes wird durch die Anzahl der Marken bestimmt. Die Transitionen erzeugen den Markenstrom, der den Stoff- und Energiefluß innerhalb der Anlage symbolisiert.

Die Flüssigkeitsabscheider des Systems werden durch Plätze repräsentiert, deren Markenbelegung die Flüssigkeitsniveaus symbolisieren (LCA1-LCA3). Das Kondensat wird in den Abscheidern vom Gasstrom getrennt. In den Abscheidern muß das Flüssigkeitsniveau innerhalb vorgegebener Grenzen gehalten werden, damit einerseits die Flüssigkeit komplett abgeschieden und andererseits keine Flüssigkeit durch den Gasstrom mitgerissen wird. In einem scharfen Petri Netz würden alle zulässigen Flüssigkeitsstände des Behälters mit eins bewertet, unzulässige entsprechend mit null. In einem Fuzzy Petri Netz hingegen können Arbeitspunkte vorgegeben werden, die mit eins bewertet werden. Je weiter sich der aktuelle Zustand vom Arbeitspunkt entfernt, desto niedriger wird er bewertet.

Obwohl das Modell eine Tiefkühlanlage repräsentiert, sind keine Wärmetauscher enthalten. Die Modellierung der Wärmetauscher ist nicht notwendig, da diese immer um ihren Arbeitspunkt mit maximaler Auslastung arbeiten, wenn der zugehörige Puffer groß genug ist. Deshalb brauchen nur die Flüssigkeitsstände der Behälter in ihren vorgegebenen Grenzen reguliert zu werden.

Die Dichte des Wasserstoffs (AA1), der während des Prozesses aus dem Gasstrom abgetrennt wird, ist ein Maß für die Effizienz des Prozeßzustands. Die Dichte ist eine Funktion der verwendeten Kühlenergie. Eine Reduktion der Kühlleistung führt zu einer höheren Dichte; der Wasserstoff kann dann nicht mehr für andere Zwecke verwendet werden. Eine Erhöhung der Kühlleistung führt zu einer niedrigeren Wasserstoffdichte, jedoch werden die Energiekosten durch den Einsatz eines anderen Kühlmediums erhöht. Diese Erhöhung kann für kurze Zeit akzeptiert werden, während die Erhöhung der Wasserstoffdichte unbedingt vermieden werden muß. Dieser Sachverhalt ist in Bild 10-8 durch die dargestellte Zugehörigkeitsfunktion modelliert.

Mit diesem so konfigurierten Fuzzy Petri Netz können die Produktverluste im Prozeß gesenkt sowie Störeinflüsse auf die Produktion, beispielsweise durch Produktionsschwankungen, kompensiert werden.

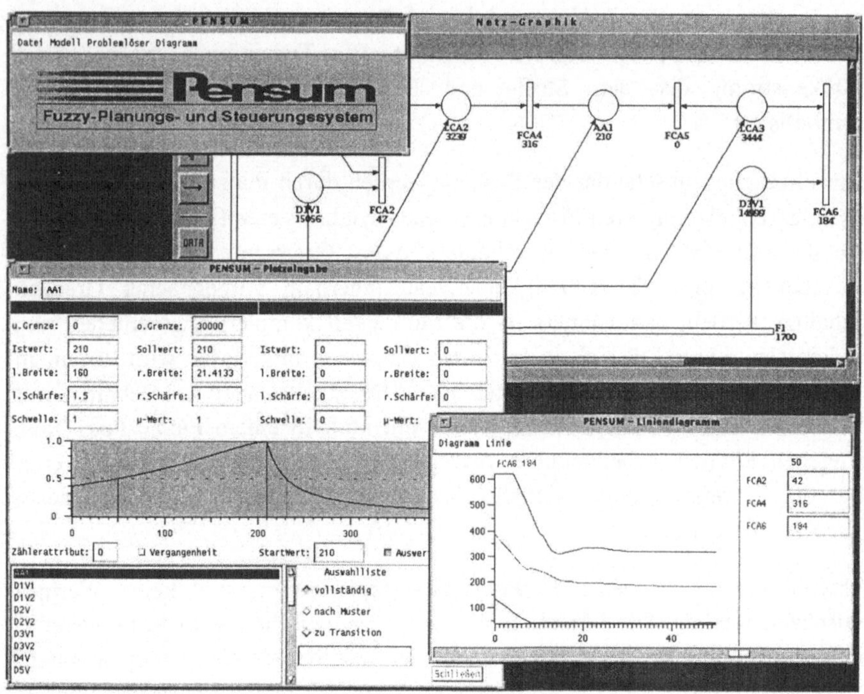

Bild 10-8: Platzkonfiguration und Simulationsumgebung in Pensum

10.4 Zusammenfassung

In diesem Beitrag wurde ein Fuzzy Planungs- und Steuerungssystem vorgestellt, welches für die operative Prozeßführung eingesetzt werden kann. Dieses System basiert auf einem Petri Netz Konzept, das durch Fuzzy Logic erheblich erweitert wurde. Es kann sowohl zur Steuerung von kontinuierlichen als auch diskontinuierlichen Prozessen eingesetzt werden. Applikationen im Stahlbereich sowie in der verfahrenstechnischen Industrie sind bereits realisiert.

Weitere Anwendungen sind in Arbeit und lassen auf anspruchsvolle Problemlösungen schließen.

11 Ergänzende Literatur

[1- 1] *Bonfig, K.W.*: Fuzzy Logik in der industriellen Automatisierung. Expert Verlag, Ehningen bei Böblingen 1992.

[1- 2] *Kahlert, J., Frank, H.*: Fuzzy Logik und Fuzzy Control. - Vieweg Verlag 1993.

[1- 3] *Kruse, R., Gebhardt, J., Klawonn, F.*: Fuzzy Systeme. - Teubner Verlag 1993.

[1- 4] *Rommelfanger, H.*: Entscheidung bei Unschärfe. - Springer Verlag 1988.

[1- 5] *Traeger, D.H.*: Einführung in die Fuzzy Logik. - Teubner Verlag 1993.

[1- 6] *Zimmermann, H.-J.*: Fuzzy Technologien. - VDI-Verlag 1993.

[1- 7] *Ruan, D., Kerre E.E.*: Fuzzy Implication Operators and Generalized Fuzzy Method of Cases, in: Fuzzy Sets and Systems 54, 1993, S. 23-37.

[1- 8] *Bonissone, P.P., Decker, K.S.*: Selecting Uncertainty Calculi and Granularity: An Experiment in Trading-off Precision and Complexity, in: Kanal, L.N., Lemmer, J.F. (Hrsg.), Uncertainty in Artificial Intelligence, Amsterdam, New York, Oxford 1986, S. 217-247.

[1- 9] *Zimmermann, H.-J.*: Strategic Planning, Operations Research and Knowledge Based Systems, in: Verdegay, Delgado (Hrsg.): The Interface between AI and OR, in: Fuzzy Environments, Köln 1989, S. 253-274.

[1-10] *Zimmermann, H.-J.*: Approximate Reasoning in Manufacturing, in: Kusiak, L. (Hrsg.), Intelligent Design and Manufacturing, New York 1991.

[1-11] *Weber, R., Werners, B., Zimmermann, H.-J.*: Planning Models for Research and Development, in: European Journal of Operational Research 48, 1990, S. 175-188.

[1-12] *Angstenberger, J.*: atp - Marktanalyse: Software Werkzeuge zur Entwicklung von Fuzzy-Reglern. atp 2, 1993, S. 3-15.

[1-13] *Popp, H.*: Anwendungen der Fuzzy-Set-Theorie in Industrie- und Handelsbetrieben, in: Wirtschaftsinformatik 36, 1994, S. 268-285.

216

[1-14]   *Zadeh, L.A.*: Fuzzy Sets, in: Information and Control 8, 1965, S. 338-353.

[1-15]   *Rechenberg, I.*: Cybernetic Solution Path of an Experimental Problem. Royal Aircraft Establishment Farnborough 1965.

[1-16]   *Fogel, L.J., Owens, A.J., Walsh, M.J.*: Artificial Intelligence Through Simulated Evolution. New York 1966.

[1-17]   *Holland, J.H.*: Adaption in Natural and Artificial Systems. Ann Harbour 1975.

[1-18]   *Rosenblatt, F.*: Principles of Neurodynamics: Perceptrons and the Theory of Brain Mechanism. Washington D.C. 1962.

[1-19]   *Newell, A., Simon, H.A.*: Human Problem Solving. Englewood Cliffs 1972.

[1-20]   Bundesminister für Forschung und Technologie: Künstliche Intelligenz. Bonn 1988.

[1-21]   *Mertens, P.*: Künstliche Intelligenz und Betriebswirtschaftslehre, in: Handwörterbuch der Betriebswirtschaftslehre, Stuttgart 1993, S. 2489.

[1-22]   *Bezdek, J.C.*: On the Relationship between Neural Networks, Pattern Recognition and Intelligence, in: International Journal of Approximate Reasoning 6, 1992, S. 85-108.

[1-23]   *Zurada, J.M., Marks, R.J., Robinson, Ch.J. (Hrsg.)*: Computational Intelligence, Imitating Life. IEEE Press New York 1994.

[1-24]   *Zimmermann, H.-J.*: Hybrid Approaches for Fuzzy Data Analysis and Configuration Using Genetic Algorithms and Evolutionary Methods, in: Zurada et al. 1994, S. 364-370.

[1-25]   *Bezdek, J.*: What is Computational Intelligence? in: Zurada et al. 1994, S. 1-12.

[2-1]   *Rosenblatt, F.*: The Perceptron: A Probabilistic Model for Information Storage and Organization in the Brain. Psychological Review, 65 S. 386-408, 1958. Nachdruck in: Neurocomputing: Foundations of Research, Hrsg.: James A. Anderson and Edward Rosenfeld, MIT Press, 1988, Cambridge, Massachusetts, USA.

[2-2]   *Albus, James S.*: The Cerebellar Model Articulation Controller. Transactions of the ASME, Series G, 97(3), 1975.

[2-3]   *Albus, James S.*: A New Approach to Manipulator Control: The Cerebellar Model Articulation Controller (CMAC). Transactions of the ASME, 97(3), 1975.

[2-4]   *Hormel, Michael*: Untersuchungen zum Einsatz neuronaler Modelle in der Regelungstechnik mit Anwendung auf die lernfähige Steuerung eines mehrfingrigen Robotergreifers. Dissertation, Technische Hochschule Darmstadt, 1993. Darmstädter Dissertationen.

[2-5]   *Ersü, E., Militzer, J.*: Real-Time Implementation of an Associative Memory-Based Learning Control Scheme for Non-Linear Multivariable Processes. In Proceedings of the International Symposium on Application of Multivariable System Technique, Plymouth, UK, 1984.

[2-6]   *Moody, John, Darken, Christian*: Fast Learning in Networks of Locally-Tuned Processing Units. Neural Computation, 1:281-294, 1989.

[2-7]   *Poggio, T., Girosi, F.*: Regularization Algorithms for Learning that are equivalent to Multilayer Networks. Science, 247:978-982, 1990.

[2-8]   *Loyd, S. P.*: Least squares quantization in {PCM}. IEEE Transactions on Information Theory, IT-28:2, 1982. Bell Laboratories Internal Report.

[2-9]   *MacQueen*: Some Methods for classification and analysis of multivariate observations. In L.M. LeCam, J. Neyman (Hrsg.), Proceedings of the 5th Berekeley Symposium on Mathematics, Statistics, and Probability. U. Ca lifornia Press, 1967.

[2-10]   *Tolle, Henning, Ersü, E.*: Neurocontrol-Learning Control Systems Inspired by Neuronal Architectures and Human Problem Solving S Strategies. Springer-Verlag, Berlin, 1992.

[2-11]   *Kohonen, T.*: Self-organization and associative memory. Springer, 1989.

[2-12]   *Kohonen, T., Lehtio, P.*: Storage and processing of information in distributed associative memory systems. In G.E. Hinton, J.A. Anderson (Hrsg.), Parallel models of associative memory. Hillsdale, NJ, Erlbaum, 1981.

[2-13]   *Fischler, M. A., Elschlager, R. A.*: The representation and matching of pictorial structures. IEEE Transactions on Computers 1, S. 1-22, 1973.

218

[2-14]   *Yuille, A. L., Cohen, D.S., Hallinan, P.W.*: Feature extraction from faces using deformable templates. In Proceedings of CVPR. San Diego, 1989.

[2-15]   *Turk, M., Pentland, A.*: Eigenfaces for recognition. Journal of Cognitive Neuroscience, 3:71-86, 1991.

[2-16]   *Lades, M., Vorbrüggen, J. C., Buhmann, J., Lange, J., v.d. Malsburg, C., Würtz, R. P., Konen, W.*: Distortion invariant object recognition in The dynamic link architecture. IEEE Transaction on Computers, 42: 300 - 311, 1993.

[2-17]   *von der Malsburg, C.*: The Correlation Theory of Brain Function. Technischer Bericht 81-2, Max Planck Institut für Biophysikalische Chemie, 1981.

[3-1]   *K. Bscheid*: Optische Mustererkennung mit Hilfe von Neuronalen Netzen unter Einsatz eines Parallelrechners. Diplomarbeit Fachhochschule München, 1994

[3-2]   *H. Geiger*: Storing and Processing Information in Connectionist Systems. In: R. Eckmiller (Hrsg.), Advanced Neural Computers, Proceedings International Symposium on Neural Networks for Sensory and Motor Systems, Neuss 1990

[3-3]   *H. Geiger, T. Müller*: Optische Qualitätssicherung mit Neuronalen Netzen. Design & Elektronik; Ausgabe 16/1992

[3-4]   *H. Ishibuchi, H. Tanaka*: Identification of Real-Valued and Interval-Valued Membership Functions by Neural Networks. In International Conference on Fuzzy Logic and Neural Networks, S. 179-182, Iizuka, Fukuoka, Japan, 1990

[3-5]   *E. Khan*: Neural Network Based Algorithms for Rule Evaluation and Defuzzification in Fuzzy Logic Design. In Proceedings of WCNN'93, Volume II, S. II-31-II-38, Portland, 1993

[3-6]   *E. Körner, H. Nücke, D. Böller, D. Butz, H. Walter*: Scharfsinn - Neuro-Fuzzy-Systeme lösen Klassifikations- und Steueraufgaben, Elektronik Praxis 3/1992, S. 48-56

[3-7]   *D. Nauck*: Modellierung Neuronaler Fuzzy-Regler. Dissertation an der Technischen Universität Carolo-Wilhelmina Braunschweig, 1994

[3-8]   *D. Schoder*: Adaptive Regler, mikroelektronik Bd. 7, Heft 3, Fachbeilage Mikrosystemtechnik, S. 42-43, 1993

[3-9]   *S. P. Stoeva*: A weight-learning algorithm for fuzzy production systems with weighting coefficients. Fuzzy Sets and Systems 48 (1992) S. 53-64

[3-10]   *R.R. Yager*: Implementing fuzzy logic controllers using a neural network framework. Fuzzy Sets and Systems 48 (1992) S. 53-64

[3-11]   *H.-J. Zimmermann, C. v. Altrock (Hrsg.)*: Fuzzy Logic. R. Oldenburg Verlag München, Wien, 1994

[3-12]   *G. A. Moore*: Crossing The Chasm. Marketing and Selling Technology Products to Mainstream Customers. Harper Business, New York, 1991

[4-1]   *Barto, A. G.*: Connectionist Learning for Control: An Overview. 1990, Neural Networks for Control, edited by W.T. Miller, III, R.S. Sutton, and P.J. Werbos, The MIT Press.

[4-2]   *Neumerkel, D., Lohnert, F.*: Anwendungsstand Künstlicher Neuronaler Netze in der Automatisierungstechnik, Teil 2: Regelungs und systemtechnische Anwendungen. 1992, atp 11/92.

[4-3]   *Hunt, K. J., Sbarbaro, D., Zbikowski, R., Gawthrop, P. J.*: Neural Networks for Control Systems: a Survey. 1992, Automatica, vol. 28, no. 6.

[4-4]   *Poggio, T., Girosi, F.*: Networks for Approximation and Learning.1990, IEEE Proceedings, vol. 78, no. 9

[4-5]   *Neumerkel, D., Murray-Smith, R., Gollee, H.*: Advances in Black-Box Modelling: Cluster-Based Time-Delay Neural Nets. 1993,Proceedings IJCNN-93-Nagoya International Joint Conference on Neural Networks.

[4-6]   *García, C. E., Prett, D. M., Morari, M.*: Model Predictive Control: Theory and Practice - a Survey. 1989, Automatica, vol. 25, no. 3.

[4-7]   *Blascke, F.*: Das Prinzip der Feldorientierung, die Grundlage für die Transvektor-Regelung von Drehfeldmaschinen. 1971, Siemens-Zeitschrift 45, Heft 10.

[4-8]   *Neumerkel, D., Franz, J., Krüger, L., Hidiroglu, A.*: Real-Time Application of Neural Model Predictive Control for an Induction Servo Drive. 1994, Proceedings 3rd IEEE Conference on Control Applications.

[4-9]   *Beierke, S.*: Vergleichende Untersuchungen von unterschiedlichen

feldorientierten Lagereglerstrukturen für Asynchron-Servomotoren mit einem Multi-Transputer-System. 1992, Dissertation, TU-Berlin.

[4-10] *Sbarbaro-Hofer, D., Neumerkel, D., Hunt, K.*: Neural Control of a Steel Rolling Mill. 1993, IEEE Control Systems, vol. 13, no. 3.

[5-1] *Ritter H., Schulten K.*: Topology Conserving Mappings for Learning Motor Tasks. Neural Networks for Computing, JS Denker (ed.), AIP Conf Proc., 151:376-380, Snowbird, Utah, 1986.

[5-2] *Ritter H., Martinetz T., Schulten K.*: Neuronale Netze eine Einführung in die Neuroinformatik selbstorganisierender Netzwerke, revised and extended second edition, Addison-Wesley Verlag, Bonn, 1991.

[5-3] *Martinetz T.*: Selbstorganisierende neuronale Netzwerkmodelle zur Bewegungssteuerung. INFIX Verlag, Dissertationen zur künstlichen Intelligenz, Sankt Augustin, 1992.

[5-4] *Kohonen T.*: Self-organization and associative memory. Springer Series in Information Sciences 8, Heidelberg, 3. Auflage, 1989.

[6-1] *Altrock, C.v.*: Über den Daumen gepeilt in c.t 3/1991.

[6-2] *Altrock, C.v.*: Fuzzy-Logic in Wissensbasierten Systemen in etz 11/1991.

[6-3] *Altrock, C.v.*: Fuzzy-Logic, Oldenbourg Verlag, Aachen/München 1993.

[6-4] *Bork, P. et.al.*: Fuzzy-Control zur Optimierung der Kühlwasseraufbereitung an einer Chemie-Reaktoranlage.

[6-5] *Dyntar, D.*: Fuzzy-Regler contra Zustandsregler, in v.Altrock/Zimmermann, "Fuzzy-Logic - Bd. II". Oldenbourg Verlag,1993.

[6-6] *Froese, T.*: Applying of Fuzzy-Control and Neural Networks to modern Process Control Systems, in EUFIT '93-Kongressband, Volume II, S. 559ff.

[6-7] *Froese, T.*: Höhere Ausbeute - geringere Kosten ..., Elektronik plus, Sonderheft Fuzzy, S. 81ff.

[6-8] *Froese, T.*: Optimierung einer C_2-Hydrierung, in Fuzzy-Logic Bd. II, Oldenbourgh Verlag, 1993.

[6-9] *Froese, T.*: Optimierung von Destillationskolonnen, in cav 11/1993, S.20ff.

[6-10]   *Froese, T.*:Geavanceerde vage logica in de procesbesturbing, I+PA, 9/1993, S. 187ff.

[6-11]   *Gariglio, G.*: Fuzzy in der Praxis in "Elektronic" Heft 20/1991 H.Hetzheim.

[6-12]   *Granderath, A.*:Erfahrungen mit Fuzzy-Control bei der Automatisierung einer Destillationskolonne, in Fuzzy-Logic Bd. II, Oldenbourgh Verlag, 1993.

[6-13]   *Hommel, G.*: Fuzzy-Logic für die Automatisierungstechnik in atp 10/1991.

[6-14]   INFORM GmbH, Manual zur Fuzzy-tech 3.2-Software.

[6-15]   INFORM GmbH, Trainings- und Schulungs-Material.

[6-16]   *Kiendl, H.*: Fuzzy-Control in atp 1/`93.

[6-17]   *Kinnebrock, W.*: Neuronale Netze - Grundlagen, Anwendungen, Beispiele, Oldenbourg Verlag 1993.

[6-18]   Kluwer-Nijhoff Publishing Material der I.I.R-Fuzzy-Konferenz, München   5/1992.

[6-19]   MIT GmbH, Manual DataEngine 1.0, (Part. D, Grundlagen).

[6-20]   *Shinskey, G*: Distillation Control, Mc Graw Hill 1977.

[6-21]   *Stenz R., Kuhn, U*: Fuzzy-Automatisierung und konventionelle Automatisierung einer Batch-Destillationskolonne.

[6-22]   *Zimmermann, H.-J.*: Fuzzy Set Theory - and its Applications. 1991 2nd revised edition.

[7-1]   *Börnke, W., Fricke, Ch., Furumoto, H.*: Automatisierungsstrukturen verbessern die Ökonomie der Zellstoff-Fabrik. Svensk papperstidning / nordisk cellulosa 1992 Nr.17, S. 28/31.

[7-2]   *Furumoto, H., De Decker, A.*: Knowledge based process management. Part 2 Fuzzy Logik. Revue A.T.I.P. Bd.47 1993 Nr.2, S. 8/17.

[7-3]   *Bauer, V.*: Ein Investment, das sich rechnet - Fuzzy Optimierung spielt die Kosten rasch wieder ein. Papier aus Österreich 1994 Nr.6, S. 13/15.

[7-4]   *Furumoto, H.*: Fuzzys Erfolg - "Intelligente" Technik senkt den Ausschuß. Papier aus Österreich 1994 Nr.6, S. 17/19.

[7-5]   *Adamy, J.*: Automatische Mapping-Identifikation bei der Querprofilregelung des Flächengewichts. Das Papier 1994 Nr.8, S. 324/334.

[7-6]   *Marcus A.*: Caima: Small sulfit mill carving itself a big future. Pulp and Paper International 1994 May, S. 39/42.

222

[7-7]   *Obradovic, O., Deco, G., Furumoto, H., Fricke, C.*: Neural Network for industrial process control: applications in wood pulp production. 6th International Conference neural Networks. Nimes 1993 S. 25/32.

[7-8]   *Obradovic, O., Deco, G., Furumoto, H., Fricke, C.*: Application of Neural Network in Pulp production. Künstliche Intelligenz 1993 Nr.8, S. 83.

[7-9]   *Limbeck, W., Lipp, H.-P.*: Ein Fuzzy-Konzept zur operativen Führung des Stahlwerksprozesses. Stahl und Eisen 1994 Verlag Stahleisen mbH,
Düsseldorf.

[7-10]   *Zimmermann, H.-J.*: Fuzzy Technologien. VDI Verlag Düsseldorf 1993.

[7-11]   *Lipp, H.-P.*: Flexible Fertigungsprozesse nach stückflußabhängigen und zeitabhängigen Kriterien steuern. ZWF CIM 1990 Nr.12, S. 652/655.

[7-12]   BEST. Bleaching through Enzymes via Scaling of Technology. Forschungsprojekt im LIFE Umweltprogramm der Europäischen Gemeinschaft 1993 UK/3164.

[7-13]   *Hirokawa, S.*: A Fuzzy Controller Using a Neural Network and its Capability to Learn Expert's Control Rules. Proceedings International Conference on Fuzzy Logic & Neural Networks. 1990 Iizuka.

[7-14]   *Wolf, T.*: Die Synergien in Neuro-Fuzzy. Design & Elektronik 1993, Nr.9.

[7-15]   *Masuoka, R.*: Neurofuzzy System - Fuzzy Inference using a Structured Neural Network. Proceedings International Conference on Fuzzy Logic & Neural Networks. 1990 Iizuka.

[8-1]   *Sugeno, M. (Ed.)*: Industrial Applications of Fuzzy Control, New York,1985.

[8-2]   *Meier, W., Weber, R., Zimmermann, H.-J.*: Fuzzy Data Analysis - Methods and Industrial Applications. FSS 61, 1994, S. 19-28.

[8-3]   *Bandemer, H., Näther, W.*: Fuzzy Data Analysis, Dordrecht, 1992.

[8-4]   *Kacprzyk, J., Fedrizzi, M.*: Fuzzy Regression Analysis, Heidelberg, 1992

[8-5]   *Ruspini, E.*: A New Approach To Clustering, Inf. Control 15, 1969, 22-32.

[8-6]   *Tanaka, H.*: Linear regression analysis with fuzzy model, in: IEEE Trans. Systems Man Cybernet. 12, 1982, 903-907.

[8-7]   *Bandemer, H.*: Mathematical Research, Modelling Uncertain Data, Vol. 68, Berlin, 1993.

[8-8]   *Zimmermann, H.-J. (Hrsg.)*: Fuzzy Technologien Prinzipien, Werkzeuge, Potentiale, Düsseldorf, 1993.

[8-9]   *Bocklisch, S.F.*: Prozeßanalyse mit unscharfen Variablen, Berlin, 1987.

[8-10]   *Dumitrescu, D.*: Hierarchical Pattern Classification, in: Fuzzy Sets and Systems 28, 1988, 145-162.

[8-11]   *Bezdek, J.C., Pal, S.K.*: Fuzzy Models For Pattern Recognition, New York, 1992.

[8-12]   *Bezdek, J.C.*: Pattern Recognition with Fuzzy Objective Function Algorithms, New York 1981.

[8-13]   *Ball, G.H., Hall, D.J.*: A Clustering Technique for Summarizing Multivariate Data, in: Behav. Sci. 12,1967, 153-155.

[8-14]   *Choe, H., Jordan, J.B.*: On the Optimal Choice of Parameters in a Fuzzy C-Means Algorithm, in: International Conference on Fuzzy Systems, San Diego, 1992, 349-354.

[8-15]   *Selim, S.Z., Kamel, M.S.*: On the mathematical and numerical properties of the fuzzy c-means algorithm, in: FSS 49, 1992, 181-191.

[8-16]   *Dave, R. N.*: Fuzzy-shell clustering and applications to circle detection in digital images, in: Int. J. General Systems 16, 1990, 343-355.

[8-17]   *Krishnapuram, R., Frigui, H., Nasraoui, O.*: The fuzzy C spherical shell clustering algorithms: A new approach, in: IEEE Trans. on Neural Networks 3, 1992, 663-671.

[8-18]   *Krishnapuram, R., Frigui, H., Nasraoui, O.*: A Fuzzy Clustering Algorithm to Detect Planar and Quadric Shapes, in: Proceedings of the North American Fuzzy Information Processing Society Workshop, Puerto Vallarta, 1992.

[8-19]   *Krishnapuram, R.*: A Possibilistic Approach to Clustering, in: IEEE Transactions on Fuzzy Systems 1,1993a, 98-110.

[8-20]   *Krishnapuram, R.*: Fuzzy Clustering Methods in Computer Vision, in: European Congress on Fuzzy and Intelligent Technologies, Aachen 1993, 720-730.

[8-21] *Zimmermann, H.-J., v. Altrock, C.*: Fuzzy Logic, Band 2: Anwendungen, Oldenbourg München Wien, 1994.

[8-22] *Angstenberger, J., Walesch, B.*: Entwicklungswerkzeuge und Spezialprozessoren für Fuzzy-Anwendungen, atp-Automatisierungstechnische Praxis 36 Nr. 6, 1994, 62-72.

[8-23] *Zimmermann, H.-J.*: Fuzzy Sets, Decision Making, and Expert Systems. Boston Dordrecht Lancaster, 1987.

[8-24] MIT : DataEngine 1.2- Handbuch. Aachen, 1995.

[8-25] *Kodratoff, Y.*: Introduction to Machine Learning, London, 1988 .

[8-26] *Quinlan, J. R.*: Induction of Decision Trees, Machine Learning 1, 1986, 81-106.

[8-27] *Weber, R.*: Entwicklung und Anwendung von Verfahren zur automatischen Akquisition unsicheren Wissens. Düsseldorf, 1992.

[8-28] *Richter, M.M.*: Prinzipien der künstlichen Intelligenz. Stuttgart 1989.

[8-29] *Graham, I., Jones, P.L.*: Expert Systems, Knowledge, Uncertainty and Decision. London, New York 1988.

[8-30] *Yager, R.R.*: Adaptive Models for the Defuzzification Process. In: Proceedings of the 2nd International Conference on Fuzzy Logic and Neural Networks, Iizuka ´92, 1992. 65-71.

[8-31] *Schimpe, H., Weber, R.*: Wissensbasierte Datenanalyse mit Fuzzy Logik. ist - Intelligente Software-Technologien 4, 1992, 12-18.

[8-32] *Zimmermann, H.-J. (Hrsg.)*: Datenanalyse - Anwendung von DataEngine, mit Fuzzy technologien und Neuronalen Netzen VDI-Verlag, Düsseldorf, 1995.

[8-33] *Bezdek, J.C., Tsao, E.C.-K., Pal, N.R.*: Fuzzy Kohonen Clustering Networks. In: IEEE International Conference on Fuzzy Systems. San Diego, 1992. 1035-1043.

[8-34] *Kohonen, T.*: Self-Organization and Associative Memory. 3.Auflage Berlin, Heidelberg, New York 1989.

[8-35] *Huntsberger, T.L., Ajjimarangsee, P.*: Parallel Self-Organizing Feature Maps for Unsupervised Pattern Recognition. In: Bezdek, J.C., Pal, N.R. (Hrsg.): Fuzzy Models for Pattern Recognition. IEEE Press, New York 1992. 483 - 495.

[8-36] MIT GmbH: Reference Manual DataEngine ADL, Aachen 1995, 1. Auflage.

[8-37] *Lieven, K., Weber, R.*: Datenanalyse mit Fuzzy Technologie und Neuronalen Netzen. In: Operations Research - Reflexionen aus Theorie und Praxis, Festschrift zum 60. Geburtstag von Hans-Jürgen Zimmermann, Werners, B., Gabriel, R. (Hrsg.), Berlin, Heidelberg, New York, 1994, 305-329.

[8-38] *Meier, W.*: Coking of Cracking Furnaces A Determination By Fuzzy Classification, in: European Congress on Fuzzy and Intelligent Technologies, Aachen 1993, 569-573.

[9-1] *Brock, W.A., Hsieh, D.A.:* Nonlinear Dynamics, Chaos, and Instability, MIT Press Cambridge, Massachusetts, London 1992.

[9-2] *Fama, E.F.*: Efficient capital markets: A review of theory and empirical work, Journal of Finance, 1970, 25, p.383 ff.

[9-3] *Fishman, M.B., Barr, B.S., Loich, W.J:* Using Neural Nets in Market Analysis. In Technical Analysis of STOCKS & COMMODITIES, 4/1991.

[9-4] *Graf, J., Nakhaeizadeh, G.:* Application of neural networks and symbolic machine learning algorithms to predicting stock prices. 1994, Plantamua, V.L., Soucek, B., Vissagio, G. (eds.), Logistic and Learning for Quality Software Management and Manufacturing. John Wiley & sons, New York.

[9-5] *Graf, J., Nakhaeizadeh, G.*: Recent Development in Solving the Credit-Scoring Problem. To appear in Plantamura, V., Soucek, B., Visaggio, G. (eds.): Logistic and Learning for Quality Software Management and Manufacturing. John Wiley & sons, New York, 1994.

[9-6] *Hillmer, M., Graf, J.*: Aktienkursprognose mit statistischen Verfahren und Neuronalen Netzen: Ein Systemvergleich. In Bol, G., Nakhaeizadeh, G., Vollmer, K.-H. (Hrsg.), Finanzmarktanwendungen Neuronaler Netze und ökonometrischer Verfahren, Physica-Verlag Heidelberg, 1994.

[9-7] *LeBeau, C., Lucas, D.*: Börsenanalyse mit dem Computer, Hoppenstedt Verlag Darmstadt, 1992.

[9-8] *Loistl, O.*: Computergestütztes Wertpapiermanagement, München Wien, 1990.

[9-9] *Rehkugler, H., Poddig, T.*: Neuronale Netze im Bankbetrieb. In Die Bank, 7/1992, 413-419.

[9-10]   *Siriopoulos, C., Karakoulas, G., Doukidis, G., Perantonis, S., Varoufakis, S.*: Application of neural networks and knowledge-based systems in stock investment management: a comparison of performances. In Novak, M.: Neural Network World, 6/1992.

[9-11]   *White, H.*: Economic Prediction using Neural Networks: The case of IBM Daily Stock Returns. IEEE International Conference on Neural Networks, San Diego, II-451ff, 1988.

[9-12]   *White, H., Lee, T.-H., Granger, C.W.J.*: Testing for neglected nonlinearity in time series models. Journal of Econometrics, 56, 269-290, North-Holland, 1993.

[10-1]   *Maeda Y.*: Ambiguous State Evaluation of Fuzzy Algorithm Based on Petri Nets. Proceedings of Third IEEE International Conference on Fuzzy Systems, Orlando (1994), S. 1230-1234.

[10-2]   *Capkovic F.*: A Rule Based Representation of Fuzzy Knowledge for Control Purposes by means of Petri Nets. Proceedings of Second European Congress on Fuzzy and Intelligent Technologies, Aachen (1994), S. 1451-1455.

[10-3]   *Scarpelli H., Gomide F.*: Consistency Checking Based On High Level Fuzzy Petri Nets. Proceedings of Third IEEE International Conference on Fuzzy Systems, Orlando (1994), S. 1957-1962.

[10-4]   *Scarpelli H., Gomide F.*: Fuzzy Reasoning and Fuzzy Petri Nets in Manufacturing Systems. J. of Intelligent and Fuzzy Systems, 1, (1992), S.3-9.

[10-5]   *Scarpelli H., Pedrycz W., Gomide F.*: Quantification of Inconsistencies in Fuzzy Knowledge Bases. Proceedings of Second European Congress on Fuzzy and Intelligent Technologies, Aachen (1994), S. 1456-1459.

[10-6]   *Shiizuka H.*: Fuzzy Petri Nets. J. of Japan Society for Fuzzy Theory and Systems. Vol. 4 No. 6, (1992), S. 1069-1085.

[10-7]   *Chen S.M., Ke J.S. Chang J.F.*: Knowledge Representation Using Fuzzy Petri Nets, IEEE Trans. On Knowledge and Data Engineering. Vol. 2, (1990), S. 311-319.

[10-8]   *Maeda Y., Tanabe M., Yuta M., Takagi T.*: Hierachical Control for Autonomous Mobile Robots with Behavior Decision Fuzzy Algorithms. IEEE International Conference on Robotics and Automation, (1992), S. 117-122.

[10-9]   *Minas H.-J.*: Applications of the Fuzzy Petri Net-Tool Pensum in the Chemical Engineering Area. Proceedings of Second European Congress on Fuzzy and Intelligent Technologies, Aachen (1994), S. 121- 127.

[10-10]   *Fischer B., Meier W.:* Pensum - A Decision Support System Using Fuzzy Petri Nets. Proceedings of Second European Congress on Fuzzy and Intelligent Technologies, Aachen (1994), S. 1469-1474.

[10-11]   *Zadeh L.*: Fuzzy Sets. Information and Control, 8, (1965), S.338-353.

[10-12]   *Petri C.A.:* Kommunikation mit Automaten. Schriften des Instituts für instrumentelle Mathematik, Bonn (1962).

[10-13]   *Baumgarten B.:* Petri Netze - Grundlagen und Anwendungen. BI Wissenschaftsverlag, Mannheim (1990).

[10-14]   *Peschel M.*: Grundzüge eines Fuzzy Petri Nets. Proceedings des 2. Zittauer Fuzzy Kolloquiums, Zittau (1994), S. 99-120.

[10-15]   *Fischer B., Minas H.-J., Meier W.:* Ein Fuzzy Petri Netz Konzept zur operativen Steuerung eines Stahlwerks. Studie der MIT GmbH (1994).

12   Autorenverzeichnis

Prof. Dr. Dr. h.c. Hans-Jürgen Zimmermann,
Rheinisch-Westfälische Technische Hochschule
Institut für Wirtschaftswissenschaften
Lehrstuhl für Unternehmensforschung
Templergraben 55, 52062 Aachen

Dr. Kenneth A. Flaton
Dr-Ing. Stefan Gehlen
Dr. Michael Hormel
Dr. Wolfgang Konen
Dr. Jörg Kopecz
Zentrum für Neuroinformatik GmbH
Universitätsstr. 160, 44801 Bochum.

Dipl.-Inform. Hans Nücke
Dipl.-Inform. Dagmar Schoder
Kratzer Automatisierung GmbH
Carl-von-Linde Str. 38, 85716 Unterschleißheim.

Dr. Dietmar Neumerkel
Daimler-Benz AG, Abt. Forschung & Technik FZS/P
Alt-Moabit 91b, 10559 Berlin.

Dr. Thomas Martinetz
Siemens AG, ABt. ZFE ST SN 41
Otto-Hahn-Ring 6, 81730 München.

Dipl.-Ing. Thomas Froese
ATLAN-tec Froese & Partner KG
Obere-Färber-Str.11, 41334 Nettetal.

Dr.-Ing. Herbert Furumoto
Siemens AG, Abt. ANL A221
Schuhstr. 60, 91052 Erlangen.

Dipl.-Ing. Bernd Fischer
Dipl.-Math. Dipl.-Wirt.-Math. Karl Lieven
Dipl.-Ing. Hans-Jörg Minas
Dr. Willi Meier
Dr. Richard Weber
MIT-Management Intelligenter Technologien GmbH
Promenade 9, 52076 Aachen.

Dipl.-Volkswirt Jürgen Graf
SGZ-Bank, Abt. Investment / Research
Karl-Friedrich-Str. 23, 76133 Karlsruhe.

13 Sachwortverzeichnis

Wissen hat viele Seiten

E. Bappert

▲ **Erstellen modularer Software**

Mit Pascal zur objektorientierten
Programmierung.
1993. 411 S., DIN A5. Br.
DM 58,–/öS 530,–/sFr 58,–
ISBN 3-18-401177-1

J. Fiedler/F. F. Rix/H. Zöller

▲ **Objekt-orientierte
Programmierung in der
Automatisierung**

1991. 271 S., 70 Abb., 1 Tab.
DIN A5. Br.
DM 78,–/öS 686,–/sFr 78,–
ISBN 3-18-401120-8

L. Christov

▲ **Objektorientierte
Programmiersprache C++**

Vollständige Einführung anhand von
Beispielen.
1992. 258 S., 12 Abb. DIN A5. Br.
DM 58,–/öS 530,–/sFr 58,–
ISBN 3-18-401233-6

H. Zöller

▲ **Wiederverwendbare
Software-Bausteine in der
Automatisierung**

1991. 278 S., 95 Abb. DIN A5. Br.
DM 78,–/öS 686,–/sFr 78,–
ISBN 3-18-401119-4

J. Fiedler/J. F. Wollert

▲ **C für die
Automatisierungspraxis**

Grundlagen – Algorithmen – Beispiele.
1993. 288 S. DIN A5. Br.
DM 98,–/öS 764,–/sFr 98,–
ISBN 3-18-401320-0

J. Fiedler/J. F. Wollert

▲ **Automatisierung mit dem PC**

1994. Ca. 280 S. DIN A5. Br.
DM 98,–/öS 764,–/sFr 98,–
ISBN 3-18-401318-9

C. Wolfinger

▲ **Keine Angst vor UNIX**

Ein Lehrbuch für Einsteiger.
6. Aufl. 1992. 296 S., 46 Abb.
DIN A5. Br.
DM 48,–/öS 374,–/sFr 48,–
ISBN 3-18-401296-4

C. Wolfinger

▲ **Das Brevier für den
UNIX-Systemverwalter**

Dateiinformationen – Die wesentlichen
Zusammenhänge – Eine Auswahl der
wichtigsten Kommandos basierend auf
UNIX-System V.3
2. Aufl. 1992. 153 S., 2 Abb.
17 x 13 cm. Spiralheftung.
DM 48,–/öS 374,–/sFr 48,–
ISBN 3-18-401271-9